LOS CRISTALES

Su aplicación curativa energética,
chamánica y cosmológica

Título original: THE CRYSTAL SOURCEBOOK,
    from science to Metaphysics

© de la versión original
  1987 John Vincent y Virginia L. Harford
  Mystic Crystal Publications
  P.O. Box 8029
  Santa Fe, Nuevo México 87504

© de la presente edición
  EDITORIAL SIRIO, S.A.
  Panaderos, 9
  29005 - Málaga

I.S.B.N.: 84-7808-151-8
Depósito legal: B. 11.001 - 2000

Impreso en Romanyà/Valls, S.A.
Verdaguer, 1 - 08786 Capellades (Barcelona)

Printed in Spain

Milewski Harford

LOS CRISTALES

Su aplicación curativa energética, chamánica y cosmológica

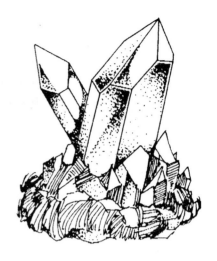

PREFACIO

¡La Era del Cristal ha llegado! Es el momento idóneo para publicar este libro.

Incuestionablemente, cambios dramáticos están teniendo lugar en el mundo. Aunque un gran porcentaje de gente no se dé cuenta de muchas de las cosas que van sucediendo, tú, que lees este libro, posiblemente estés más en sintonía con los tiempos que estamos viviendo. Consciente o subconscientemente, somos cocreadores de nuestro mundo, y los cristales son una herramienta a utilizar en nuestro desarrollo personal.

La Era del Cristal se está manifestando de múltiples maneras. El área entera de la electrónica no sería posible sin el uso de los cristales. Los osciladores de cristal se utilizan en todos los aparatos de medición del tiempo, y para controlar las frecuencias utilizadas en la radio y en las comunicaciones electrónicas. Igualmente, todo avance informático sería imposible sin el desarrollo del chip de cristal.

La influencia de los cristales en la civilización, es parte primordial de nuestro avance. Lentamente, nuestra mente consciente percibe, cada vez más, la información conocida por la mente subconsciente, lo cual se manifiesta actualmente en un deseo por conocer más acerca de los cristales.

Durante miles de años, los cristales y las piedras preciosas han sido utilizados por la humanidad de modo místico y misterioso; por los chamanes, sacerdotes, doctores brujos, hombres médico, gitanos y hechiceros, para curar y para otras aplicaciones esotéricas. Ahora, este conocimiento sobre la utilización de cristales y piedras está disponible al público en general a través de los que conocen sus múltiples aplicaciones, expertos en este campo que dan consejos y cursillos sobre el uso de ellos para la curación, etc.

Los editores de este libro, conscientes de estos hechos, hemos decidido que es el momento de reunir la información más reciente disponible en un libro de amplio espectro, con el fin de revelar la información que rodea el amplio mundo de los cristales y piedras preciosas y su uso. A través de un contacto personal, se pidió a los autores de los capítulos que escribieran sus experiencias concernientes a los cristales, e informasen a los lectores de los contactos y de los beneficios de sus productos, conocimiento o servicio.

Dado que el mundo de los cristales es dinámico y crece rápidamente, incluir a todos los que trabajan en este área hubiera sido imposible. No obstante, creemos que nuestra selección de autores y temas introduce una muestra bastante representativa de la comunidad del cristal.

Entre los autores se incluyen: científicos investigadores, profesores, doctores en filosofía, ingenieros profesionales, educadores, doctores en medicina, chamanes nativos americanos, sacerdotes, talladores de joyas y gemas, un biocristalógrafo, mineros de cristales, terapeutas, un parapsicólogo, y practicantes de metafísica. Esto le da al lector: teóricos y prácticos, creadores y consejeros.

Algunos capítulos tratan de cuestiones muy prácticas y, a nivel básico, otros de cuestiones esotéricas y abstractas. Cada escritor da su enseñanza, filosofía y actividad. Algunas fuentes son experiencia común, otras ensayadas en el laboratorio y clínicamente, mientras que otras son información "canalizada". Alguna información es científica, otra metafísica; parte es opinión, parte especulación. Todo amplía nuestra comprensión de los cristales.

El libro *"Los Cristales"* puede ser el primero para un recién llegado al mundo de los cristales, o un texto de referencia para quienes llevan algún tiempo involucrados en este campo. Con el fin de ser lo más completos posible, los editores hemos escogido a propósito una amplia gama de material. De hecho, al leer uno o dos capítulos alguien podrá pensar: "no me parece que el autor haya dicho todo lo que yo deseaba saber". Sin embargo, a medida que leemos capítulos posteriores, comprobamos cómo va creciendo nuestro conocimiento acerca del extenso y enriquecedor mundo de los cristales. El lector llegará a saber "dónde se está rodando la acción", quienes son los principales actores, y a dónde ir para obtener información adicional sobre los múltiples aspectos de los cristales y sus energías para el crecimiento y desarrollo físico, mental, espiritual y personal.

Se han hecho todos los esfuerzos posibles para que el libro cumpliera su propósito esencial, el de revelar la significación de un tema muy místico: la relación de los cristales, las gemas y la energía, con la humanidad y la Esencia Divina.

INTRODUCCIÓN

Este libro contiene importante información, presenta hechos poco conocidos, y revela las nuevas comprensiones y los nuevos descubrimientos que se esconden tras la interacción entre los cristales y las energías fluyentes de la vida, que controlan la salud y los procesos regenerativos del hombre.

CRISTALES Y ENERGÍA

Los cristales son herramientas únicas para trabajar con las energías. Toda la era de la electrónica habría resultado imposible, de no ser por la extrema precisión en el control de la energía que proporcionan los cristales a los osciladores electrónicos usados en la radio, la televisión, el radar, etc. Igualmente, los chips de cristal tienen una singular propiedad en el manejo de los electrones que hace posible la creación de los circuitos microelectrónicos utilizados en todos los ordenadores, tanto pequeños como grandes.

NUESTRO CUERPO ELECTRONICO

Cuando consideramos nuestros cuerpos bajo el aspecto electrónico, podemos rápidamente ver que los cristales se convierten en herramientas ideales para trabajar con las energías del cuerpo. Este no es sólo piel y huesos, ni de naturaleza estrictamente orgánica. Es también un conjunto electrónico extremadamente elaborado de ordenadores maestros, con una red interactuante muy sofisticada que comunica cada ordenador maestro localizado, que se halla unido a un gran ordenador maestro al que llamamos nuestro cerebro.

Comenzando por la molécula de *ADN* en el corazón de cada célula, existe un superbanco de memoria con la capacidad de muchos miles de millones de bits de información, superior a la de los mejores ordenadores que hay hoy en día sobre la tierra (es decir, hay en cada célula suficiente memoria e información como para reproducir el cuerpo humano entero con todos sus complejísimos órganos). Estas células se conectan para formar un tipo de tejidos muy especiales, los que, a su vez, forman órganos, glándulas, y las partes estructurales principales, cuyo conjunto constituye el mecanismo completo del cuerpo. Cada subsección es un ordenador maestro que controla y es responsable de cada operación de esa sección, y todos ellos están hablando continuamente con el gran ordenador maestro y entre sí. Por ejemplo, el pie está conectado electrónicamente con la mano, el oido, el ojo, y todos los órganos principales se conectan, a su vez, entre sí, como se ha experimentado en la reflexología y la acupuntura. Estas técnicas están basadas en el principio de que las diferentes secciones del cuerpo están conectadas a través de meridianos que son como autopistas eléctricas para la comunicación intracorporal. Mucha gente reconoce el cuerpo humano como un instrumento electrónico.

Cuando consideramos de esta manera el cuerpo humano, vemos multitud de mensajes de tipo electrónico que van y vienen, con millones de comunicaciones que tienen lugar por segundo. Cuando todos los circuitos están conectados correctamente y funcionando, tenemos un cuerpo saludable que funciona bien. Si, en cambio, algunos "cables" se cruzan, o los circuitos se rompen, bloquean o conectan erróneamente, obtenemos un cruce de conversaciones entre los ordenadores, que compiten por las mismas líneas, y los mensajes se hacen un lío, se pierden o entremezclan. Esto da como resultado que el cuerpo es incapaz de repararse y rejuvenecerse a sí mismo, y la enfermedad y la degeneración aparecen.

Señales no deseadas provinientes de fuentes externas (los diversos campos y ondas electromagnéticos que llenan nuestra atmósfera hoy en día), pueden ser inyectadas en los circuitos del cuerpo. Podemos recibirlas al estar cerca de otras personas. Podemos sentir vibraciones mezcladas cuando nos relacionamos con alguien que está muy furioso, así como buenas vibraciones cuando estamos cerca de una persona feliz; o podemos experimentar una sensación de acoso al presenciar juegos violentos, o en medio de una revuelta. El cuerpo de otra persona irradia ondas que son captadas por los sensores y circuitos sensitivos de nuestro cuerpo, influenciándonos así a nosotros. Observamos, por tanto, que nuestros cuerpos son activados, controlados y dirigidos por una miríada de señales de energía que se mueven en el interior, hacia dentro y hacia fuera.

PROPIEDADES DE LOS CRISTALES

Los cristales son transmisores, amplificadores y focalizadores tremendamente exactos de todos los tipos de energía que afectan a los sensores de nuestro cuerpo (esto es, las energías eléctrica, electromagnética, mecánica, y de luz). Diferentes tipos y clases de cristales pueden controlar y dirigir una variada gama de energías específicas, incluso al nivel más profundo; energías sutiles que están afluyendo constantemente a nuestro cuerpo.

Otra propiedad principal del cristal es la capacidad de ser muy constante y coherente en la propagación, vibración u oscilación de la energía. Es por esa razón que los relojes de cuarzo (cristal) son tan exactos, y que la radio, la televisión y otros aparatos de radiación electromagnética tienen su frecuencia controlada y dirigida por osciladores de cristal. Son constantes, no varían de frecuencia, y son muy fiables. La constancia de la frecuencia es valiosa para aportar consistencia y coherencia a las diversas energías de nuestro cuerpo, así como a la armonía general entre las partes del mismo. Podemos compararlo con un director de orquesta, que proporciona una señal constante para mantener la sincronía de todos sus miembros.

RESUMEN

Nuestros cuerpos son controlados y regulados por el flujo y los pulsos de energía, y los cristales son herramientas ideales para trabajar con ellos e influir en la salud de nuestro cuerpo. Cuando los cristales son utilizados en las manos de practicantes expertos, pueden ser de gran ayuda para eliminar los bloqueos de energía.

El libro *"Los Cristales"* puede permitir al lector comprender la ciencia que se halla tras este fenómeno de la interacción cuerpo-cristal. Las personalidades que nos hablan en los siguientes capítulos son expertos conocedores en el trabajo y uso con los cristales, nos cuentan sus historias y experiencias en este área explicando cómo tiene lugar la interacción cuerpo-energía. Sus experiencias ayudarán a eliminar el misterio y la superstición sobre el uso de los cristales, ayudando al hombre a una mayor salud física, mental y espiritual.

Mayo 1987

JOHN VINCENT MILEWSKI
SANTA FE, NUEVO MÉJICO

VIRGINIA L. HARFORD
SEDONA, ARIZONA

PERSPECTIVA HISTORICA

por Sophia Tarila

LA NATURALEZA DE LOS CRISTALES TAL COMO SE LES CONSIDERABA EN TIEMPOS ANTIGUOS. Algunos de los primeros filósofos afirmaron que el calor del sol "maduraba" las piedras convirtiéndolas en cristales. Entre las clases populares, el "cristal", que en griego significa "hielo claro", era considerado como agua congelada de modo permanente. Plinio (alrededor del 23 d. de J.C. - 79 d. de J.C.) escribió que el cristal de roca "era una substancia que asume una forma concreta por su excesiva congelación". Esto fue interpretado como hielo concretizado, idea que prevaleció hasta el siglo diecinueve. Plinio utilizó la palabra cristal para referirse a la transparencia de esta piedra, semejante a la del hielo, así como a su pureza. Tanto Séneca (alrededor del 3 a. de J.C. - 65 d. de J.C.) como Isodoro coincidieron con Plinio en cuanto al origen del cristal, aunque Diodoro Sículo, el historiador siciliano (alrededor del 21 a. de J.C.), considerara la formación del cristal como resultado del fuego.

Las antiguas culturas utilizaron los cristales de cuarzo de diversos y exóticos modos, a veces haciendo ristras de finos cristales naturales, o engastándolos. Las lentes de cristal fueron descubiertas en las ruinas de Nínive (alrededor del 3800 a. de J.C.), siendo sus posibles usos los de hacer fuego, servir de lupa de aumento, o cauterizar heridas. Otros descubrimientos de lentes de cristal se han hecho en Creta (1.600 a 1.200 a. de J.C.). Se encuentran menciones bíblicas de los cristales en Éxodo (28, 18), Ezequiel (28, 13), Salmos (147, 17), Job (28, 17) y Revelaciones (21, 11).

En tiempos tan antiguos como el año 3500 a. de J.C., los egipcios extraían cristal de cuarzo y amatista cerca de la ciudad actual de Aswan. Los romanos tallaron grandes bloques cristalinos en forma de grandes vasijas, boles y copas. Es incuestionable que el cristal de cuarzo fue altamente considerado por muchas tradiciones —en Asia, América, Europa, Oriente Medio y Africa.

Originalmente, el término "cristal" sólo se aplicó al cristal de roca, el cuarzo ordinario. Con el tiempo, el término pasó a ser aplicado a minerales sólidos simétricos —transparentes u opacos, reunidos o contenidos en superficies planas. Otras lenguas lo denominan "cristalla" (italiano), "crystal" (inglés), "crystallus" (latín), "kerach" (hebreo), y "krustallos" (griego).

La moderna ciencia de la mineralogía nació en 1546 cuando Georgius Agrícola publicó su *De Natura Fossilium*, donde los minerales fueron clasificados sobre la base de sus propiedades físicas reales. En 1556, se publicó el libro *De Re Metallica* de este médico sajón, tratado sobre minería, mineralogía y metalurgia que se convirtió en obra de referencia para los siguientes 200 años.

El danés Nicolau Stena (a. de 1638) atribuyó la causa de la cristalización a un poder magnético, antes que al frío o al calor. Afirmó que los cristales crecían desde fuera, no desde dentro, por deposición de partículas muy diminutas que crecían en sus extremos, lo que permitía este crecimiento continuado.

Robert Boyle (1627-1691) también utilizó sus poderosas observaciones y experimentaciones para considerar la verdadera naturaleza de las piedras preciosas y sus supuestas propiedades médicas. Claramente, los cristales no eran hielo.

Con el tiempo, la nueva ciencia de la química proveyó la comprensión de la verdadera naturaleza física de minerales y cristales. Hacia el año 1800 fueron ya posibles análisis químicos fiables de los minerales, y en 1837 el americano James White Dana propuso un sistema mineralógico basado tanto en la estructura del cristal como en sus componentes químicos.

EN LAS TRADICIONES MÁGICAS, por consideraciones independientes de las propiedades químicas y físicas, se ha creído durante largo tiempo que las piedras preciosas poseían especiales poderes y virtudes. Las tribus de Australia y Nueva Guinea utilizaron los cristales para provocar la lluvia. Los hechiceros africanos y de otros lugares llevaban consigo pequeñas bolsas de piedras que utlizaban en su magia. El cristal, otros amuletos y talismanes han sido ampliamente utilizados. Un amuleto consiste en cierto ornamento sobre piedra o metal, tallado y/o pintado. Los talismanes suelen ser piedras preciosas utilizadas para ahuyentar el peligro y la mala suerte, así como para promover virtudes médicas especiales. Estos objetos proporcionaban un medio de comunicarse con los espíritus y los otros mundos. Las bolas de cristal y la observación de los cristales proporcionaban otro medio de adivinación, prediciendo el futuro o percibiendo lo desconocido. El lado mágico de las tradiciones sobre el cristal y las piedras preciosas necesita ser reconocido, como lo son las tradiciones científica, psicológica y literaria.

EN LAS TRADICIONES MÍSTICA Y LITERARIA, el cristal se convirtió en un símbolo de la verdad recibido en la mente y que operaba, al mismo tiempo, sobre la personalidad. Como las piedras preciosas, el cristal es considerado como el símbolo del espíritu, del intelecto o la mente asociado con el espíritu. El estado cristalino de transparencia es una conjunción bella y efectiva de los opuestos —una materia que existe como si no existiera— pues puede verse a través de él. El cristal, por lo tanto, se presta a la contemplación, al espíritu, a la verdad.

Hacia el siglo XX comenzaron los experimentos del crecimiento sintético de cristales —zafiro, cuarzo, rubí, diamante... La industria se ha encargado de aprovechar las propiedades físicas del cristal en cuanto a dureza, resistencia y estabilidad frente a los ácidos, y respuesta a las frecuencias, así como de todas sus aplicaciones prácticas.

Pero, ¿qué es lo que aguarda ahora a la humanidad en las postrimerías del siglo XX respecto al uso de los cristales? ¿Naturales o sintéticos? ¿Místico, mágico y científico? ¿Cómo se entretejen las tradiciones antigua y moderna? ¿Qué posibilidades se nos presentan? Abrid estas páginas y descubrid viejos secretos y nuevas potencialidades. El libro *"Los Cristales"* es una continuación en el trabajo de explorar y revelar su naturaleza.

Sophia Tarila

Sophia Tarila, Dra. en Filosofía, es educadora a nivel de colegio universitario en humanidades y danza, y autora de *Una Visión Esotérica del Hatha Yoga* y *Símbolos de Fuego*, además de contribuir en *Seis sobre el Espíritu*. Es una experta editora de una amplia variedad de publicaciones así como escritora. Sus intereses abarcan desde la filosofía, la psicología simbólica, el ritual transformacional o la paz, hasta sus queridos viajes por todo el mundo.

CHAMANISMO Y CRISTALES

Cristales y Arcoiris

por Jay Steinberg

"En un cristal tenemos la clara evidencia de la existencia de un principio vital formativo, y aunque no podamos entender su vida, un cristal es, no obstante, un ser vivo".

NIKOLA TESLA, 1900

PARTE I. UTILIZANDO LOS CRISTALES

Muchas civilizaciones antiguas utilizaron los cristales en sus ceremonias de curación y en sus rituales. Se consideraba que los Supremos Sacerdotes de la Atlántida, y posteriormente Egipto, conocían y practicaban el arte/ciencia/magia arcanos del Cristal Blanco. Los Magos Arturianos de la Edad Media heredaron igualmente este legado — bien fueran los cristales sostenidos en la mano, consultados como esferas pulidas, o montados sobre cetros de oro y varas de plata. ¿Puede ser accidental o mera "coincidencia" que a través de la historia tantos pueblos tribales a todo lo largo del mundo hayan descubierto las propiedades curativas de los cristales, desde los mayas, los aztecas, los incas y otros pueblos indios de América, y los kahunas de Polinesia, hasta los aborígenes de la Selva Australiana? Más bien parece que estos Objetos de Poder de la Medicina hayan sido intuitivamente identificados, comprendidos y utilizados por estos pueblos como instrumentos de curación altamente efectivos.

Quizá en algún momento del pasado hubo una comprensión real de las propiedades de los cristales para adaptarlas a la curación física, mental, emocional y espiritual, pero hoy en día gran parte de este conocimiento místico se halla velado en el folklore y el lenguaje arcaico o esotérico, confundido por la superstición y el psiquismo ostentoso, o simplemente perdido del todo para la posteridad. Hay sin embargo, afortunadamente, varias fuentes relativamente convincentes y fiables de las que extraer alguna información pertinente:

(1) la ciencia establecida;
(2) el ritual legítimo;
(3) la recepción psíquica acreditada; y
(4) la práctica documentada o probada.

Exploremos ahora brevemente cada una de estas áreas en relación al uso de los cristales como instrumentos de curación. El conocimiento real de cada individuo prevalecerá.

LA CIENCIA ESTABLECIDA

Una excelente visión general de cómo operan los cristales terapéuticamente sobre el cuerpo humano, es proporcionada por los investigadores de *Crystal Visions*, en Los Angeles, California*:

> Imaginad el cuerpo humano como un área fluctuante de energía que rodea y permea sus límites físicos. Este campo de energía revelará desequilibrios en su patrón de flujo. Puede haber problemas con los órganos internos, la vida emocional o los hábitos de pensamiento de una persona —todos los cuales afectan al modo en que la energía fluye a través de la persona. Imaginad ahora un cristal, con su estructura molecular fijada en un patrón geométrico estándar. Cuanto más perfecto sea el cristal, más se verán encerrados sus átomos en una sola forma. En vez de anularse unos a otros, los átomos de la estructura crean un patrón único de energía, que es ampliado por cada agrupamiento molecular del cristal, dando por resultado un campo de energía vibratorio muy distintivo, algo así como la pulsante luz del láser en oposición al difuso brillo de una bombilla eléctrica.
>
> Marcel Vogel+, científico jefe retirado de IBM que es conocido por su investigación sobre el Cristal Líquido y la sensibilidad de las plantas, compara la estructura cristalina con la naturaleza del pensamiento —muy claro y bien definido, emitiendo un particular patrón de energía, en comparación con la amorfa confusión de la emoción y los sentimientos. Esta semejanza entre el pensamiento y los cristales es una clave para comprender el

* *Crystal Visions, 12937 Venice Blvd., Los Angeles, CA 90066*

+ *Vogel, renombrado investigador y profesor, identifica los cristales como "la efusión exterior, en forma visible, de la perfección de nuestra Mente Divina".*

modo en que operan. Imaginad ahora el campo rítmico y vibratorio de un cristal entrando en el campo de energía del cuerpo humano. Los desequilibrios en el aura de una persona pueden ser compensados, bien permitiendo pasivamente que el cristal haga su trabajo, bien sintonizando activamente nuestros pensamientos con la vibración del cristal. Siguiendo nuestra intuición, generalmente solemos ser atraídos hacia el cristal en concreto que nos será útil. El cristal en sí no es la fuente de curación. Es simplemente una herramienta para alinear y armonizar nuestras energías con la perfección de las leyes celestiales y cósmicas. Una vez entendido esto, la perspectiva puede liberarnos para trabajar de manera muy creativa con el mundo mineral.

Tal como recomiendan tanto Vogel como las personas de la Crystal Visions, una de las mejores formas de aprender sobre el uso terapéutico de los cristales es empezar a utilizarlos sobre uno mismo:

> Empezad por haceros una relación amistosa con el cristal con el que estáis trabajando. Llevadlo con vosotros, miradlo a menudo, dadle vueltas en vuestra mano, y sentid su energía entre las yemas de los dedos. Meditad con él, o ponedlo bajo vuestra almohada o sobre una mesilla próxima a vuestra cabeza mientras dormís. Tras un corto período de tiempo, empezaréis a sentir diferentes modos de trabajar con él. Si estáis tranquilos y sensitivos, vuestras reacciones os guiarán intuitivamente. Mucha gente ha experimentado sueños de cristales de naturaleza instructiva, tanto antes como después de haber estado en el campo de un cristal. En general, los cristales son más efectivos cuando se llevan cerca del cuerpo; sin embargo, irradian en un campo de aproximadamente un metro, y son efectivos teniéndolos dentro de ese espacio[1].

Cuando se llevan encima, Vogel y otros advierten en contra de llevarlos por largos periodos de tiempo (más de varias horas) pues son una poderosa medicina que puede sobrecargar o descargar nuestro campo de energía, causando desequilibrios*.

Por ejemplo, los pendientes en que los cristales cuelgan con su punta hacia abajo (la mayoría) harán de toma de tierra para nuestro campo de energía. Esto está bien si el portador tiende a la hiperactividad, pero es potencialmente dañino si el portador es suave por naturaleza, pues promueve el letargo. Igualmente, las personas nerviosas deberían evitar el llevar cristales con las puntas hacia arriba.

EL RITUAL LEGÍTIMO

Los rituales pueden haber comenzado como ofrendas a los dioses, un método de conversar con el Gran Espíritu sobre las terribles y tremendas consecuencias de vivir y morir. Ciertamente, gran parte del ritual original se ha visto contaminado por las supersticiones de generaciones sucesivas, pero en cuanto a los niveles superiores de ritual legítimo en los Estados Unidos, basta con que exploremos — con el adecuado respeto, sensibilidad, verdadera y humilde disponibilidad para aprende— los de los pueblos tribales americanos nativos, tanto Indios como Metis (= sangre mezclada).

La corriente de los estudios espirituales de los indios americanos se denomina la Rueda de la Medicina (y alternativamente, el Sendero del Arcoiris —cuya significación veremos más tarde), donde la palabra "Medicina" se traduce como, o equivale a, "Sabiduría". La Rueda de la Medicina es una gran Brújula Cósmica, la rueda de toda la Conciencia Humana, y el ciclo de todo lo que existe —de materia y pensamiento, de espacio y tiempo— en armonía de Cuerpo, Mente, Corazón y Espíritu. Así, las ruedas de la medicina varían de forma desde los antiguos círculos arqueológicos formados por montículos de piedras señalizadores, como los de Stonehenge y Medicine Bend, a los calendarios de piedra e incluso horóscopos astrológicos meso-americanos.

Una visión Amerindia más contemporánea de la Rueda de la Medicina es la enseñada por Oso Solar, Jefe Médico de descendencia Chippewa y de corazón Metis, en la que las Cuatro Grandes Prácticas Médicas (Serpiente, Tierra/Herbal, Cristal Blanco, y Danza del Sol) curan los Cuatro Dominios del Ser (Emocional, Físico, Mental y Espiritual). Puesto que aquí nuestra concentración se enfoca sobre los cristales, consideraremos sólo la práctica de la Medicina del Cristal Blanco, y su "Objeto de Poder": el Cristal Blanco (Cuarzo).

Visitemos, pues, a diversas gentes de la Medicina del Cristal Blanco, y veamos cómo las utilizan. Mientras lo hacemos, recordemos que el entrenamiento y visión de la vida de un Hombre o Mujer Médicos combinan las amplias capacidades del doctor, el psicológo, el sacerdote, el jurista y el profeta, y mezclan la adoración y la práctica de la curación con un concepto de realidad transformable que da un completo poder a la Mente.

Harley Ciervo Veloz, Jefe Médico Metis Cheroki (irlandés en parte), nació en Tejas durante una tremenda tormenta de truenos y relámpagos, en la que tanto un sol difuso como una tardía luna llena podían, parcialmente, verse juntos. Es el fundador y líder espiritual de la Tribu de Medicina Ciervo (el ciervo es el guardián de la magia), situada en La Crescenta, California (justo al salir de Los Angeles), y allí enseña cuando no está viajando o dando conferencias.

Ciervo Veloz, que ha estudiado muchas filosofías esotéricas y muchos sistemas espiritual-místicos, prefiere trabajar con la Medicina India tradicional, a la que define como "la capacidad de poner en equilibrio un espacio dado viendo las energías que hay en él y llegando a la armonía con ellas... la capacidad de controlar el cambio y la muerte". Por ejemplo, dice, "utilizo la pipa de la medicina para llamar a los poderes del universo, para invocarlos en una rueda o círculo sagrados dentro de una tienda de sudación (la matriz de la Abuela Tierra)".

Aunque sea jefe de la pipa de la medicina, Ciervo Veloz —quien admite francamente que su poder médico proviene de su lado femenino*— es también muy conocido como instructor de la Medicina del Cristal Blanco y de la Danza del Sol+. Eric Starwalker (Caminante de las Estrellas) Rubel# —principal estudiante de medicina con Ciervo Veloz, y Hombre Médico Metis del Cristal Blanco por propio derecho— discute algunas de las enseñanzas de Ciervo Veloz, y su método conjunto de utilizar cristales y plumas:

"En el cuerpo de la Madre Tierra, los cristales son semejantes a las células cerebrales; las piedras preciosas son los órganos; las rocas, los músculos; la arena, la piel; y árboles, follaje, flora, etc., el pelo. El cristal blanco de cuarzo transparente tiene el poder de operar con todos los colores y chakras (centros místicos de energía) del cuerpo (hablaremos más tarde sobre esto), y de realizar las conexiones curativas intelectual/mentales que comprende la Medicina del Cristal Blanco tradicional/Metis del Poder de la Dirección Norte.

"La manera específica de utilizar el cristal/pluma es formar primero lo que se llama la 'Rueda de Diez'. El chamán o curandero dirige al paciente tumbándolo con cabeza/pies en la posición apropiada para el resultado que se visualiza (esto es, cabeza al norte para la claridad mental, cabeza al sur para el equilibrio emocional, etc.; los pies en cada caso atraen las energías curativas para la cabeza/cuerpo). Entonces, se colocan diez cristales de cuarzo, primero en rueda; luego, de tal manera que siete cristales estén sobre los puntos de los siete chakras, un octavo cristal gobierna todo el cuerpo físico, y un noveno cristal todo el cuerpo áurico (etérico, cuerpo exterior de energía) —todo a través del chamán, que utiliza el décimo cristal (llamado "Cristal de Visión") para determinar exactamente cómo han de ser colocados los nueve primeros.

La medicina siempre viene del lado polar opuesto (masculino para las mujeres, femenino para los hombres), dando lugar a un matrimonio sagrado de los opuestos dentro del alma.

+ *Recordad que un Jefe de la Medicina practica a la vez las "Cuatro Medicinas de Poder".*

Eric recibe ese nombre porque "camina entre las estrellas". Es un astrólogo profesional que hace la carta del potencial práctico y espiritual de sus consultantes, y conduce seminarios de grupo sobre el levantamiento de las cartas y su interpretación psíquica.

"Esto se hace de modo muy parecido a cuando alguien utiliza una bola de cristal (como ventana psíquica), pero por añadidura, el chamán utiliza la visión clarividente áurica (de colores) para asociar los colores que emanan de los otros cristales con sus posiciones apropiadas. Hecho esto, el chamán 'Entra en el Laberinto' (subconsciente del paciente), explorando las numerosas energías, complejas y múltiples, que ahí se encuentran, trabajando con ellas para equilibrarlas desde dentro. De aquí que el Décimo cristal "de Visión" vincule la "Rueda de Diez" del chamán con la del paciente, permitiendo a aquél el acceso en esta especie de simbiosis de curación psíquica. Asímismo, a todo lo largo del proceso, se utilizan las plumas (generalmente de águila) para "despertar" o difundir los cristales —normalmente abanicándolos con una sola pluma o un ala entera (también utilizada para golpear o limpiar el aura del paciente).

"Tras la curación, se purifican las plumas fumigándolas (pasándolas con oraciones a través del humo de salvia, cedro, plantas dicotiledóneas, etc. a las que se ha prendido fuego), y los diez cristales son limpiados a base de sumergirlos durante una semana en agua de mar, recargados durante al menos doce horas con la luz del sol o de la luna*, y guardados en bolsas de seda o de piel+".

Eloise Halsey, Mujer Médico Sioux Lakota (Rosebud) pura sangre, sanadora y consejera espiritual que ahora habita en Phoenix, Arizona, utiliza los cristales de cuarzo y las plumas de modo similar. Eloise —cuyo nombre sioux es "Talo" (literalmente "Carne"; pero que en la simbología sioux es el equivalente de "Fortaleza, Belleza y Sustento")— utiliza, al igual que Ciervo Veloz, estos Objetos de Poder Médicos del Cristal Blanco y la Danza del Sol para tratar los campos áuricos de energía de los pacientes, y canalizar mensajes espirituales (generalmente en trance) hacia ellos. A veces, Eloise utiliza también conchas marinas y otros minerales distintos del cuarzo, para ayudar a la limpieza del aura del paciente y restaurar el equilibrio de las energías. El uso de las manos y de la voz también contribuyen. Como ella misma dice:

"Ofrezco mis servicios curativos *sólo cuando se me pide* (una ley natural entre todos los sanadores responsables). En primer lugar, me entrevisto con un posible paciente para determinar qué es lo que cree que va mal, aunque a menudo el problema se halle en otra parte. Pregunto entonces al Espíritu qué instrumentos (cristales, plumas, etc.) he de utilizar, y luego pido a toda la

* *Dependiendo de la polaridad (masculina/femenina) que haya sido energetizada.*

+ *Para una Técnica India de Curación alternativa, aunque muy similar, consultad* Cristales de Cuarzo para la Curación y la Meditación *de Burbutis.*

* *Debido probablemente a su mayor densidad.*

Nación Sioux (incluyendo a los que están en forma de espíritu) que me ayuden a energetizarlos a través de la Voluntad de mis manos y corazón. La elección de cristales y/o plumas está a menudo en función de la conciencia del paciente (el instrumento que aceptará con más fe). Generalmente utilizo cualquiera de ellos de modo intercambiable, aunque personalmente encuentro que los cristales son retentivos de energía ligeramente más sólidos que las plumas*. Tras su utilización, purifico las plumas con oraciones y fumigaciones, y limpio los cristales sumergiéndolos en agua de mar durante al menos una noche, recargándolos con la luz del sol (poder alto) o con la luz de la luna (poder bajo) para reequilibrar sus polaridades masculina-femenina". (Obtenido por entrevista personal.)

Además de curar pacientes individuales, Eloise se dedica también a curar a la Madre Tierra. Por medio de su servicio, se han implantado cristales cargados en Egipto, Méjico, y a todo lo largo de Arizona, para (según sus propias palabras) "conectar en el 7º Nivel, en diferentes momentos del año, las redes de energía entre la Tierra, las Estrellas y los Planetas".

Oh-Shinnah Lobo Rápido, una Mujer Médico Metis (Mohawk-Apache) del Cristal Blanco, psicóloga entrenada y terapeuta del cáncer, trabaja asímismo curando al planeta, "Porque realmente no creo que haya curación alguna a ningún nivel hasta que el planeta mismo esté curado". Y añade:

"He aprendido sobre los cristales, de los Mayas, de los Navajos, y de un instructor tibetano. El pueblo Apache siempre los ha utilizado. Casi todos los pueblos del mundo han utilizado los cristales. Me pregunté por qué y comencé a investigarlo. Hay datos científicos de todo tipo que abarcan lo que está sucediendo con los cristales en el dominio físico.

"Creo que el misticismo de hoy es la ciencia de mañana. Y lo que estamos haciendo es captar linguísticamente lo que se está haciendo a niveles espirituales. Ya vivimos en una tecnología del cristal. El principal componente de los relojes es un cristal, y en los ordenadores el cristal es el banco de memoria. Esto me indica que lo que mi bisabuela me dijo sobre ser capaces de cargarlos —y de programarlos— tiene un absoluto sentido. Puedo coger un cristal e insuflar mis intenciones dentro de él, y programarlo para que haga cierto trabajo para mí.

"Y estando constituido el cuerpo por un 78 a un 96% de agua, es como un cristal líquido. Si examináis la piel con un microscopio, veréis pequeños cristales, por no mencionar los de la sangre y orina."

Como Eloise Halsey, Oh-Shinnah primero se entrevista con los pacientes, y luego reafirma el campo electromagnético de éstos moviendo un cristal "de visión" a través de él. "Lo más importante es recordar que los cristales amplifican la intención, de modo que literalmente insuflo intenciones curativas y amorosas en el cristal antes y durante su aplicación."

LA RECEPCIÓN PSÍQUICA ACREDITADA

Aunque pueda ser cierto que la recepción de muchos psíquicos deje algo que desear cuando son sometidos a escrutinio, los habitantes de este país gozamos de la verdadera bendición de tener personas cuya recepción ha sido acreditada por documentación formal, testigos reunidos, y/o simplemente haber resistido la prueba del tiempo y de la verdad.

Sobresale en estas categorías el trabajo de Edgar Cayce, cuyo archivo de unas 15.000 charlas en trance psíquico, a lo largo de 45 años (1901-1945) se conserva en Virginia Beach, Virginia, bajo la custodia de la Edgar Cayce Foundation. Entre estos volúmenes, varias lecturas se refieren específicamente a los cristales y su utilización:

"El cristal... tiene una influencia benéfica, si se lleva encima; no como ornamento, ni como un 'objeto de buena suerte' o como un 'talismán de la fortuna', sino por las vibraciones que la entidad (el sujeto que busca ayuda) necesita como influencias benéficas, es bueno mantenerlas cerca del cuerpo... (#2.285-1)

"... En cuanto a la elección de las piedras, llevad la amatista como gargantilla alrededor del cuello, como parte de las joyas. Esto también funcionará con los colores para controlar el temperamento*." (#3.806-1)

Cayce explica asimismo la naturaleza de su utilización:

"... Toda la creación es una manifestación de esa fuerza o influencia creativa a la que llamamos Dios; y estos elementos (ya sean cristales o gemas) que forman parte tanto de nuestro cuerpo como de la evolución de la energía..., pueden producir efectos benéficos sobre los seres humanos. No sólo como ornamento, pues cada alma es una

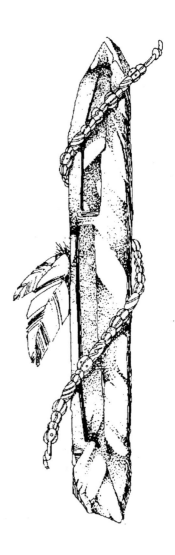

* *Por favor, tened presente en mente y corazón que los cristales pueden recibir, almacenar y transmitir el color (luz) igual que lo hacen con el sonido. Como pronto veremos, los colores afectan a los dominios físico, mental, psíquico y espiritual, y los cuerpos de todos los seres humanos que hay sobre la tierra.*

parte de la creación entera, y emite esa ayuda, o esa necesidad que está latente y que se manifiesta en nuestras relaciones con las demás personas... Pueden así estos elementos procurar entornos benéficos, fuerzas valiosas en la experiencia de la entidad." (#2.282-1).

Page Bryant, psíquica, conferenciante y personalidad de la radio, conocida internacionalmente, ha proyectado su campo de alcance hacia unos niveles que superan las dimensiones conocidas hasta ahora, presentándonos junto a su instructor espiritual, Albión, una excelente comprensión de la relación entre el hombre y la familia mineral. En su muy conciso folleto, "Los Cristales y su Utilización: un estudio de Sintonización con el Reino Mineral", ella y Albión revelan el siguiente conocimiento arcano concerniente a la naturaleza y utilización de los cristales, sus cualidades físicas y esotéricas, y el modo en que pueden ser utilizadas para curar al "ser":

"Los átomos que conforman el cuerpo de este mineral son 'magnéticos' en su vibración (tal y como los percibimos a través de nuestra capacidad psíquica) y por consiguiente, tienen la capacidad de atraer y magnetizar energías y fuerzas. El cristal atraerá o puede atraer, igualmente, vibraciones de otras formas de vida. Puede también llegar hasta el plano astral y otras dimensiones, y atraer energías de esos niveles. Esto es así porque el cristal es una de las pocas formas de vida sobre este planeta con la capacidad de penetrar de una dimensión de existencia en otra. Si examinaráis el cristal con la mirada clarividente, observaríais que hay una especie de halo a su alrededor, pues el cuerpo astral del cristal existe en la periferia, dentro del campo áurico. Es este cuerpo astral el que tiene el poder de atracción. El cuerpo físico del cristal simplemente actúa como una batería, y almacenará lo que haya sido atraído."

Y, con respecto a la curación:

"Recordad que muchas enfermedades no son de origen físico. Aunque es cierto que la energía del cristal afecta a los cuerpos etérico y astral, es con el fin de curar el ser físico. Cuando hayáis comprobado que el problema en cuestión es físico, sostened el cristal en vuestras manos, preferiblemente en la palma de la mano derecha, pues éste es el lado del cuerpo que emite una corriente positiva, masculina y eléctrica. El lado izquierdo del cuerpo emite un tipo de energía que es receptivo, más magnético y femenino*. Mientras sostenéis el cristal en vuestra mano, proyectad vuestros propios pensamientos de curación hacia el

---

* *Hablaremos más sobre esto en la sección dedicada a los hemisferios cerebrales y el color.*

interior del mineral, con el fin de 'programarlo' con las intenciones apropiadas. El cristal recibirá y mantendrá los pensamientos que se le implanten."

Así pues, Page y Albión confirman que el cristal de cuarzo es programable:

"El mineral de cuarzo tiene la capacidad de ser programado para que funcione como deseéis. ¡Vosotros sóis el programador! El cristal puede ser programado para absorber un exceso de pensamientos, limpiando así la conciencia."

La autora pasa a ofrecer un método específico de utilizar los cristales, que con anterioridad ha discutido en profundidad, para equilibrar los cuerpos emocional y astral en nuestro interior.

Representativo asimismo de las verdades superiores acerca de los cristales, es el libro de Lavandar (a través de Beverly Criswell), *Cristales de Cuarzo—Un Punto de Vista Celestial*. En esta pequeña gema, varias interesantísimas secciones tratan de la naturaleza de los cristales de cuarzo como minerales vibratorios y programables utilizados para la manifestación de energía, comunicación, curación, y como fuentes de poder planetario y universal. Con respecto a la curación:

"El proceso curativo del cuerpo es realmente realizado a través de la mente, que actúa como un cerebro ordenador de cristal. Este cerebro de cristal emite señales al cuerpo físico, y determina qué celulas necesitan reparación. Estas señales viajan a través de tejido conectivo de sílice* ... (sin el cual) el cuerpo sería incapaz de recibir las señales necesarias para mantenerse saludable."

* *Recordad que la sílice (SiO^2) recibe, como mineral, el nombre de cuarzo.*

Como en la obra anterior, esta autora nos presenta asimismo algunos excelentes métodos para activar y cargar los cristales, cuidándolos, y utilizándolos en la meditación. De particular ayuda es la inclusión por parte de la autora de factores astrológicos que indican el momento benéfico para activarlos.

LA PRÁCTICA DOCUMENTADA O PROBADA

Obviamente, todos los anteriores tratamientos, de la Ciencia Establecida, el Ritual Legítimo, y la Recepción Psíquica Acreditada, pueden incluirse en esta categoría. También podemos añadir en esta sección la propia experiencia del lector con ejemplos documentados/ probados en la utilización de cristales para la curación. El lector es asimismo libre de rechazar ciertas experiencias de curación psíquica de las que se tiene recuerdo o de las que se ha sido testigo, como sospechosas, cuestionables, o incluso claramente engañosas o fingidas, pues en última instancia, es siempre la "tranquila y pequeña voz interior" (el espacio del corazón) la que habla su propio y único lenguaje de la Verdad.

"Lo esencial es invisible para el ojo."
ANTOINE DE SAINT-EXUPERY, EL PRINCIPITO

PARTE II. UTILIZANDO EL ARCOIRIS

Los cristales de sílice (cuarzo o vidrio), fragmentan la luz blanca en los siete colores primarios del arcoiris. La Tabla 1 muestra que los colores rojo, naranja y amarillo son de naturaleza masculina (eléctrica), estimulando el hemisferio cerebral izquierdo (analítico y consciente), mientras que los colores azul, índigo y violeta son de naturaleza femenina (magnética), estimulando el hemisferio cerebral derecho (intuitivo e inconsciente). El color verde es de naturaleza a la vez masculina-femenina (electromagnética), equilibrando ambos lados del cerebro, lo que hace de él un color único e importante.

Si este fenómeno/cuestión del color y los hemisferios cerebrales resulta confuso o extraño, puede ser de ayuda comprender que el cerebro humano debe procesar y traducir los bits-impulsos de unos

125 millones de varillas y conos en cada ojo, formando un dibujo visual que es percibido de modo ligeramente diferente por cada persona; y que se requiere casi *un tercio* de nuestro cerebro para llevar a cabo esta tarea ¿Hemos de asombrarnos, entonces, de que seamos influenciados tan poderosamente por el color, que excita, relaja, equilibra o modifica nuestro comportamiento; o de que los colores en los cristales de poder (curativos) de cuarzo puedan afectar los dominios y cuerpos físico, mental, psíquico y espiritual de nuestro ser?

Los ensayos científicos demuestran que somos la única especie terrestre dotada de una completa visión del color de todo el espectro del arcoiris. ¿Por qué disfrutamos *nosotros* de esta bendición? ¿Existe algún secreto esotérico oculto dentro del color que tengamos que descifrar y descubrir? Sigamos explorando.

ARCOIRIS

A este autor, con sus veinticinco años de investigación y estudio en los llamados "misterios de la vida", le falta todavía por encontrar una sola alma cuyo espíritu no haya sido o sea elevado por la visión de un arcoiris. Es quizás el único fenómeno visual de ocurrencia natural, carente de la polaridad de un efecto potencialmente negativo (cometas y meteoros excitan desórdenes electromagnéticos, e incluso los eclipses intensifican la actividad de las manchas solares que algunos encuentran perturbadoras), que nos proporciona, ante su aparición, una elevada sensación de bienestar bajo la forma de un arco múltiple (doble, triple, etc.), un arco de rocío, un arco de bruma, o una "gloria circular".

Despliegues tan espectaculares han hecho del arcoiris un tema rico para las leyendas. En la Biblia, representa la garantía de la paz consecutiva a la ira del Diluvio —una "alianza entre Dios y toda criatura viviente"*. Los griegos llamaron al arcoiris "Sendero de Iris" (diosa del arcoiris); las tribus norteafricanas, "la Novia de la Lluvia"; Siberianos y Tártaros, "Lengua del Sol", y "el Trueno Bebe Agua"; los nativos americanos, "el Sombrero de la Lluvia" (Pies negros), "Serpiente de Hielo" (Shoshoni), y "Camino del Espíritu" (Tlingit y Catawba); y los escandinavos, "Puente de los Dioses".

* *Génesis, Capítulo 9.*

El tema del arcoiris como un puente entre los cielos y la tierra se halla muy extendido. En Francia, se habla de él como "Pont du Sts. Esprit" (Puente del Espíritu de los Santos); en Japón, como "Puente Flotante del Cielo"; en Polinesia, como "Sendero al Mundo Superior"; y por un gran número de tribus norteamericanas, como "Sendero de las Almas". Este concepto del Puente del Arcoiris obviamente deriva de la forma en arco comúnmente observada en él (aunque

Tabla 1. Conexiones de los Colores del Arcoiris*

Polaridad de carga cerebral	Color	Significado simbólico	Escala musical	Porción anatómica Chacra afectado	Actividad estimulada
eléctrica (excitante); polaridad masculina; estimula el hemisferio cerebral izquierdo y el lado derecho del cuerpo	ROJO	la voluntad, coraje ardor energía sexual el Cuerpo (Tierra)	Do	torrente sanguíneo circulatorio, órganos reproductores sexuales (chakra de la base de la columna)	mantiene un agudo enfoque de los ojos; activa el cuerpo y la sangre
(los aspectos del Cerebro Izquierdo son de naturaleza analítica, racional, organizada.	NARANJA	Productividad (Voluntad en acción) fuerza /resistencia Cuerpo y Mente	Re	estómago e intestinos; bazo / páncreas (chakra del bazo)	ayuda a la digestión; promueve la armonía de mente y cuerpo, entusiasmo
verbal, lineal y consciente)	AMARILLO	El Intelecto el gozo luminosidad la Mente (Sol)	Mi	sistemas musculares y respiratorio; glándula suprarenal (chakra del plexo solar)	ayuda a mantener la respiración, estímulo mental / verbal
electromagnética; polaridad equilibrada; armoniza ambos lados del cerebro /cuerpo	VERDE	el Centro amor compasión el Corazón (Mar)	Fa	región respiratoria y del corazón; glándula timo (chakra del corazón)	ayuda a mantener una respiración equilibrada, salud
magnética (relajatoria); polaridad femenina; estimula el hemisferio cerebral derecho y el lado izquierdo del cuerpo.	AZUL	la Palabra verdad /claridad comunicación el Espíritu (Cielo)	Sol	sistema nervioso, habla / comunicación; tiroides (chakra de la garganta)	ayuda a calmar los nervios, reduce el dolor, combate la infección
(los aspectos del Cerebro Derecho son de naturaleza holística,	INDIGO	la Visión discernimiento intuición lo Psíquico	La	estados alterados y Tercer Ojo psíquico; glándula pituitaria (chakra de entrecejo)	ayuda a estimular la intuición, exploración psíquica
intuitiva, artística, no verbal, no lineal e inconsciente)	VIOLETA	los Cielos ascensión unidad los Cristificados Espíritu	Si	transformación y espiritual (supracerebro); glándula pineal (chakra coronario)	ayuda a desarrollar la transformación y el crecimiento espiritual, unidad con el yo superior

* No ofrecida como un hecho absoluto, sino como una compilación de información recogida de muchas fuentes.

no sólo de su forma, como ya veremos), pero su verdadera función como Puente de la Conciencia aún no ha sido plenamente apreciada por las masas.

Tampoco es que el arcoiris sea una cuestión fácil de explicar para los físicos:

> "El arcoiris es un puente entre las dos culturas: poetas y científicos por igual han sido desde hace mucho tiempo retados a describirlo. La descripción científica supone a menudo que es un problema simple de óptica geométrica, un problema hace largo tiempo solucionado, y que hoy en día sólo mantiene su interés como ejercicio histórico. No es así; una teoría cuantitativa satisfactoria del arcoiris sólo ha sido desarrollada en años muy recientes. Más aún, dicha teoría se apoya en mucho más que la óptica geométrica; se basa en todo lo que conocemos sobre la naturaleza de la luz. Hay que tener en cuenta sus propiedades onda, tales como las interferencias, la difracción, la polarización, y sus propiedades partícula, tales como la velocidad transportada por un rayo de luz."

Dicho en términos simples, vemos un arcoiris como un arco cuando el sol se halla detrás de nosotros y la atmósfera está cargada de humedad. Cada banda de color refracta en un cierto ángulo, y las gotas de lluvia de cada banda componen un arco. En la banda roja (la más externa), por ejemplo, todos los puntos del arco forman unos 42° respecto a la línea formada por los rayos del sol. Las otras bandas coloreadas (naranja, amarillo, verde, azul, índigo y violeta, de afuera adentro) aparecen en ángulos fijos, descendiendo progresivamente hasta formar ~40° con los rayos del sol. Esta es la configuración del *Arco Primario*, teniendo lugar el *Arco Secundario* con un radio angular de 50° (rojo *interno*) a 53° (violeta *externo*), y cualesquiera arcos

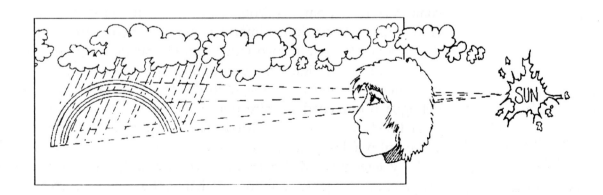

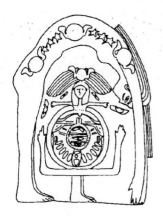

supernumerarios (rosa y verde) dentro del arco primario violeta, a menos de 40°. El arco secundario es causado por la luz reflejada no una vez (como en el arco primario), sino *dos veces* dentro de las gotas de lluvia; y los arcos supernumerarios (que *no* constituyen una verdadera parte del arco primario), son más bien resultado de la naturaleza *ondulatoria* de la luz que de su naturaleza de partícula (como es el arcoiris en sí). Teóricamente, existen arcoiris de orden superior (triple, y más allá) —estando los arcos impares configurados como el primario, y los arcos pares configurados como el secundario, y apareciendo cada arco sucesivo a la vez más apagado y más ancho— pero es raro ver más allá de los arcos dobles.

Pero, ¿es el arco su forma más completa y natural? De niño, recuerdo haber preguntado a un tío mío —mientras veíamos un *arcoiris* corriente— "¿Dónde está el *resto*?" Me dió una respuesta que no me convenció, ¡pues de algún modo yo sabía que el arcoiris continuaba *dentro* de la tierra como círculo completo! Otros me dijeron que los arcoiris no formaban círculos completos. Mentían. O, no lo sabían. Años más tarde, volando sobre el Gran Cañón en una avioneta, tuve una de las impresiones más grandes de mi vida al ver desde arriba un arcoiris completamente circular —una visión que el piloto había tenido muchas veces en muchos lugares, me confirmó que el círculo completo era en verdad su forma natural.

Sin embargo, años más tarde, relaté este incidente a un gran chamán —un descendiente (o quizá fuera un ascendiente) del Jefe José de la tribu Nez Perce. Me escuchó con interés; luego, mirando directamente a mi corazón a través de mis ojos, con una mirada asombrosamente penetrante, musitó poderosamente: "Es una gran bendición, hijo mío, pues has sido testigo de un signo especial del Gran Espíritu".

Luego me contó que mis sensaciones de niño respecto a que el arcoiris cerraba el círculo dentro de la tierra, eran absolutamente correctas, pues ésa *es* la forma natural del arcoiris, y ése es el modo en el que el Gran Espíritu une, limpia, y energetiza tanto Espíritu como Materia ("Como es arriba, es abajo"); que en su forma circular, el arcoiris es el circuito primario materia-energía entre los planos y dimensiones físico y etérico (¿de aquí, el "Sendero de las Almas"?), de ese mundo al siguiente, y más allá; que el Arcoiris Circular es plenamente elemental, consistiendo del fuego de la luz y el color, y del agua o humedad del aire por encima y la tierra por debajo; que es la Rueda Primaria de la Medicina —un circuito curativo que une y reequilibra las polaridades electro-magnéticas masculina (Padre Cielo) y femenina (Madre Tierra) (recordad la Tabla 1) para el globo viviente, su ambiente, y todos sus habitantes*; que recorrer el "Sen-

---

* *Quizá éste sea el origen de las extendidas creencias tradicionales de que cualquiera que pasaba por debajo de un arcoiris, o bebía agua que había sido tocado por uno, cambiaba de sexo.*

dero del Arcoiris" (la Vía india de la Sabiduría) es caminar en equilibrio armónico con sus colores, uniendo y compartiendo amor, paz y agradecimiento con todos los otros Seres del Arcoiris; y que todo esto es la profunda verdad del Arcoiris Circular. Entonces el chamán tomó mis manos y cantamos juntos una plegaria de bendición, después de lo cual me sonrió y dijo: "Esta es la medicina del arcoiris circular desde un plano superior al plano de la atmósfera." Nos reímos, y la verdad alzó el vuelo como un águila en mi corazón.

LAS PROFECÍAS DEL ARCOIRIS

La Inspección Geológica de los Estados Unidos (U.S.G.S) lleva algunos años estudiando lo que llaman "arcoiris extraños y anómalos" —arcoiris de origen y/o forma desacostumbrados e inexplicables. El examen de la U.S.G.S. ha incluido arcoiris rectos (lineales), arcoiris en forma de pirámide (uno de los cuales fue visto una vez por este autor), arcoiris invertidos, arcoiris *dentro* de nubes, e incluso arcoiris circulares alrededor de la luna (a veces llamados "arcos lunares"). Muchos de estos fenómenos de los arcoiris son todavía misterios completos, o al menos parciales, para los muchos investigadores que buscan su causa por métodos puramente científicos y analíticos (del cerebro izquierdo), mientras que estos mismos fenómenos son muy bien comprendidos por los llamados "primitivos" utilizando sus capacidades puramente intuitivas y psíquicas (del cerebro derecho). Un ejemplo primario de esto último, con respecto a la serie de fenómenos de arriba, son las Profecías del Arcoiris nativas americanas (a veces denominadas "amerindias"), principalmente las de las tribus Planos, Pueblo y Mesa.

Muy simplificadas, y concentradas en las interpretaciones de los pueblos Hopi y Tewa de Arizona Norcentral, las Profecías del Arcoiris vienen a decir lo siguiente: Cuando la frecuencia de arcoiris de formas extrañas, arcoiris en las nubes, y particularmente arcoiris circulares alrededor de la luna aumente (como ha sucedido en tiempos recientes), estaremos en el período de transición entre los mundos cuarto (Físico, Era Pisceana) y quinto (Físico-Espiritual, Era Acuariana).* Dados los estudios de la U.S.G.S. y las indicaciones de "arcoiris extraños y anómalos" cada vez más frecuentes, en el lado izquierdo del cerebro, y la explicación chamánica previamente discutida sobre el arcoiris circular en el lado derecho del cerebro, ¡tal parece que nos encontramos ahora en ese período de transición!

* *Hopi y Tewa creen que pasaremos a través de siete mundos, separado cada uno por un periodo de limpieza y purificación, antes de devenir lo bastante puros para volver a unirnos totalmente con el Gran Espíritu.*

EL ARCOIRIS DE CRISTAL ACUARIANO

Recientemente, se han llevado a cabo investigaciones médicas realizadas en la frontera de lo desconocido, que arrojan como resultado el descubrimiento de ciertos compuestos químicos orgánicos formadores de cristales que se encuentran en el cuerpo humano. Bajo un proceso de polarización rotacional del cuarzo, estos cristales químicos realmente producen arcoiris que alternan entre colores opuestos (esto es, *rojo-verde*, *naranja-azul*, *amarillo-violeta*, etc.), denotando la existencia de un circuito bipolar de color-energía no distinto de la corriente eléctrica alterna. La importancia de dicho circuito, particularmente cuando se ve a la luz del efecto de los colores del arcoiris sobre los hemisferios cerebrales bicamerales (recordad la Figura 1), reside en su gran potencial para *equilibrar a la vez ambos lados del cerebro*, de forma sencilla, económica, sin dolor, y placentero. ¡Combinadas con las propiedades de amplificación y enfoque de las aplicaciones del láser, las posibilidades prácticas científicas para la medicina de dicha Terapia "Cristal/Cromo Polar" o de "Arcoiris del Cristal" (T.A.C.) son, en todo los sentidos de la frase, una bomba para la mente! Podemos fácilmente preveer que un día, en un futuro no lejano, un paciente que sufra de algún tipo de desequilibrio emocional, físico, mental y/o espiritual, informará a su centro local de T.A.C. en busca de un equilibramiento de bajo coste y abierto al público, saliendo con su "Rueda Acuariana de la Medicina" girando de forma nuevamente revitalizada y saludable.

¿Ciencia ficción? ¿Pura Imaginación? Pensadlo de nuevo. ¡La escena anterior es exactamente lo que ocurre *ahora*, cuando un individuo es curado por un chamán de la Medicina del Cristal Blanco utilizando cristales de cuarzo y el color, según el proceso descrito anteriormente! Lo único que se necesita es que nuestro pensamiento y nuestra voluntad "eliminen las objeciones" y se vuelvan totalmente sin confines, amorosamente sin límites, permitiendo con ello formas de tratamiento y equilibramiento simples, inmediatas, diarias, y especialmente sin drogas. La Magia del Ayer *es* la Ciencia del Mañana.

Finalmente, demonos cuenta que trillones de diminutos cristales de cuarzo-sílice y otros compuestos químicos pueblan el plasma de nuestro torrente sanguíneo transportador de la vida e inmunizador, residiendo también en los extremos receptores de los múltiples millones de espacios intersinápticos del cerebro, que son continua y excepcionalmente bombardeados con los destellos divinos de innumerables impulsos electro-químicos llamados *pensamiento*.

Comprenderemos ahora cómo y por qué opera la curación del

cristal/arcoiris. Opera desde *dentro* —desde el interior de nuestros propios cuerpos, mentes, corazones y espíritus— utilizando plenamente todo el poder y equipamiento que nos pertenecen como dones en este ciclo de vida, incluyendo (pero sin limitarse a) los cristales curativos de cuarzo-arcoiris mente/cuerpo que reflejan nuestra propia conexión abierta en el espacio del corazón con el poder curativo del Gran Espíritu: Dios. El principio es antiguo: *Mente/Cuerpo/Corazón/Espíritu* son *Uno*; tratad al paciente, no la enfermedad; el ritual le devolverá a la armonía consigo mismo/misma y con el mundo.

Un bello Canto Metis del Corazón que describe la esencia real de nuestro viaje a través y desde este mundo, dice así:

> *"Volamos todos como águilas,*
> *Volando tan alto...*
> *Dando vueltas alrededor del universo*
> *Sobre alas de luz pura."*

Y si en verdad hemos *"de volar como águilas"* —remontar el vuelo como corazones, mentes, cuerpos y espíritus en los cielos superiores— tengamos todos, como el águila, la claridad de visión pura para aplicar responsablemente nuestras verdades y sabidurías superiores hacia el mejoramiento de nuestra Madre Tierra, y hacia todos los que habitan cualquier plano y dimensión de Ella. Que ésa sea la Libertad equilibrada que buscamos, pues entonces seremos todos con seguridad bendecidos en *todos* los mundos venideros por el infinitamente amante, infinitamente personal e infinitamente eterno Gran Espíritu. ¡Soshweba!*

---

* *Término cheroki que significa "¡Que el Gran Espíritu more adentro!"*

Bibliografía

1. Bromley, Rev. Michael, c/o Crystal Visions, Los Angeles.

2. Sun Bear & Wabun, *The Medicine Wheel: Earth Astrology* (Englewood Cliffs, New Jersey: Prentice-Hall, Inc., 1980).

3. SwiftDeer, Harley, en entrevista con Rita Xanthoudakis, Los Angeles Weekly, 23-29 Septiembre 1983. p. 21.

4. Burbutis, Philip W., *Quartz Crystals for Healing and Meditation*, Universarium Foundation, Inc., 1983.

5. Oh-Shinnah Fastwolf, en entrevista con Caroline Myss, Expansion Bulletin.

6. Cayce, Edgar, en *Scientific properties and Occult Aspects of Twenty-Two gems, Stones, Metals*, A.R.E. Press, 1979, pp. 18, 12, 7.

7. Bryant, Page & Albion, *Crystals and Their Use: A Study of At-One-Ment with the Mineral Kingdom*, pp. 11, 23, 29.

8. Criswell, Beverly y Lavandar, *Quartz Crystals — A Celestial Point of View*, 1983.

9. Bryant, Howard C. y Nelson Jarmie, "The Glory", Scientific American Magazine, Julio 1974, pp. 60-71.

10. Nussenzveig, H. Moyses, "The Theory of the Rainbow", Scientific American Magazine, Abril 1977. p. 116.

11. Schaaf, Fred, "A Rendezvous with Rainbows", Mother Earth News, Mayo/Junio 1983, pp. 70-72.

Jay Steinberg

Jay Steinberg dedica su vida a mejorar la comunicación. Es educador, promotor del progreso, consejero, coordinador, experto especialista en los medios de comunicación, científico, investigador, periodista, animador, artista creativo, y conferenciante, todo con un solo propósito: el de motivar el progreso personal de los seres humanos y de otras especies de este planeta.

Narrador de cuentos, artista de marionetas, mago y músico desde su infancia, Jay comenzó su carrera profesional como Ingeniero Industrial Investigador afiliado al Programa Espacial Apolo, después cambió sus intereses vocacionales por los de cantante-actor-director en Nueva York, y una premiada carrera profesional en Los Angeles como escritor-productor-director-compositor de teatro y cine, con nominaciones tanto a los Oscar como a los Emmy.

Más tarde, como Presidente de Mediaworks, una firma multimedios de producción/marketing/publicidad/relaciones públicas, Jay coordinó, produjo y dirigió en Radio y Televisión anuncios comerciales y anuncios de noticias, proyectos de arte gráfico e impresión, y artículos de entrevistas con celebridades para las revistas nacionales. Ha enseñado asímismo Escritura, Drama, Dicción, Improvisación, Composición de Canciones, y Rueda de la Medicina en numerosas Escuelas de Adultos y Colegios Universitarios locales a lo largo de Arizona, California y Nueva York.

Musicalmente es compositor de canciones pop, temas de películas, "La Suite de Sedona" (obra semi-clásica de tres movimientos), "El Amanecer Egipcio", y es productor-músico de las cintas de audio-cassette "Rueda de la Medicina" y "Antiguas Memorias" resultado de sus estudios bajo la guía de los Hombres Médico Metis, Oso Solar y Ciervo Veloz, cuyas visiones para la Transformación del Mundo y la Autosuficiencia comparte y practica.

Equilibrio interior y exterior de los cristales

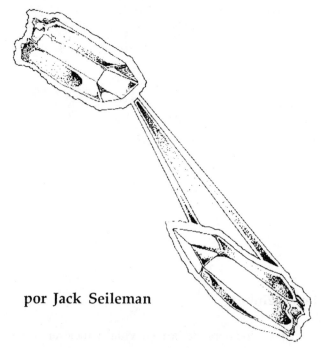

por Jack Seileman

Oración para la Medicina Dulce

*Saludos, Gran Espíritu, Gran Misterio,
Abuela y Abuelo Espíritu.
Venimos a orarte, Creador Nuestro, para que cada uno
de los que leemos este libro, tengamos una experiencia
que nos ayude a estar en este mundo de un modo
claro, limpio, equilibrado, el modo del corazón: un modo de ser,
con todos los seres, que nos llevará al hogar,
a la Luz de tu Amor.*

Vamos a explorar el modo de ser del mundo de los cristales de cuarzo y los chamanes o médicos. Estos parientes de los reinos mineral y humano, tienen mucho en común y mucho que compartir con nosotros acerca del poder, el equilibrio y las relaciones correctas.

Los cristales de cuarzo consisten físicamente en dióxido de silicio, silicio y oxígeno. Estos son los dos elementos más abundantes en la corteza externa de la Tierra. Estos amigos minerales son, pues, muy comunes, y también muy mágicos, como pronto veremos.

Esta especie de cristal tiene una estructura atómica interna muy equilibrada y uniforme, y una estructura externa de columnas hexagonales. Estos atributos físicos dan al cristal de cuarzo la capacidad de sincronizarse con fuentes externas de energía, de una amplia gama de frecuencias, y procedentes de fuentes tan diversas como las ondas de radio y la mente humana, así como la capacidad de enfocar y amplificar estas energías. La manera en que los seres humanos utilizan los cristales de cuarzo, ahora y a lo largo de la historia, se enfoca principalmente en utilizar su equilibrio y memoria impecables.

La investigación científica reciente ha descubierto que los seres humanos tienen formas cristalinas dentro de sus cuerpos: en nuestra sangre, cerebro y sistema nervioso. El agua constituye aproximadamente un 70 a un 80 por ciento de nuestro cuerpo, y un experimento reciente del investigador Marcel Vogel demostró que cuando se congela agua destilada, se forman todos los sistemas estructurales cristalinos que aparecen en la naturaleza. Si se hace este mismo experimento con agua no destilada, los otros minerales presentes afectarán la formación de los cristales, y no se formarán todos los sistemas.

Así pues, tenemos cristales *fuera* (en la tierra) y *dentro* (en nuestros cuerpos), y esto empieza a acercarnos a la relación entre el cristal y el chamán.

El chamán, hombre o mujer médico, viene de nuestros parientes los hombres tribales primitivos (primeros, originales), del pasado y del presente. El chamanismo refleja el modo de ser de nuestra especie durante la mayor parte de nuestro tiempo colectivo sobre esta Tierra (el 99 por ciento de este tiempo, como cazadores y cosechadores). Este tipo de sabiduría casi eterna, ha funcionado muy bien durante 40.000 ó 50.000 años por lo menos.

La relación del chamán con su mundo se basa en el amor y el respeto hacia todos los seres: el Gran Espíritu, el sol, la luna, la tierra, las rocas, las plantas, los animales, y los animales humanos. Un conocimiento fundamental de la persona médico es: "Todo lo que existe, está vivo". O, como tan bellamente dice el maestro zen Dogen: "Todo es la voz y la figura de Shakyamuni (el Buddha histórico)". El chamán se encuentra verdaderamente en el flujo de la vida, y sabe que nuestro papel apropiado es el de co-creadores de nuestro mundo, que "El estado natural de la vida misma es de gozo, de aquiescencia consigo misma, un estado en el que la acción es efectiva y el poder de actuar un derecho natural".

El chamán es la figura central en el círculo tribal. Puede representar muchos papeles, como los de doctor, político, instructor, psicólogo, recogedor de alimento, depositario de las costumbres e historia de la tribu, tanto sagradas como seculares, y líder espiritual.

Su función fundamental es el de mantener el círculo cultural natural y orgánico del conjunto de la tribu, manteniendo una relación equilibrada, de apoyo y subsistencia, entre la tribu y su mundo, y entre, y dentro de, los individuos mismos.

La persona médico tiene menos apego que la mayoría a la realidad ordinaria, y es capaz de interaccionar intencionadamente con los dominios causales de los espíritus, las almas y los Dioses. Mircea Eliade llama al chamán "técnico de lo sagrado", pues entra en un estado alterado de conciencia con cánticos, danzas, salmodias, sonajeros y tambores, en los rituales y ceremonias, y entreteje las hebras de energía de lo espiritual y lo mundano (el matrimonio elemental de nuestras vidas).

En culturas primitivas y civilizadas, la iniciación y entrenamiento chamánicos son a menudo precipitados por una crisis importante, por ejemplo, una enfermedad amenazante para la vida o algún "accidente". Es común tener entonces una experiencia de la propia muerte a nivel psicológico, mental y emocional, y un posterior renacimiento. Es a menudo un momento de revelación, humillamiento y sobrecogimiento. El individuo es forzado a mirar su vida, y la vida en general, desde una perspectiva radicalmente diferente. Se abandonan las ilusiones, y se experimenta la verdadera realidad de la existencia.

Creo que nuestro mundo humano no está funcionando adecuadamente, principalmente por su alejamiento de la naturaleza tanto interna como externa. Me parece natural retornar al modo de ser de los chamanes. El poder de la persona médico (el verdadero chamán sabe que el suyo no es poder personal sino el amor del Creador fluyendo a través de él), es el resultado directo de su relación consciente, natural e intencionada con su mundo. Esta experiencia directa del poder es el punto crucial de por qué el modo de ser chamánico es tan necesario ahora. La única prueba válida de lo que es verdad para cada uno de nosotros, es nuestra propia experiencia. Confiemos en nosotros mismos, y asumamos nuestra responsabilidad. Esto es lo que el mundo nos está diciendo en este momento. Es tiempo de que los humanos seamos dueños de nuestro poder, que nos hagamos cargo de él dentro y fuera. Los chamanes y los cristales saben esto muy bien.

CRISTALES Y CHAMANES

Los cristales de cuarzo y los chamanes son almas verdaderamente afines. Su modo de ser y los papeles que representan son muy similares. Si curioseáis en las bolsas de medicina de los chamanes del mundo entero, el objeto de poder (aliado, ayudante) que más a menudo encontraréis, probablemente sea un cristal de cuarzo. Muy posiblemente esto también sería así hace 10.000 ó 20.000 años. Estos antepasados nuestros han conocido intuitivamente en sus mentes, corazones y entrañas, que los cristales son amigos muy mágicos.

Mircea Eliade, en *Chamanismo*, dice que:

> "Los cristales de roca juegan un papel esencial en la magia y en la religión australianas, y no son menos importantes a todo lo largo de Oceanía y las dos Américas. Su origen uraniano (celestial) no es siempre afirmado de modo neto en las respectivas creencias, pero olvidar los significados originales es un fenómeno común en la historia de las religiones. Lo que resulta significativo para nosotros es haber mostrado que los hombres médico de Australia y otras partes, conectan de algún modo oscuro sus poderes con la presencia de estos cristales de roca en su propio cuerpo."

Ellos sabían intuitivamente lo que los científicos han probado recientemente, que verdaderamente tenemos cristales en nuestro cuerpo. Podían sentir la resonancia tanto dentro como fuera de sus cuerpos.

El pueblo aborigen Wiradjuri del sudeste de Australia, se refiere a los cristales de cuarzo como *luz solidificada*, arrojada a la Tierra por Baiame (el Ser Supremo), que se sienta en un trono de cristal.

"Los hombres médico imaginan a Baiame como un ser igual en todo a otros doctores, excepto por la luz que irradia de sus ojos. En otras palabras, sienten una relación entre la condición de un ser sobrenatural y una sobreabundancia de luz. Baiame lleva a cabo la iniciación de los jóvenes hombres médico rociándolos con una poderosa agua sagrada, que se supone que es cuarzo fundido. Todo esto equivale a decir que uno se convierte en chamán cuando es impregnado de luz solidificada, esto es, de cristales de cuarzo."

Los indios Paipai de Northern Baja, California, llaman al cristal de roca *wii ipay*, que quiere decir roca viviente o roca viva. Para ellos, el *wii ipay* es uno de los objetos más potentes utilizados por el *hechicero* (chamán). Ellos creen que el poder del *wii ipay* es neutro, y que es responsabilidad del chamán canalizar este poder, sea con el fin de curar o con el de hacer daño.

Los indios Huichol viven en las montañas de Sierra Madre, en Méjico Central Oeste. Creen que cuando un chamán muere, su alma viaja a un lugar detrás del sol. Luego el alma retorna a la tierra bajo la forma de un cristal de cuarzo.

Los chamanes Warao de Sudamérica ponen cristales de cuarzo en sus sonajeros de medicina pues creen que dichos cristales son

"ayudantes de los espíritus", y asistirán a la extracción de intrusos dañinos de los cuerpos de sus pacientes.

FUNCIONES COMUNES DE LOS CHAMANES Y LOS CRISTALES DE CUARZO

Comparemos ahora algunas formas de ser comunes a chamanes y cristales de cuarzo.

En primer lugar, su papel primordial como equilibradores — entendiendo por equilibrio un estado de relación igual y armoniosa. El pueblo Balinés, del Pacífico Sur, hablaba del equilibrio como "cuando el mundo era estable" (antes de la llegada de las gentes de piel clara). Tanto los cristales como los chamanes conocen la absoluta necesidad de mantener un equilibrio dentro de sí mismos, y en el mundo en su conjunto.

En segundo lugar, son seres salvajes — entendiendo por salvaje "vivir en una estado natural", y entendiendo por natural "el carácter esencial del mundo". Siendo salvajes, la integridad del modo de estar en el mundo, tanto de las piedras naturales como de los seres humanos naturales, es impecable — entendiendo por *integridad* la claridad, la limpieza con que nuestro Creador danza a través de ellos, el ser completos, no divididos. Son parte del mundo natural, son uno con él, y lo conocen.

En tercer lugar, tienen la capacidad de sincronizarse con una amplia gama de frecuencias. Frecuencia que se refiere a la velocidad de vibración de un campo de energía y/o una entidad de energía. El chamán exhibe esta capacidad en sus rituales y ceremonias, que suelen tener como intención primaria cambiar la vibración individual y/o grupal, como cuando se crean estados meditativos o extáticos. Los cristales de cuarzo tienen igual a este respecto la capacidad de sincronizarse con una amplia gama de diferentes fuentes de energía es su talento.

En cuarto lugar, son capaces de enfocar y amplificar la energía. Este atributo se relaciona muy estrechamente con el anterior, y más aún para los cristales de cuarzo. En el caso de éstos, se trata de un proceso integral de sincronización, focalización y amplificación. Para el chamán que dirije oraciones de grupo, el proceso es muy semejante.

En quinto lugar, son agentes de cambio. Los chamanes y los cristales de cuarzo están en el flujo (cambio constante) de la vida. Son muy sensibles a su entorno, y sienten sus cambios. Una vez le oí decir a uno: "Si no quieres cambiar, no andes cerca de cristales de cuarzo." Mi experiencia ha comprobado que esto es cierto respecto a los cristales y los chamanes: son catalizadores.

MI RELACIÓN CON LOS CRISTALES DE CUARZO

Deseo compartir ahora con vosotros algunos aspectos de mi relación con los cristales de cuarzo. Esta relación mágica nace del mutuo amor y respeto. (Seth, del libro de Jane Roberts, dice: "La magia, de un modo u otro, siempre ha sido utilizada para describir de forma simple sucesos para los que la razón carece de respuesta".) Experimento estos amigos minerales como vivos y conscientes. Cuando estoy con ellos, puedo sentir su energía vital y la integridad de su modo de ser. Son rocas salvajes, seres salvajes, naturales, totales y autorrealizados. Saben cómo estar en el mundo con belleza y claridad, con equilibrio y amor impecables. Son mis instructores, guías, guardianes y aliados. Una de mis intenciones primarias en mi relación con ellos es la de reflejar su modo de ser, y recuperar mi ser salvaje, total y equilibrado.

Hablo mucho con los cristales, en voz alta, con la sinceridad y el sentimiento que provienen de mi corazón. Esto me ayuda a enfocar mis intenciones, y le permite a ellos saber que los amo. Cada mañana, cuando comienzo mis oraciones, le digo al cristal de doble terminación que sostengo en mi mano izquierda, cuáles son mis intenciones, y le pido su ayuda. En este caso, es para que me ayude a enfocar y amplificar mis oraciones que van hacia dentro y fuera, hacia el mundo, y para que me ayude a abrirme y recibir las bendiciones que están siempre a nuestro alrededor. Un punto importante que conviene recordar es que los cristales amplificarán nuestras intenciones, sean buenas o malas, luminosas u oscuras. El cuarzo asumirá la responsabilidad con nosotros, pero no por nosotros.

ESCOGER UN CRISTAL

Vendo cristales de cuarzo para vivir, y la gente a menudo me dice, "No sé cómo escoger un cristal". He experimentado que lo que sucede es que los humanos y los cristales se escogen unos a otros. Cuando se juntan, sus campos de energía interaccionan y se ponen a prueba el uno al otro. Puede tener lugar una comunicación, y gran parte de ella es a través de los viejos senderos, más primarios y primitivos, como son los sentimientos, la intuición y los sueños. Ayudarnos a recuperar la confianza en estos viejos métodos es una importante enseñanza de los cristales de cuarzo. Hay veces en que no entenderéis conscientemente por qué os veis atraídos por un cristal particular. Sentíos a gusto con él; está bien así. A menudo, es un aspecto sabio de vuestro ser el que está haciendo la elección. Son amigos mágicos, y a menudo algunos aspectos fundamentales de vuestra relación con ellos carecerán de explicación racional y verbal.

Al principio de mi relación con los cristales de cuarzo, le oí decir a mi amigo Gary Fleck: "Los mejores instructores acerca de los cristales son los cristales mismos". Una y otra vez, mi experiencia ha demostrado que esto es verdad, tanto para mí como para los demás. Experimento que si mis intenciones son claras y para el bien general, y mi actitud y mi postura humildes y abiertas, los cristales compartirán sus caminos, su sabiduría, su conocimiento y sus verdades.

Cada uno de nosotros, de cualquier reino, tiene una naturaleza esencial, o ser, que sabe cómo estar en el mundo, con el bien general de todos los seres como armazón primario de la existencia, cuya base es la cooperación, no la competición. Este es el fundamento de las relaciones correctas. Este es un mundo que trabaja para todos sus miembros, como Gary Snyder lo llama, el "congreso amplio de los seres".

Lo que necesitamos es recuperar este ser salvaje y total de nuestro interior, y todo nuestro mundo exterior, y una cosa no puede tener lugar sin la otra. Mientras nos sintamos ajenos al mundo natural exterior y temerosos de él, estaremos separados y temerosos del mundo natural interior. Y viceversa.

Mi experiencia me ha demostrado que los cristales de cuarzo y la mayoría de los chamanes tienen una fuerte integridad personal, y que los humanos necesitamos alinearnos con seres que saben cómo estar en este mundo. Con nuestro actual estado de gran desequilibrio, no es sorprendente que la gente se esté volviendo hacia los cristales de cuarzo y los chamanes para que les ayuden en su *retorno*. Un número cada vez mayor de nosotros está sintiendo y conociendo que estos parientes minerales y humanos son fuertes instructores, guías, guardianes y aliados. Podemos ver y sentir que son seres que existen en un estado de claridad, limpieza, belleza, equilibrio y amor. Los cristales y los chamanes (dentro y fuera) están dispuestos, y son capaces de compartir gustosamente con nosotros sus métodos medicinales. Su intención es la de ayudarnos a "retornar". Dancemos ahora con estos familiares nuestros y "retornemos al *espejo de la creatividad*, como lo llama Hyemeyohsts Storm (el autor de *Siete Flechas*).

A medida que nos abrimos consciente e intencionalmente al modo de ser de los cristales y de los chamanes, abriendo nuestras mentes, nuestros corazones, nuestras entrañas, nuestras almas, y danzando con ellos, reflejamos su modo de ser. Retornemos al chamán interior, a nuestra naturaleza cristalina esencial, a nuestro ser luminoso que sabe cómo estar en el mundo. Afirmad vuestras intenciones ante estos amigos para constituiros en su reflejo. Si vuestra actitud y vuestra postura son correctas, si habláis con claridad y limpieza, con humildad y amor, danzarán con vosotros y os harán mucho bien. Este es el espejo de la creatividad.

Las rocas, las plantas, los animales y los seres humanos, son todos hijos del Gran Espíritu y del sol, la luna, el cielo y la tierra. Estos son nuestros amigos, nuestros progenitores y nuestra familia. Nuestras vidas vienen de la unión sagrada del Gran Espíritu con estos cuatro seres, los cuatro elementos: sol (fuego), luna (agua), cielo (aire) y tierra.

El arcoiris es una maravillosa manifestación de la belleza, magia y totalidad que se crea cuando hay una equilibrada reunión de los cuatro elementos.

Nuestro reflejo interno del arcoiris está en nuestros chakras, los siete centros de energía del cuerpo. Durante miles de años, la gente de visión ha visto y sentido las luces arcoiris que emanan de nuestro interior. Para que nuestro estado sea equilibrado y saludable, todos nuestros chakras tienen que estar abiertos. Esto significa tener una relación equilibrada con el cielo (aire), nuestro ser mental; con la tierra, nuestro ser físico; con la luna (agua), nuestro ser emocional; y con el sol (fuego), nuestro ser espiritual.

Deseo compartir con vosotros un cántico potencialmente muy poderoso, mágico y curativo. Nuestra intención es co-crear una relación pura, limpia y clara con estos cuatro seres (los cuatro elementos), aspectos de nosotros mismos; reflejar dentro de nosotros, y manifestar en nuestro mundo, el Equilibrio del Arcoiris:

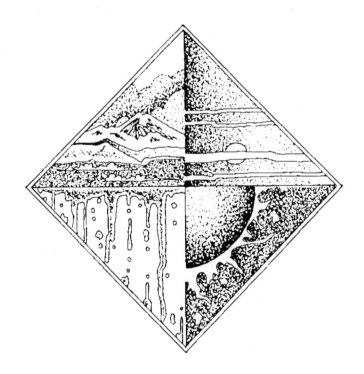

Repetid cuatro veces:

*La Tierra, el Agua, el Fuego, el Aire
Vuelven, Vuelven, Vuelven, Vuelven*

Repetimos el cántico cuatro veces enviando nuestras intenciones, sentimientos y visiones dentro y fuera, a las cuatro direcciones y al sol, la luna, el cielo y la tierra. Después hacemos nuestras las intenciones del cántico y las compartimos convirtiéndonos en su reflejo, y danzamos la medicina dulce en nuestra vida diaria.

Los cristales de cuarzo y los chamanes saben que son hijos de Dios y del sol, la luna, la tierra y el cielo. Son aliados del puente del arcoiris y conocen la necesidad del equilibrio dentro y fuera. Están aquí para ayudarnos a conseguir este equilibrio, para enseñarnos, guiarnos, guardarnos, y actuar como aliados nuestros mientras recuperamos nuestras funciones naturales y sagradas de cooperadores y cocreadores con todos nuestros parientes.

Bibliografía

1. Waldeman Bogoras, *The Chuckchee*, reimpresión en 1969 de la edición de 1904 (Nueva York; Harcourt Brace y Jovanovick, 1969), p. 281.
2. Jane Roberts, *The Individual and the Nature of Mass Events, A Seth Book* (New Jersey; Prentice-Hall, 1981), p. 3.
3. Mircea Eliade, *Shamanism, Archaic Techniques of Ecstasy* (New Jersey; Princeton University Press, 1964), p. 139.
4. Ibid., páginas 137-138.
5. Jerome Meyer Levi, *The Journal of California Anthropology*, "Wii ipa: The Living Rocks — Ethnographic Notes of Crystal Magic Among Some California Humans" (Otoño 1975).
6. Peter T. Furst, *Huichol Conception of the Soul*, Folklore Americans, Volumen 27, número 2 (Junio 1967).
7. Randall N. Baer y Vicki V. Baer, *Windows of Light* (San Francisco; Harper and Row, 1984) Prólogo, p. x.
8. Gregory Bateson, "Bali: The Value System of a Steady State in Social Structure — Studies Presented to A. R. Radcliffe-Brown" (Nueva York; Russell and Russell, Inc., 1963).
9. *The Reader's Digest Great Encyclopedic Dictionary* (The Reader's Digest Association, Inc. Pleasantville, New York, 1966), p. 1535.
10. Roberts, op. cit., p. 125.

Jack Seileman

Jack Seileman vive en San Diego, California, donde tiene la "Rainbow Bridge Allies", un negocio de cristales de cuarzo. Le gusta correr, leer, montar en bicicleta y oír música. Pertenece a cuatro grupos de medio ambiente: Friends of the Earth, Earth First, The Sierra Club y The Cousteau Society.

Durante más de quince años, Jack se ha visto fuertemente atraído por el modo de ser de los pueblos nativos del mundo, y de Norteamérica en particular. Ha viajado extensamente por Isla Tortuga (nombre nativo del continente americano, sacado de los mitos de la creación), y ha tenido el privilegio de pasar un tiempo con tribus de nativos americanos en varios lugares.

Jack es guía de grupos del desierto en California y Nueva York. El propósito de estas reuniones es el de ayudar a la gente a experimentar su propio poder, re-conectándose con la integridad, belleza, equilibrio y corazón de nuestro mundo natural. Un grupo especializado ofrece una "Medicina Lunar para Hombres", que pretende ayudar a los hermanos a abrirse a su ser femenino, receptivo e intuitivo. La instructora primaria es la Vieja Luna Oyente, la Abuela Luna.

Para más información sobre éste y otros grupos escribid a Rainbow Bridge Allies, 3330 6th Ave., San Diego, California 92103.

La medicina sagrada del cristal blanco de los nativos americanos

**por Harley SwiftDeer
y Dianne NightBird**

RUEDAS, CLAVES Y ENSEÑANZAS DE LA MEDICINA DULCE DE LA DANZA DEL SOL

Las tribus nativas americanas utilizan los cristales curativos de diversas maneras. Ninguna persona médico o ninguna tribu deberían decir que es el método americano nativo exclusivo para trabajar con los cristales. Aquí trataremos sólo de los puntos clave, de los principales enfoques en el uso de éstos, aceptados y reconocidos en general por la mayoría de las tribus nativas americanas.

Comencemos por saber cuál fue el origen de estas técnicas y enseñanzas actuales.

LAS ENSEÑANZAS DE LAS TRADICIONES DE LOS AMERICANOS NATIVOS

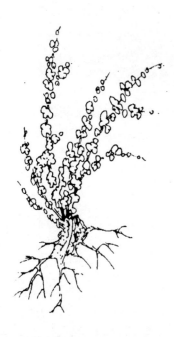

En tiempos antiguos, individuos fuera de lo común quisieron ir más allá de las fronteras y limitaciones de sus sistemas de creencia tribales, con el fin de explorar y descubrir conocimientos sobre todos los aspectos de la naturaleza, así como métodos de curación más efectivos. Estos hombres y estas mujeres viajaron hacia el norte hasta Canadá, y hacia el sur hasta la punta de Sudamérica. En sus viajes encontraron otros pueblos de diferentes tradiciones tribales, compartiendo conocimientos que incluían la discusión de las técnicas de curación, diferentes teorías y los sistemas de creencias.

Estos hombres y mujeres viajeros fueron conocidos como *"Cabellos Retorcidos"*, así llamados porque su cabello representaba la adquisición de conocimiento de un modo tradicional. Así pues, *Cabello Retorcido* denotaba a alguien con mucha sabiduría. Los *Cabellos Retorcidos* fueron desarrollando el conocimiento recibido, y en un momento dado, a comienzos del siglo doce, empezaron a reunirse y sentarse en concilio. Uno de los primeros encuentros conciliares tuvo lugar en Monte Alban, Oxaca, Méjico. A lo largo de los años, estos encuentros fueron conducidos regularmente como una sociedad secreta, dedicada al conocimiento para todos los seres humanos. Hoy en día, esta sociedad es conocida con el título de Concilio de Ancianos de Medicina Dulce de Sundance. Estos hombres y mujeres médicos han ido más allá de sus tradiciones específicas.

La mayor parte de las enseñanzas contenidas en este capítulo provienen sobre todo del pueblo cheroki, tal como las llevaron al Concilio de Medicina Dulce de Sundance. ¿Por qué cheroki? Por su comprensión en profundidad de los cristales, conocimiento que es ampliamente aceptado por la mayoría de las tribus nativas americanas. Para el cheroki, los cristales son la herramienta de curación más sagrada y preciosa, especialmente el cráneo de cristal de amatista, y los doce cráneos de cristal de cuarzo, llamados los *cráneos habladores*, o cráneos cantantes, porque sus mandíbulas pueden ser quitadas como en un cráneo humano real. A esta colección de trece cráneos la llamamos el *"ARCO"*; y alrededor de ese *Arco* hay también ocho poderosas varas de cristal que representan cada una de las ocho direcciones, lo que formalmente se conoce como los Ocho Grandes Poderes. Para el cheroki, el cristal representa ante todo las células cerebrales de la Abuela Tierra.

UTILIZACIÓN MODERNA DE LOS CRISTALES Y LA TRADICIÓN NATIVA AMERICANA

Si examinamos el uso que hoy en día se da a los cristales, veremos que la ciencia médica y la tecnología científica lo hacen del mismo modo que los nativos americanos. ¿Cómo? Los cristales son quienes contienen/determinan la energía; por lo tanto, son los grandes coreógrafos. La mayoría de las enseñanzas del mundo nativo americano, especialmente las del Concilio de Medicina Dulce de Sundance, son en forma de ruedas.

Las enseñanzas del pueblo nativo americano son en forma de rueda. Estas se utilizan para mostrar la interconexión, interdepen-

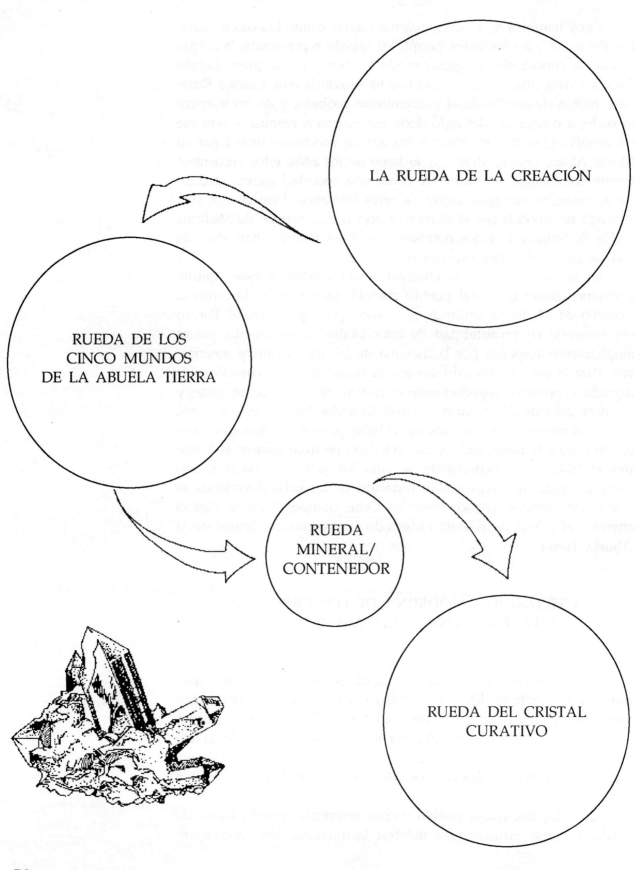

dencia e interapoyo de la forma de una cosa con las formas de todas las demás, dentro del gran y sagrado espacio del "Todo" al que llamamos *Gran Espíritu*.

Todas las formas de todas las cosas que existen se manifiestan dentro de los cuatro elementos de fuego, tierra, agua y aire, conforme salen del vacío, o espacio del Todo, al que llamamos el Aliento del *Gran Espíritu*.

La Rueda de la Creación

Varias de estas ruedas os mostrarán ahora el papel que representan los cristales en su tradición de enseñanza. La Rueda de la Creación, por ser nuestra primera rueda, conduce o hace girar todas las ruedas de la Medicina Dulce de Sundance. Lo siguiente es un diagrama de la Rueda de la Creación.

LA RUEDA DE LA CREACIÓN

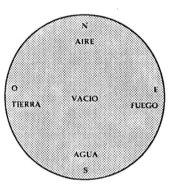

En el Este está el fuego
En el Oeste está la tierra
En el Sur está el agua
En el Norte está el aire
En el Centro está el vacío

La Rueda de los Cinco Mundos de la Abuela Tierra

La Rueda de la Creación, nuestra primera rueda, dirige o hace girar todas las ruedas de la Medicina Dulce de Sundance. El primer mundo que dirige se denomina los cinco mundos de la Abuela Tierra (nuestra segunda rueda). Esta segunda nos enseña que toda vida sobre la tierra es energía, y se divide en cinco mundos.

El primer mundo, al Sur, es el mundo mineral:
Los contenedores de energía.
El segundo mundo, al Oeste, es el mundo de las plantas:
Las dadoras de energía.
El tercer mundo, al Norte, es el mundo animal:
Los receptores de energía.
El cuarto mundo, al Este, es el mundo humano:
Los determinadores de la energía.
En el Centro, el vacío, está el mundo de los antepasados
Energía catalítica/primer móvil.

RUEDA DE LOS CINCO MUNDOS DE LA ABUELA TIERRA

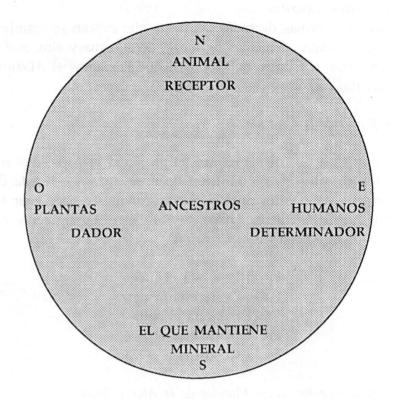

Para nuestros fines presentes, sólo entraremos en el mundo mineral. En este mundo se asientan:

Al sur está el doble contenedor, la arena, el suelo, la piel de la Abuela Tierra; conservándolo todo intacto, manteniendo la Tierra de una sola pieza, como la piel de nuestro propio cuerpo físico, nuestra morada terrestre.

Al oeste, se encuentran las rocas y piedras, contenedoras/dadoras de energía. Son los músculos y huesos de la Abuela Tierra.

Al norte, se asientan las gemas y piedras preciosas, tales como esmeraldas, rubíes, diamantes, cornalinas, ópalos, turquesas, piedras tanto preciosas como semipreciosas, contenedoras/receptoras de energía.

Al este, encontramos el elemento mineral que nos atañe ahora específicamente, el elemento fuego de los **cristales**. Ellos son las células cerebrales, la médula espinal de la Abuela Tierra, los contenedores/determinadores, los delineadores de la energía.

En el centro de esta rueda se encuentra la energía catalítica, los metales.

Asentado en el Sur: el Cobre
Asentado en el Oeste: el Hierro o el Plomo
Asentado en el Norte: la Plata
Asentado en el Este: el Oro
Asentado en el Centro: el Bronce

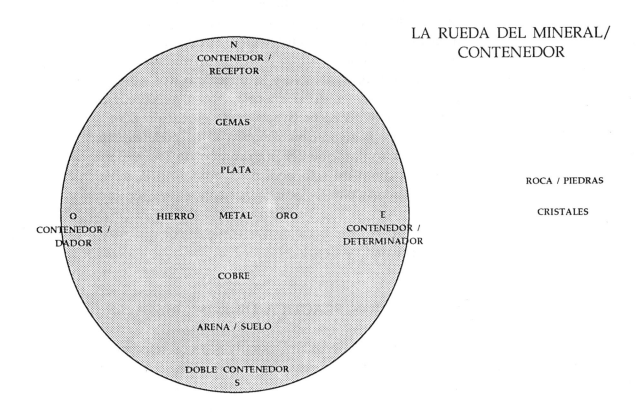

LA RUEDA DEL MINERAL/ CONTENEDOR

ROCA / PIEDRAS

CRISTALES

RESPONSABILIDAD HUMANA EN LA UTILIZACIÓN DE LOS CRISTALES

Ahora podemos ver cómo la Enseñanza India Nativa sobre los Cristales encaja dentro de un esquema más amplio, el esquema de las Ruedas. Antes de entrar en la utilización de los cristales curativos, debemos comprender que, como seres humanos, determinadores de la energía, somos completamente responsables de lo que hagamos con el cristal, y del modo en que lo apliquemos dentro de las grandes leyes sagradas, naturales, cósmicas y universales. Nos sentamos y sostenemos el cristal con confianza e inocencia, pues son como niños cuando se usan en concordancia con las leyes sagradas. Los cristales son nuestra conexión desde el primer chakra hasta el décimo. Por consiguiente, deberíamos adaptarnos y asumir una actitud de responsabilidad, alineamiento y conexión.

Hemos de hacer una decisión y declaración conscientes de romper cualquier conexión kármica que pudiéramos tener con nuestro paciente. Esta decisión es esencial al trabajar con cristales curativos, de modo que no pisemos el círculo del libre albedrío del paciente.

El enfoque más común de la curación nativa americana es la de que el paciente escoge su enfermedad como un modo de aprender acerca de la vida. Por consiguiente, él debe asumir la responsabilidad de la enfermedad.

En esencia, el hombre y la mujer médicos no curan a nadie, sino que son bailarines de la energía, hacen de coreógrafos, planean y determinan cómo hacer la apropiada evocación (llamada a los poderes inferiores), invocación (llamada a los poderes superiores), y una apropiada conjuración (el matrimonio de los poderes superiores e inferiores como un solo poder). El hombre o la mujer médicos desvían la energía para colocar al paciente en su ser superior, le ponen en contacto con sus ancestros y con el *Gran Espíritu*. Es entonces responsabilidad del paciente ver cómo y por qué él/ella ha escogido la enfermedad, y dejarla.

UTILIZACIÓN PRÁCTICA DE LOS CRISTALES CURATIVOS

Al hablar de cristales "curativos", nos referimos principalmente a las enfermedades físicas. En cuanto a los cristales para el "sueño" o la "visión", es necesaria la práctica de autodesarrollo espiritual.

Sintonizando un Cristal

En primer lugar, comenzaremos por "sintonizar un cristal". Esta técnica se emplea para llevar a cabo una resonancia armónica: la vibración del humano alineada con la vibración del cristal. Hay muchos modos de llevar esto a cabo. El siguiente es uno de ellos.

1. Sostén el cristal en tu mano derecha.
2. Toca la punta del cristal con la palma de tu mano izquierda.
3. Saca el cristal de una o una y media a dos pulgadas (N. del Tr.: 1 pulgada = 2,54 cm) fuera de la palma.
4. Rota el cristal lentamente en el sentido de las agujas del reloj; sigue haciéndolo así hasta que

5. Siente un cambio de energía, a saber, como cuando se aprieta un tornillo en un trozo de madera dura, y gradualmente se siente la resistencia máxima. Detente. Este será un indicio de que el alineamiento ha tenido lugar.

Determinando la Polaridad de los Cristales

Un cristal puede ser neutro, masculino o femenino. Nos referimos a la energía de rotación en la punta del cristal. Si un péndulo rota en dirección de las agujas del reloj, mientras lo sostenemos encima del cristal, es un cristal de energía masculina o de semilla de concepción activa. Rotando en dirección contraria a las agujas del reloj, es un cristal de energía femenina o de huevo creativo receptor. Si es neutro, oscilará vertical u horizontalmente, esto es, arriba y abajo, o a izquierda y derecha. El lector debería ser cauto, sin embargo, al hacer la determinación por medio de un péndulo, pues la influencia mental del propio individuo sobre éste puede alterar la rotación que correspondería al cristal. Aproximadamente el ochenta por ciento de los cristales de la Abuela Tierra son neutros, alrededor de un diez por ciento masculinos, y un diez por ciento femeninos. Si la prueba del péndulo *no* resulta, construid un péndulo sobre un soporte neutro, o realizad una prueba electromagnética sobre el cristal.

Cristales Curativos

Hay nueve cristales generalmente aplicados en la mayoría de las curaciones. Ponemos la lista de estos nueve sobre la Rueda del Cristal Curativo.

1. En el Este: Combinación/Abuelo
2. En el Oeste: Quitar/Recibir
3. En el Sur: Vara Equilibradora
4. En el Norte: Poner/Cargar
5. En el Centro: Cambiador del Punto de Ensamblaje
6. En el Este del Centro: Varas Elementales de los Cuatro Mundos
7. En el Oeste del Centro: Serie de las Diez Ruedas
8. En el Sur del Centro: Péndulo
9. En el Norte del Centro: Diagnóstico de las Diez Ruedas

LA RUEDA DEL CRISTAL CURATIVO

VARAS ELEMENTALES DE LOS
CUATRO MUNDOS
SERIE DE LAS DIEZ RUEDAS

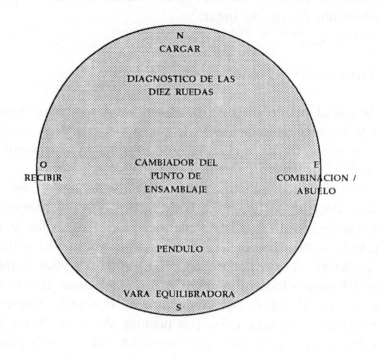

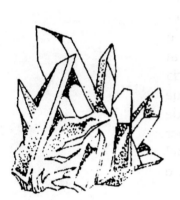

DESCRIPCIÓN Y APLICACIÓN DE LOS CRISTALES EN LA RUEDA DEL CRISTAL CURATIVO

1. *Cristal de la Vara Equilibradora (neutro)*

Características del cristal: una cara en triángulo, mejor si dos caras se reúnen y van al punto central. Todo equilibrado se hace preferiblemente con la mano derecha, independientemente de si se es diestro o zurdo (manteniéndose en armonía con las polaridades del cuerpo, lado izquierdo receptor, lado derecho dador). La vara equilibradora se utiliza exactamente con tal fin, para equilibrar los diez chakras del ser humano. Hay cuatro movimientos direccionales para equilibrar los diez chakras — Sur, Oeste, Norte y Este.

Compartiremos ahora el movimiento Sur. Este movimiento, por sí solo, podría ser suficiente, dependiendo del estado emocional, mental, físico y sexual del paciente.

Procedimiento Básico:

1. El sujeto yace con su cabeza en la dirección Sur de nuestro espacio de trabajo.
2. Comenzando por el primer chakra, rotar el cristal veintiuna veces a una pulgada del chakra, en sentido contrario a las agujas del reloj para la mujer, y en el sentido de las agujas del reloj para el hombre. (Ver figura 1.)
3. Alternar el movimiento de rotación para cada chakra, deteniéndose después del séptimo. (Ver ilustración.)

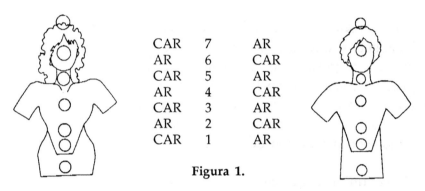

CAR	7	AR
AR	6	CAR
CAR	5	AR
AR	4	CAR
CAR	3	AR
AR	2	CAR
CAR	1	AR

Figura 1.

AR: Movimiento en el sentido de las agujas del reloj
CAR: Movimiento en sentido contrario a las agujas del reloj

2. *Cristal de Quitar/Recibir (Neutro)* (Figura 2)

Características del cristal: Cara plana inclinada un ángulo de unos cuarenta y cinco grados, una cara triangular perfecta con la punta hacia arriba en el lado opuesto a la cara inclinada.

Procedimiento Básico:

Ejecutar el Procedimiento de Quitar/Recibir con la mano izquierda utilizando la cara del cristal de quitar, por medio de una técnica respiratoria, cortas inhalaciones por la boca como si se succionara. Quitar en la punta del chakra, o a través del pie derecho o izquierdo, o la mano derecha o izquierda (el lado izquierdo del cuerpo causa el síntoma del lado derecho del cuerpo).

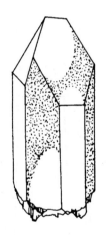

Figura 2.

Cristal de Quitar/ Recibir

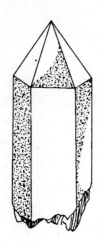

Figura 3.

Cristal de Poner/Cargar

3. *Cristal de Poner/Cargar (Neutro)* (Figura 3)

Características del cristal: Dos, preferiblemente tres triángulos perfectos en la punta del cristal, sin opacidades.

Procedimiento Básico:

Ejecutar con la mano derecha, por medio de una técnica respiratoria: cortas exhalaciones por la boca como si soplarais, tocando con el cristal el área a cargar.

4. *Cristal de Combinación/Abuelo (Neutro)* (Figura 4)

Características del Cristal: Tres caras triangulares perfectas son absolutamente necesarias, así como una cara de quitar. Se incluyen el mayor número posible de rasgos amplificadores, tales como flechas, imágenes fantasmas (elevan la energía en un diez elevado a diez o un mil por ciento), agujas, surcos, láminas, formas diamantinas en las caras, construcciones piramidales internas, construcciones piramidales espejo (por la reflexión de la luz procedente de una o más caras).

Procedimiento Básico:

Capacidad de equilibrar, cargar, y quitar.

5. *Cristal Cambiador del Punto de Ensamblaje (Neutro)* Figura 4

Características del cristal: Una base redondeada, con una longitud media de seis a siete centímetros. La circunferencia, en su punto más ancho, es de cuatro a cinco centímetros. Perfectamente claro, sin opacidades. Para este trabajo se prefieren cristales combinación/abuelo, poner/cargar, o la vara equilibradora, y decididamente *no* un cristal de quitar/recibir.

Primera elección: Combinación/abuelo
Segunda elección: Poner/cargar
Tercera elección: Vara equilibradora.

Procedimiento Básico:

Cambiar el Punto de Ensamblaje (No es posible aquí una explicación en profundidad).

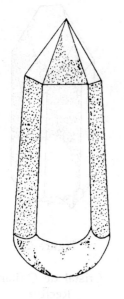

Figura 4.

Combinación/Abuelo Cambiador del Punto de Ensamblaje

6. *Péndulo*

Previamente discutido.

7. *Cristal de la Serie de las Diez Ruedas (Neutro)*

Características: Utilizar diez cristales clasificados por su tamaño, empezando por el más pequeño, y siendo el décimo el más grande. El aura de cada cristal debería corresponderse con el color de cada chakra.

Procedimiento Básico:

A emplear en curaciones muy graves. Los cristales son colocados sobre los chakras, con la punta hacia arriba, para facilitar la carga de energía que se aporta al cuerpo. Rotar en el sentido de las agujas del reloj, con las puntas hacia abajo, ayudando a liberar la energía negativa. El procedimiento es aplicable a cargar, quitar y equilibrar.

8. *Cristal del Diagnóstico de las Diez Ruedas (Neutro)*

Características del cristal: Tradicionalmente se utiliza un cristal de calcita, en forma de paralelogramo.

Procedimiento Básico:
Pasar por encima de los chakras, para ver o diagnosticar qué desequilibrios tienen lugar en los órganos guiados y controlados por cada chakra.

9. *Varas Elementales de los Cuatro Mundos (Neutras, de Carga, Abuelos)*

Características que se necesitan: tradicionalmente construidas a partir de los mundos mineral, vegetal, animal o humano. No se recomiendan ni el hierro ni el plomo, pues son conductores inadecuados para la curación física. El tallo de la vara se construye a partir de uno de los cuatro mundos, o los cuatro a la vez. El cristal se conecta o une con el tallo, y se forma así una vara elemental.

Procedimiento Básico:

Utilizad en curaciones graves, al invocar, evocar y conjurar. Para alinear con los cuatro mundos, utilizar el mundo y cristal particulares (en la construcción de nuestra vara) para generar una doble energía.

INFORMACIÓN CLAVE ADICIONAL

Los cristales retienen y hacen fluir la energía cuando se utilizan en la curación; por consiguiente, si el cristal es demasiado pequeño, puede estallar por sobrecarga. Cada persona necesita escoger un cristal que encaje en su mano cómodamente, haciendo contacto con la palma y asido por el pulgar y los otros cuatro dedos. La punta del cristal debería extenderse más allá de la mano al menos una pulgada.

Para la limpieza y cuidado básico de los cristales, lo mejor es envolverlos en una tela roja suave, tal como terciopelo, fieltro, etc. Lavarlos con agua de sal y fumigar con salvia. Para fumigar, quemar una pequeña cantidad de salvia en una caracola, y sostener el cristal sobre el humo, apuntando arriba y abajo.

Los lectores interesados en una exploración en profundidad de los cristales, desde el punto de vista nativo americano, pueden ver nuestro libro *White Crystal Medicine* (Medicina del Cristal Blanco), que cubre todo el área de uso de los cristales de curación, visión y sueños.

Harley SwiftDeer
Dianne NightBird
The Deer Tribe Medicine Society
P.O. Box 8204
La Crescenta, CA 91214

Harley SwiftDeer

SwiftDeer (*Ciervo Veloz*) es un Hombre Médico/Chamán Tsalagi (Cheroki) y Jefe de la Danza del Sol del Anikawi Oskenonton (Clan del Ciervo). Fue educado a la manera tradicional por esa sociedad de ancianos desde la edad de ocho años en la Reserva de Palo Duro Canyon, en Tejas. Tras abandonar la reserva, fue aprendiz durante quince años con el Abuelo Tom, "Dos Osos" Wilson, un Chamán/Jefe Médico Navajo, Presidente de la Iglesia Americana Nativa (al que se hace referencia como "Don Genaro" en la serie de Carlos Castaneda). Durante este tiempo, Ciervo Veloz fue iniciado en las enseñanzas secretas de los pueblos de Isla Tortuga (Norte, Sur y Centro América).

Como fundador y Presidente de la Asociación de Artes Marciales Indios Americanos, Harley tiene cinturón negro de octavo grado en Kárate Chjito-Ryu, y cinturón negro de séptimo grado en las artes del Kárate Shorei-Ryu y Jiu Jitsu, cinturón negro de cuarto grado en Aikido, y cinturón negro de tercer grado en Judo. Fue estudiante de la Academia Kodokan de Bushido en Tokyo, Japón.

Ciervo Veloz ha estudiado asímismo con el Hombre Médico Cheyenne, Hyemeyohsts, autor de *Seven Arrows* (Siete Flechas) y *Song of Heyoehkah* (La Canción de Heyoehkah). En el momento presente, Ciervo Veloz enseña aspectos chamánicos de la curación, las Ruedas de la Medicina, las Claves de Isla Tortuga, y de la Sociedad de Medicina de los Cabellos Retorcidos.

Harley tiene un doctorado de filosofía en psicología, y un doctorado de divinidad en Religiones Comparadas.

Cristales y espacios sagrados

por Bente Friend y Paul Simon

Compartir experiencias y ceremonias que han sido parte integral de nuestra relación creciente con el "Deva del Cristal", es nuestro objetivo aquí, pues el cristal ha sido un guía que nos ha hecho volver a la sabiduría de la Madre Tierra, y una herramienta para enfocar la visión interna conectada a nuestra Fuente.

Los elementales de la Tierra están estructurados a través de una variedad de formas de cristales. En nuestro alineamiento con el Espíritu de estas formas, podemos enfocar nuestras más puras intenciones de cuidar la Tierra y sus hijos. *Los cristales han emergido como símbolo de esta era, de la Tierra que intenta curarse a sí misma.*

Rituales, antiguos y contemporáneos, que fortalecen el vínculo intuitivo y directo entre las raíces de la Madre Tierra y la Fuente de nuestro Ser, serán también explorados. El cristal, como foco central, invita a la celebración de la vida, compartiendo ceremonias y rituales en relación con una Tierra total.

***

Una de nuestras primeras inspiraciones nos llegó de un nativo americano que amaba los cristales. Departió con nosotros con una reverencia que recordaba a la del guardián de una antigua tradición. A lo largo de todos estos años, conservamos de este encuentro el tono de respeto y simplicidad hacia la medicina de la Tierra inculcados por la iniciación recibida de este hombre.

Viajando a principios de los años 1970, exploramos con asombro el misterio de los cristales que se nos desvelaba. Las Montañas Rocosas son la columna vertebral de este continente, y de esta "médula" irradia un vasto arcoiris de energías minerales. De lugares como Crystal Peak, Crystal Park y Garnet Hill recogimos nuestras herramientas de trabajo.

Los "veteranos" compartieron historias curiosas, que reflejaban experiencias inexplicables en relación con el reino mineral. ... La gente joven estaba empezando a despertar a los métodos medicinales de las piedras, y nuestras experiencias estaban tejiendo una forma de conexión ceremonial y chamánica con los cristales.

En su magnificencia, Grand Tetons se convirtió en una familiar peregrinación de verano. Los prados alpinos y las caras glaciales todavía se reflejan en nuestros recuerdos de estos años de formación, de interacción con los Devas de la Tierra.

A partir de aquí, las ceremonias comunales nos llamaron a explorar la antigua herencia del Sudoeste. Aquí sentimos que habíamos llegado a nuestro hogar, a paisajes que llegaban muy lejos, como un vasto mar, con un sol que arrojaba sombras a través de mesetas y montañas ... arroyos y cañones abrazaban nuestras caminatas ... un lugar donde las enseñanzas de la Madre Tierra eran incondicionales y directas. En las danzas y rituales sagrados de la tribu Pueblo, sentimos nuestro vínculo y desarrollo con las tradiciones chamánicas del pasado. Nos trasladamos a Santa Fe, Nuevo Méjico, para un tiempo de reflexión e introspección en nuestras vidas — los cristales devinieron altares para nuestra conciencia creciente. El proceso, en aquel tiempo, se convirtió en un viaje interior, un tiempo de crecimiento y purificación internos. Un ir hacia dentro, hacia el Kiva sagrado en nuestro interior, para integrar y comprender fuerzas más profundas, primordiales y elementales.

Fue un tiempo en que nuestros corazones se expansionaron, un tiempo de retorno al hogar conectándonos con la Tierra en las raíces de nuestro ser. Un tiempo de cuidar y recibir el ritmo profundo del Espíritu de los cristales. En verdad, sentimos que el pulso de la Madre en este área estaba iniciando un cambio y una transformación.

El don esencial de aquel momento fue expresado en el siguiente poema:

Hemos ido en círculos hacia el centro de nuestro ser
  hacia la luz interior
Hemos plantado nuestras semillas
  dentro de un jardín de cristal
  y conocido los cantos de nuestro corazón.
Y pasado el tiempo, en comunión amorosa
  con estas fuerzas de los cristales ...
Producimos regalos
  a través de la simplicidad de antiguas memorias
Para vivir, amar, curar, y reunir.

Pasamos de este tiempo de gestación y aprendizaje, a la aplicación de la práctica a través de diversas formas. En relación con la práctica terapéutica, se desarrolló el siguiente viaje interior: un viaje de inspiración, para integrarse con la energía de la Tierra, y para reconocer el Espacio Sagrado en nuestro interior. Alineándonos con el pulso vital espiral del cristal, magnetizamos la unión esencial en el equilibrio chamánico de dos mundos.

* * *

El "viaje" que viene a continuación puede ser leído por un amigo, o grabado en una cinta con el sonido rítmico de un tambor o sonajero, el pulso de sintonización con el latido de la Madre. La etapa de liberación y atadura es hacer el sonido del niño unificado interior. Continuad creando este tono mientras lo deseéis. El mayor efecto de este viaje lo sentiréis tumbados.

Convirtiéndonos en Guardianes de los Cristales ...
Un Viaje que Comunicar

Sosteniendo vuestro cristal con ambas manos sobre el centro de vuestro corazón ... relajaos ... inhalad ... y viajando hacia dentro, dirigid vuestra conciencia a moverse lentamente ... dulcemente ... en una espiral hacia la izquierda ... con el movimiento de una suave brisa.

Conforme trasladáis hacia abajo vuestro foco interior, exhalad al pozo de vuestro ser ... cuyo centro es el segundo chakra ... y suavemente, haced girar vuestra luz a través de este lugar ... con cada respiración, expandid todo el área —profundamente, cada vez más profundamente ... suavemente, abriéndose ... deviniendo el caldero, la antigua vasija de la creación recién nacida, el Alma que se vuelve hacia dentro— hundiéndoos de nuevo en la matriz de la atemporalidad —en el centro profundo y primordial de vuestro Ser ...

Aquí se guarda el fuego sagrado, el fuego de la inspiración — la iluminación interior que es el Espíritu de la Tierra — el Kiva interno, el Espacio Sagrado de vuestro mundo interior. ...

Inhalad lentamente, y conforme exhaláis, sumergíos aún más profundamente en las piernas, y a través de las piernas en los pies ... Sentid vuestros pies. Sentid las plantas de vuestros pies, la suave y tierna abertura de los arcos ... Sentidlos abrazados por la tierra ... Sentid vuestras raíces hundiéndose suavemente en la receptiva tierra. Sentid que vuestros pies extraen la esencia de la Tierra.

A través de estas aberturas en los pies, inhalad lentamente el profundo pulso de la Tierra, el ritmo de las mareas que se elevan, los ciclos y fuerzas de la Luna —la nutrición continua que fluye del Principio Femenino ... Tomad contacto con la Tierra, sintiendo vuestros pies potenciados y estabilizados por esta conexión ... Y continuad llevando estas fuerzas hacia arriba a través de vuestras piernas hasta el caldero, el Kiva interior —en espiral, girando en un movimiento hacia la izquierda ... retornando a vuestros propios comienzos misteriosos para devenir una vasija —un altar receptivo, expansivo y sagrado para vuestro Espíritu.

Sentid el cristal en vuestras manos ... El Pulso de la Vida en espiral enraizado profundamente dentro de la matriz de la Madre Tierra, que se mueve directa y velozmente hacia su corona, su terminación, conectada con el conocimiento infinito ...

Sentid el suave ritmo del cristal ... y lentamente, con la conexión que sentís hacia el Espíritu de este ser, inhalad a través de vuestra boca el yo superior del cristal ... exhalad a la conexión con la tierra, devolviendo la vitalidad a la Tierra, energetizándola ...

Moveos conscientemente a través de la forma del cristal. Como si la espiral del cristal y la esencia de vuestro ser que se mueve también en espiral, estuviesen comenzando a pulsar juntas ... Dentro de este ritmo y esta fusión de espirales, se recibe una mayor armonía de la Fuerza de Vida...

Abrid suavemente vuestra visión interior, centrada en vuestro entrecejo, mientras os movéis por paisajes de luz cristalina ... Permitid que vuestro corazón reciba el calor, lleno de esa esencia fulgente ... Sentid vuestras células recibiendo luz de estrellas de cristal ... Experimentad vuestro movimiento libre con este Espíritu del cristal, desde su conexión raíz en la Madre, hasta su coronada eminencia en el Padre ...

Procedente de esta unión, liberad el sonido del niño que hay dentro de vosotros, el niño espontáneo, pleno de Vida y Expresión. Ahora habéis llegado al *Hogar*.

MEDITACION

Hay dos principios que advertir aquí —el principio de expresión Yang, exhalando e inhalando en el cristal— enfocando y proyectando vuestra voluntad y vuestra intención. El otro es el principio Yin, el de recibir y unificarse con el cristal a través de las fuerzas de tomar y combinar. Ambos tienen que ver con nuestra respiración...

La siguiente meditación está dirigida específicamente a tomar la esencia de la Fuerza Vital del cristal e integrarse con ella. Esta meditación se creó porque permite desarrollar la receptividad y centrarnos, y "conocer" al cristal simplemente desde el interior —un importante aspecto para recibir sus dones. Esta meditación es efectiva en posición de sentados.

La Práctica

Sintiéndose en un estado de quietud y oración ... respirad durante un par de minutos ... Colocando vuestras manos sobre y alrededor del cristal, pedid que con la sensibilidad de vuestros dedos y la receptividad de vuestro corazón, comencéis a "sentir", de cualquier modo que podáis recibirla, la esencia del Espíritu, las suaves ondas de conciencia viva presentes en el cristal...

Suavemente haced que esta esencia pulse y tome forma en la copa de vuestras manos ... y conforme la "sentís", elevad las manos suavemente y aspiradla a través de vuestra boca, recibiendo la pureza de su esencia al interior de vuestro ser.

Sentaos suavemente y respirad ... En este lugar, sentid el movimiento en espiral que está uniendo vuestra esencia y la esencia del cristal ... a medida que el Espacio sagrado se abre y crece entre vosotros. Sentid, con cada respiración, la cualidad del espíritu expandiéndose y creciendo hacia fuera para permitir que la brillantez entre en un espacio cada vez mayor —el Espacio Sagrado.

VIAJES

Durante muchos años, fuimos conducidos en nuestros viajes hasta antiguos lugares ceremoniales. Estos lugares de poder resonaban con la inspiración de prácticas conocidas por hombres y mujeres sabios, seres que fueron cuidadores y visionarios para los pueblos de las Antiguas Vías, seres que caminaron en ambos mundos como canales de misterios no revelados.

Experimentamos vórtices, armónicos en su naturaleza con la energía de la Madre Tierra, la misma que tan fuertemente nos había alimentado en Nuevo Méjico, y transportamos puñados de tierra medicinal y cristales especiales para ofrecerlos a estos lugares mágicos y vibrantes.

Mientras caminábamos por estas montañas y valles, departiendo con las gentes del lugar, el ritual de las piedras llegó a ser una expresión de amor. Cada pequeña mano oscura y cada pequeño bolsillo con un cristal se convirtió en una afirmación simple de comunicación espontánea, uniendo a la gente en un abrazo común. Los cristales, vivificados por este contacto mutuo, fortalecieron los lazos y reforzaron la expresión de amor de la Madre Tierra de los unos para con los otros.

Siguiendo nuestras visiones, nos desplazamos a lugares clave de poder en el Yucatán, en Centro y Sudamérica. En estos lugares, encontramos al "Dragón" Durmiente, bajo la forma del Quetzalcoatl tolteca, el Kukulcán maya, y el dios Serpiente de las culturas preincas. Este ser mítico, sumamente poderoso y potente, guarda los más profundos misterios encerrados en las cámaras ceremoniales de los Antiguos.

Las leyendas de civilizaciones pasadas revivieron las llamadas y ecos de las ruinas, sobre las pirámides que se alzan altas y silenciosas, en las cuevas de antiguos ritos ceremoniales, sobre inscripciones hechas en piedras que habían sido pulidas por los elementos, en la sombra de altas piedras colocadas por los primeros astrólogos, y sobre los templos del sol y de la luna colocados en la cima de las montañas.

A estos lugares transportamos los cristales y allí los colocamos. En las cámaras internas de los templos, en nichos de cascadas, y en pequeños huecos de la tierra, unimos conscientemente la energía. Sentados en círculo entre Tierra y cielo, dijimos oraciones que desenterraban los secretos de estos lugares. Esto ratificó nuestra intención a través del retículo del cristal, de reforzar nuestros deseos de cuidar el planeta Tierra.

Los cristales que volvieron a Nuevo Méjico se convirtieron en mensajeros. Transportaron y transmitieron a quienes los guardaron, un vínculo con estos dominios especiales a través de las multidimensiones. Esta transferencia de la magia de una fuente distante a otra despertó las experiencias visionarias o de recuerdos en cada ser. Así, una frecuencia de luz potenciada atravesó los velos y permitió el viaje interno a tiempos distantes y verdades comunes, viaje experimentado como una profunda continuidad con el cordón esencial que une a todos los seres.

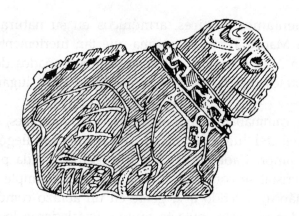

EL JAGUAR

A través de nuestros viajes, fuimos contactando tótems, aliados y símbolos de poder específicos. El Espíritu del jaguar es una de tales experiencias. El jaguar es una antigua potencia de fortaleza y dignidad, que vincula las culturas Maya e Inca.

En nuestros primeros años, viajamos a las pirámides del Yucatán. En Chichen Itza, entramos en el Templo del Jaguar, donde experimentamos una iniciación poderosa y única. Escalando el largo y húmedo pasadizo interno, de apenas el ancho de una persona, llegamos a una pequeña cámara interna. Allí, como guardián de los misterios de la tierra, se encontraba la talla sumamente radiante y magnificente de un jaguar. Experimentando esta energía, la sentí de naturaleza receptiva y femenina. Y recordé en aquel momento que los cristales que sostenía habían sido "cargados" en la pirámide de Gizéh, un lugar del león, ciertamente de naturaleza masculina, y una de las polaridades respecto al lugar en donde ahora me sentaba.

Nuestra ceremonia se centró en la autorrenovación y la purificación. Abriendo una receptividad al campo de fuerza electromagnético de este vórtice interno, combinamos esta frecuencia con la Fuerza Vital del cristal. Durante nuestra oración, ofrecimos gentilmente uno de los cristales a este ser, para que permaneciera en esta cámara de luz.

Completé mi meditación y comencé a descender fuera de la cámara. La luz que alumbraba el fondo del pasaje oscuro y estrecho, indicaba que estaba vacío. Sin previo aviso, otra persona trató de pasar, corriendo escaleras arriba, haciendome perder el equilibrio. Al estirar mis brazos para tratar de sostenerme, mi mano izquierda hizo contacto con el cable desnudo de alto voltaje que llegaba a la cámara interna. Como estaba húmedo por la transpiración de la jungla, la electricidad activó rápidamente los cristales en mi mano izquierda, e hizo contacto con tierra a través de mi cuerpo.

La electricidad estimuló la energía del cuarzo, sincronizando mi campo de fuerza con el campo electromagnético de la pirámide. Los cristales, programados ahora con esta particular vibración, se convirtieron en transportadores y transmisores de esta frecuencia, y en herramientas potenciadas para compartir con individuos que estuviesen sintonizados con las energías de transformación y rejuvenecimiento.

Años más tarde, encontramos de nuevo la fuerza de este aliado en el Lago Titicaca, sobre la Isla de la Luna. Esta es el aspecto femenino de dos islas —la isla del Sol representa la polaridad masculina. Una vez más, la energía en trance fue recibida como la fuerza femenina de la dignidad renovada.

Al volver a casa, cuando sostuve los cristales, la interpretación Dévica fue un ritual para recibir a la "Mujer Jaguar". Esta curación interna integra el principio femenino. Renovando nuestra autoaceptación y recibiendo un más pleno conocimiento del divino misterio femenino, alcanzamos equilibrio y armonía con nuestro ser unificado.

Posteriormente, visitamos las ruinas de Tiahuanaco en Bolivia —la más antigua civilización preincaica en los Andes. Aquí, me dieron una bella y rudimentaria talla del jaguar en piedra. Refleja la primitiva y potente fuerza magnética que hay dentro de las entrañas de la tierra. Bolivia posee una gran fuerza, y la confianza de la mujer, en una sociedad tradicionalmente matriarcal.

UNA VISIÓN

Tengo una visión ... una visión de ángeles, que inspiran a la humanidad que se despierta con sus Seres translúcidos. Sus ondas de colores y su aliento celestial rodean la Tierra de Luz. Esta Respiración Divina es atraída por la profunda excitación magnética dentro de la Tierra, y dentro de nosotros mismos. Es la Chispa Divina que viene como una nueva longitud de onda, para ser más plenamente experimentada al igual que el Principio Femenino se despierta tanto en hombres como en mujeres.

Cuando la Fuerza Femenina es vivificada, la humanidad revive a sus comienzos primordiales. Desde los templos de la jungla hasta las empinadas cumbres de las montañas, la Sacerdotisa emerge, y profundas iniciaciones internas son encendidas por la reunión de dos fuerzas.

El árbol Chamánico del mundo es el báculo de la Tierra — la energía manifiesta del núcleo — y un firme símbolo del Mundo Uno. Los aspectos de la Mujer están proviniendo de todos los lugares ocultos para unirse con el árbol del mundo. Líneas de ley magnéticas procedentes de todos los puntos de poder están aclarando, alimentando y permitiendo un flujo más libre de energía para establecer esta nueva forma.

Procedente de lo sin forma, transportada por una antigua y misteriosa fuerza, ella llega con su sustentadora energía en un abrazo activo. Viene como la mujer médico, sentada en la cueva de la matriz. Viene como la Suma Sacerdotisa, cubierta de velo; como la Mujer Búfalo Blanco que trae la pipa sagrada, y viene como la Gran Madre de toda la creación ...

Y a medida que este movimiento tiene lugar, la regeneración y la VIDA son llevadas al niño de nuestro interior. Este niño se sienta en nuestros corazones, y resuena inocentemente con los Seres Brillantes de todos los reinos de la Tierra y del cielo ... Este niño es "el Hijo del Sol".

PERÚ — MACHU PICCHU

El "Hijo del Sol", los niños del corazón, se están reuniendo una vez más. Los guardianes y cuidadores de la Tierra están respondiendo al avivamiento de las energías planetarias. Hay un arcoiris entre las tierras sagradas de Norteamérica y Sudamérica ... El Yo Superior de la Tierra está restaurando este Puente Arcoiris, activando, a una renovada comunicación, las energías que fluyen procedentes de los ecos del pasado.

Nuestro viaje hacia el sur nos condujo hasta el Valle Sagrado de los Incas, siguiendo el Río Urubamba por el serpenteante camino hacia Machu Picchu, el legendario gran templo, aislado y oculto en los Altos Andes. Allí, las cumbres místicas se desvelaron a través de una pesada niebla en ascenso. Supimos que estas montañas son los puntos fuente femenino/receptivos de la Tierra, como los Himalayas son los puntos masculino/activos.

Cuando nos detuvimos ante el "Pórtico de los Dioses", mis visiones de la infancia revivieron con un recuerdo que se agitaba profundamente en mi corazón, y lágrimas y niebla inundaron mis mejillas mientras mi corazón se llenaba de gratitud. "Supe" que éste era una reserva de gran magnificencia, y que su latido estaba en armonía con los vórtices terrestres del Sudoeste y otras tierras sagradas. Cuando las corrientes que unen estos lugares resultan estimuladas por el don del sol, la sabiduría secreta de civilizaciones pasadas se revela. Se sentía que el legado americano nativo de una gentil y pacífica coexistencia con la tierra era honrado en este lugar. El escenario pastoral, con bancales de campos de cereal, parecía eternamente vivo en la simplicidad indígena.

Existe una leyenda en los Andes acerca de una piedra ceremonial llamada "el Arco de Iris", la piedra del Arcoiris, que dispersa siete colores a partir de la luz pura —simbólicamente, una transformación mágica de los dones del sol a los siete chakras del hombre.

Ejercicio de Visualización

Visualizad el juego de colores que irradia de esta piedra, que quizá fuera un gran cristal de cuarzo con inclusiones, o quizá una piedra que nos es todavía desconocida. Sentid su centelleante opalescencia llegando de un tiempo en que sólo los colores de la naturaleza se encuentran con el ojo humano. Sentid la radiación que emana de esta piedra, guardada a salvo por los Chamanes Incas antes de la conquista española.

Dimos al guardián de este linaje un radiante cristal de cuarzo procedente de Herkimer, y sus ojos vagaron distantes mientras mantenía este recuerdo en su corazón.

A la mañana siguiente, ascendimos a la montaña que está detrás del Templo del Sol, bajo la lluvia, a través de la vegetación de la jungla cayendo en cascada. Huayna Picchu tremulaba bajo la luz del amanecer. Para hacer este peregrinaje del plenilunio, transportamos ramilletes medicinales conteniendo las numerosas ofrendas y bendiciones regalo de nuestros amigos de Nuevo Méjico, incluyendo el sagrado alimento del maíz del Clan del Maíz del Pueblo Zuni.

A medida que la luna se hacía llena, nos situamos ante el Templo de la Diosa de la Luna, e iniciamos una ceremonia llena de gozo y reverencia hacia las fuerzas femeninas. Los cristales simiente todavía permanecen en ese círculo sagrado en la cima de la montaña, y otros están con nuestros amigos, incluyendo a quienes compartieron los ritos con nosotros en Huayna Picchu.

Las enseñanzas han comenzado, y el grande y dorado Disco del Sol de los Incas, oculto para su salvaguarda en cámaras de tierra cerca del Lago Titicaca, es encendido una vez más mientras honramos y respetamos estos lugares sagrados y nos preparamos para recibir sus enseñanzas.

Nos encontramos con estatuas de oro que mostraban a los Chamanes. En posturas específicas, las manos sobre el Centro del Corazón o el Plexo Solar, son un vestigio de la sabiduría que refleja la conexión del corazón con la tierra, mientras se viaja con la visión interior a otras dimensiones.

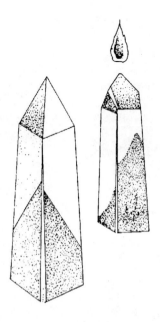

Fue de interés nuestro descubrimiento que la mayoría de las momias encontradas en Machu Picchu eran de mujeres. Se sabe que los Incas adoraban y respetaban el Principio Femenino. La inspiración divina procedente de esta reserva fue guardada y alimentada por la fuerzas de la tierra, a través de la receptividad de la mujer, siendo ella la que regeneraba el poder y la potencia del legado espiritual.

BRASIL

Impresiones de Brasil ... Un vasto y complejo tapiz de pueblos; un mundo de sofisticada herencia europea se entreteje con el ritmo de la tradición chamánica del Oeste africano. La simplicidad de la vida a lo largo de la ribera del Río Amazonas subyace al crescendo del Carnaval en las calles de Río de Janeiro. Yemanja*, la Sacerdotisa del Mar, comparte las mismas orillas que las chicas de Ipanema. Uno puede sentir que aquí lo intrincado de la gente y la riqueza de la tierra son insondables.

* *Yemanja - sacerdotisa brasileña del mar, de naturaleza de sirena.*

Tengo una visión de la Abuela Halcón desplegando sus alas, derramando con ellas Luz sobre esta tierra de Brasil hasta las áreas donde crecen los cristales. Este movimiento, como el de un viento refinado, invoca la respuesta de estos antiquísimos elementales, y dentro de ellos revive una renovada frecuencia. Los "Ancianos" son despertados. Los grandes guardianes del cristal y conservadores de la Tierra son llamados desde un nivel de conexión con su refinado Espíritu, los "Seres de la Luz", los "Brillantes", los "Devas". Habiendo completado esta parte de su ritual, emergen de su Gran Kiva dentro de la Tierra.

Estos grandes Seres de los cristales son aliados del planeta y de la humanidad en este momento de transición. Incluyen las "Velas de Oración", cristales de cuarzo altos, blanco lechosos, con una formación que revela la estatura de su dignidad y coherencia física; los Grandes cristales Ahumados, antiguos Devas con una profunda sabiduría sonriente, viejos ojos arrugados en sus extremos. Piden un abrazo espontáneo, mientras nuestros Espíritus se exaltan al verlos, una deliciosa reunión con viejos amigos. Los cristales de Imágenes Fantasma*, con sus inclusiones de diversos elementos terrestres, disparan la imaginación, y nos conducen a través de sus portales hasta el mundo de los sueños. Contienen una historia capaz del asombro infantil, una revelación donde los elementales se han unido con el cuarzo para compartir una estructura cristalina unificada. La combinación de esta forma nos invita a explorar sus aplicaciones curativas.

* Cristales fantasma - cristales de Cuarzo con inclusiones de otros elementos, que aumentan el poder y calidad del cristal.

Todos los cristales de Brasil son poderosos portadores de un equilibrio de la Tierra enfocado y sustentador, profundamente conectado con su lugar de origen. Su proceso relativamente lento de crecimiento ha ido desarrollando estas formas durante unos 500 millones de años. Han fijado los registros evolutivos de la Tierra desde los tiempos de separación de las placas tectónicas que crearon África y Sudamérica. Las playas de arena, que cubrían ese continente, se han transformado y convertido en nutrientes para el crecimiento de los cristales a través del tiempo y de la erosión.

El eje "C"+ o columna vertebral de estos cristales, está más perfectamente alineado que el crecimiento geotérmico de los más importantes depósitos de Norteamérica. Esta resonancia terrestre profundamente enraizada, constante y equilibrada, es un fuerte latido alimentador, importante para nuestro mundo hoy en día. Interaccionando con la capacidad innata del cristal para resonar y difundir su vibración, ayudamos a equilibrar la tensión mundial a través del sistema de red magnética. Una dinámica más profunda en la naturaleza de los cristales es la capacidad de transmitir guía y dirección desde los mundos invisibles. Ha habido muchas ocasiones en la evolución de la Tierra en que este don fue la luz que guiaba hacia el hogar.

+ Eje-C - la columna vertebral del cristal, el eje vertical perpendicular al plano base dentro de las formas cristalinas.

En tiempos anteriores al Arca de Noé, antes del Diluvio Universal, el pueblo de la nación Zuni, entonces llamado ASHIWI, emergió en el mundo, en alguna parte del Desierto de Mohave, un poderoso y sagrado lugar al Suroeste. Cuentan que sus ancestros portaban cristales a modo de largas velas o cirios, y que la luz de estos cristales les guiaba fuera del suelo, en su viaje al "hogar".

Algunos permanecieron en el desierto, otros siguieron al "Sacerdote del Arco" (el Sumo Sacerdote u Hombre Médico del Arcoiris) en su viaje al hogar hacia el centro del Universo, hacia el corazón de la Madre. El viaje era largo, y en ciclos de cuatro años, los hombres médico se turnaron para guiar al pueblo hasta el presente asentamiento Zuni.

Al llegar, se separaron en dos tribus. A cada jefe tribal se le permitió elegir entre permanecer donde estaban, o viajar hacia el sur. Les mostraban dos huevos y debían escoger uno. El huevo azul, el del cuervo, suponía permanecer; el huevo gris, el del loro Ara, suponía viajar a las tierras del sur. Fue creado el arcoiris entre estas tierras sagradas, y fue vivificado a través de un tiempo interminable. Muy recientemente, una de las Velas de Oración procedente de Brasil volvió al "hogar", a los altares de la tierra Zuni.

ESPACIOS SAGRADOS PERSONALES

Como invocación de mundos invisibles, el acto de crear espacios sagrados y altares personales es un modo de vida simple e integral. Los entornos que fomentan la atención y el enfoque consciente sirven para agradar y relajar al Espíritu, y permiten que se oiga al Yo Superior. Cuando esta energía es encendida, se va acumulando en presencia del campo de fuerza de un cristal.

La preparación chamánica que alimenta un espacio sagrado es la recogida de elementos naturales con significado simbólico para nosotros. Es importante una actitud personal de sacralidad y estima, llenando de deleite el proceso de recogida. Se siente gozo mientras se reflexiona sobre una concha de mar ... las piedras de lugares mágicos ... unas plumas que simbolizan el vuelo de nuestros Espíritus ... unos cristales que representan a los "Seres de la Luz" ... fetiches, aliados del mundo animal ... una vela, la llama de nuestra fuerza vital ... ramas de cedro o salvia para el humo de purificación ... el agua, transportadora de la vida ... y el alimento del grano de cereal, el sostén de la vida, una ofrenda del corazón.

Práctica para Crear un Espacio Sagrado

Prendiendo el cedro, circulad suavemente el humo en espiral en sentido contrario a las agujas del reloj, abriendo el vórtice de energía del altar. "Fumigaos" a vosotros mismos y a los cristales, utilizando golpes fuertes y de barrido con vuestra pluma, si así lo deseáis. Ofreced al Espíritu de este altar un puñado de cereal ... "Tocad" gentilmente los cristales ... vivificando sus espirales ... utilizad vuestro aliento para activar el jardín. Continuando con vuestras oraciones y meditaciones, ofreced otro puñado de grano de cereal como alimento de los diversos órdenes Dévicos, como gratitud por su guía espiritual ... atrayendo finalmente a vuestro interior, a través de la boca, su esencia, recibiendo el alimento en vosotros mismos ... Utilizad un sonido, una campana tibetana, un sonajero o un tambor, o el tono de vuestra voz, para alinear y manifestar vuestra intención ... Para acabar, quemad el cedro en espiral en el sentido de las agujas del reloj, cerrando así el vórtice de energía.

Este Espacio Sagrado se convierte en el jardín del Espíritu que despierta, y con la ofrenda activa de alimento magnetizamos conscientemente e invitamos a la magia, la inspiración y la visión a que se acerquen a nuestras vidas.

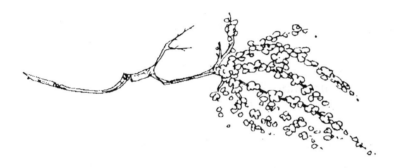

CÍRCULOS DE MEDITACIÓN E INSPIRACIÓN

Habiendo enfocado nuestra atención sobre la armonía individual en nuestro interior, y sobre el cuidado que recibe esta conexión a través de nuestras raíces introducidas en la Tierra, nos dotamos de un poder interno, un equilibrio y una intención renovados. Como iniciadores, somos el reflejo de nuestros ancestros, emergiendo de nuestros Kivas interiores, nuestros espacios sagrados, para alinearnos e integrarnos con los elementales y Seres Brillantes, carentes de tiempo, de las formas del cristal.

A medida que estos Seres del Cristal emergen de sus Kivas de la matriz de la Tierra, los tomamos a nuestro cuidado y les permitimos que nos guíen al hogar. Su conexión con la sabiduría de las edades resuena en esos centros de poder y purificación existentes sobre el planeta, donde el misterioso flujo magnético del interior de la tierra está siendo activado.

Compartimos un peregrinaje común armonizándonos con la tierra a través de los portales que dan paso al mundo interior, a la cámara interna que es el corazón de la creación. Estos Seres conectan con las energías de magníficas civilizaciones pasadas, realineándose con este tiempo de despertar.

Igual que los Ancianos, que fueron guiados por la "Luz" del cristal, así somos nosotros guiados ahora en este tiempo de renacimiento. Al agrupar nuestras energías, dirigimos y enfocamos un fuerte poder dentro del cristal. Somos el arcoiris de la humanidad despertando a nuestra visión interior, confiados en nuestra conexión guiada.

Es el momento de unir manos: de hacer peregrinaciones a lugares especiales durante los solsticios, los equinoccios y los ciclos de la luna; de celebrar la unidad mundial; de colocar cristales en lugares sagrados; y de reunirnos en círculos ceremoniales energetizando y rejuveneciendo al Espíritu de la Tierra.

El cristal es un poderoso aliado en estos tiempos de unión. En el Sudoeste, cuentan la historia de un chamán que necesitaba comunicarse a gran distancia con las Doncellas del Cereal. Utilizando su magia, se transformó en el "Hombre Arcoiris", creando así un sendero de comunicación. Estamos siendo testigos del final de un gran ciclo, y podemos unificar nuestro amor reuniéndonos en círculos de celebración; enfocando los cristales creamos arcoiris de comunicación de centro a centro, uniéndonos en una oración que alimente a nuestro planeta.

Quisiéramos acabar este escrito particular, compartiendo una parte vital e integral de nuestra vida y trabajo. A través de nuestra investigación y viajes, hemos observado prácticas chamánicas específicas relacionadas con la energía de los cristales. Está claro que el cristal es un aliado natural del chamán, del Sanador, del Visionario. Hay dos cosas que tienen en común: ambos son un vínculo directo entre dos mundos, forma/sin forma, manifestado/inmanifestado, consciente/inconsciente, y cada uno de ellos tiene una polaridad implecablemente equilibrada que le convierte en un vínculo potente y claro. Quizá sea por esto que los ramilletes medicinales, de siglos de antigüedad, encontrados en cuevas secas del Sudoeste, incluían cristales y piedras de poder.

Con anterioridad, compartimos el viaje al "Guardián del Cristal", lo que estableció una conexión unificada y aumentada con el mundo donde nacen los sueños. Los pueblos nativos que trabajan con la energía del cristal les llaman "Cristales del Sueño", un vínculo entre las realidades ordinaria y no-ordinaria.

El don de viajar a tierras de antiguas culturas chamánicas ha iniciado una comprensión y unas prácticas, que hemos traído de vuelta a casa para integrarlas en nuestras vidas diarias y en nuestro trabajo de curación. Tras muchos años de vivir y trabajar con los cristales, comprendimos con qué profundidad nos habíamos vuelto receptivos a este vínculo natural.

Los cristales, por su presencia y por nuestra amorosa interacción con ellos, ayudan a facilitar un paso sencillo a los estados de percepción alterados. A partir de aquí, recibimos información conectada con prácticas específicas de curación e integración. Con la inclusión de las prácticas chamánicas, las experiencias mismas se convierten en autodescubrimientos vibrantes, improvisados y deliciosos.

A través de una continuada exposición al ceremonial y a la danza ritual del Suroeste, y por iniciaciones personales en lugares de poder, nuestra investigación apuntó hacia el hecho de que muchas formas rituales, ceremoniales y chamánicos, se repiten a través de diversas culturas del mundo entero. Observamos petroglifos en las paredes de las cuevas y piedras megalíticas que revelaban a individuos colocados en determinadas posturas. Recogimos réplicas de pequeñas figuras doradas, excavadas en templos y ruinas. Observamos grandes tallas en piedra a las que llaman *stelae**, que una vez sostuvieron las paredes de los templos, gigantescas figuras en posturas silenciosas, como orando, conectadas todavía con sus antiguos dioses.

* *Losa o pilar de piedra erguidos, grabados con una inscripción o dibujo.*

En otra parte, pequeños chamanes de piedra sobresaliendo de la abundancia de follaje de la jungla, se convertían en recordatorios de conexión directa entre ésta y otras realidades, una conexión que antiguas civilizaciones reconocieron y ritualizaron, enriqueciendo con ello al mundo físico.

Estudios realizados en años posteriores por una brillante mujer, aclararon nuestros descubrimientos de que ciertas posturas y formas de ritual eran una clave para facilitar la entrada en estados de percepción alterados. Acompañados por un tamborileo o soniquete constante, establecemos un alineamiento rítmico con el latido de la Madre Tierra.

Los viajes chamánicos hechos en ciertas posiciones específicas permiten rítmicamente el acceso a "dos mundos". Conectándonos con la naturaleza primordial más profunda del Ser, podemos experimentar nuestras mismas raíces, y la confianza en nosotros mismos se verá fortalecida. Nuestra propia experiencia será considerada como un examen receptivo de nuestro ser interior.

La creación y potenciación de vuestro Espacio sagrado con una oración es un medio de prepararos para vuestro viaje; así estaréis dispuestos para una experiencia genuina y sincera para mayor beneficio vuestro. Durante la preparación, el cristal sirve para organizar y transmitir vuestra intención a los dominios etéricos enfocando vuestro amor de una manera precisa. El cristal establece un campo de fuerza claro y seguro de conexión con la Tierra, bien por permanecer energetizado sobre vuestro altar, bien sosteniéndolo, si queréis. Esta conexión es un lazo de naturaleza refinada entre el Espíritu del cristal y vuestra receptividad hacia él.

La postura que quisiéramos compartir con vosotros la aprendimos en las montañas de los Andes. Su historia pertenece a las tradiciones Incas que hemos experimentado. Específicamente se relaciona con los "Hijos del Sol", que vivifican el centro de poder o Plexo Solar, conectado con el Disco Solar del pueblo Inca —el Poder del Sol, Dador de Vida, y un antiguo medio de teleportación. A partir de este centro, la energía de la conexión con la Tierra se fortalece, expandiendo el espectro para incluir un revitalizado centro de visión.

Postura Chamán del Sol

De pie, con los pies directamente hacia delante, separados unas 8 pulgadas, doblad ligeramente las rodillas y sentíos cómodos hundiéndoos en la pelvis. Inclinad la cabeza hacia atrás ligeramente en una posición cómoda. Sentid la conexión de vuestros pies con la Tierra ... Sentid la fuerza centrada en vuestras piernas, y conectad con el espacio sagrado dentro del área pélvica.

Cerrad el puño, alinead los nudillos de ambas manos de modo que los pulgares presionen, mirando hacia arriba. Poned las manos sobre el Plexo Solar. Podéis acompañar esta postura durante 10 ó 15 minutos con alguien que toque un sonajero y/o un tambor (o podéis utilizar cintas de sonidos chamánicos para acompañaros). Este tiempo puede extenderse a 20 minutos con la práctica.

Mientras viajáis desde esta posición, es importante no analizar, sino ser uno con la experiencia — escuchar la música, sentir el sonido, y permanecer en la misma postura. Puede emanar de vuestro cuerpo un ligero movimiento rítmico o un sonido ... Dejad que fluya, sin resistiros a él ni forzarlo. Cuando hayáis completado la experiencia, tumbaos y dejad suavemente que las energías permanezcan y se integren durante tanto tiempo como lo deseéis. Puede ser útil mantener un diario de vuestras experiencias, del mismo modo que mantendríais un diario de sueños.

La postura os mantiene en una estructura de seguridad. "Vosotros" estáis cobijados mientras os movéis a través de dominios de las dimensiones internas. Para hacer este viaje, podéis pedir a la guía de vuestro Yo Superior que os revele lo que se necesita para tener armonía y equilibrio a todo lo largo de vuestro ser. Podéis asimilar el bienestar y alimento que os llegan a través de esta conexión entre Tierra y Espíritu.

Hay un lugar de descanso dentro de vuestro ser en el que podéis sentir vuestra propia paz interna, seguida por la luz del Sol en vuestra frente. Esta posición permite la conexión directa con vuestra propia Fuente, vuestros propios aliados, vuestra propia guía, autopotenciadora y autocurativa. Así, el vínculo directo que somos entre la Madre Tierra y nuestro Espíritu, se revela.

A este nivel de conexión, el cristal es un potente aliado. Recibida aquí la integración con la pureza del cristal, el sagrado pulso en espiral de la Fuerza Vital pone cualquier vibración discordante en alineación organizada, facilitando un canal de equilibrio directo y una distribución de energía curativa a través de principios radiónicos*.

El sentimiento y reconocimiento de esta conexión puede ser crucial para el proceso curativo. Las experiencias directas con vuestro ser interior alientan la confianza, la seguridad y un creciente sentirse bien con el mundo de vuestro Espíritu. Vuestra visión interior, la del sentido de la vista interno, proviene del mundo de los sueños, el profundo y conocedor ser interior que guía por medio de la intuición y el instinto, aquietando la mente, estimulando los mundos físicos.

A medida que se fortalece vuestra conexión con la Fuente de vuestro Ser verdadero, la amplificación de vuestra luz interior puede causar ligeras respuestas físicas o emocionales, tales como sentimientos de expansión alrededor de ciertos chakras, lágrimas, sonidos, risas o respuestas neuromusculares. Reconoced todo esto como el paso y toma de tierra de energías liberadas durante este proceso de alineamiento.

A partir de que dominemos la meditación, el trance y los sueños, podemos alcanzar la visión expandida, la comprensión, la quietud, que insuflen vida y esencia renovadas a esta realidad.

Hemos compartido herramientas y recursos que han traído a nuestras vidas una comprensión enriquecida. Durante estos viajes y prácticas, fuimos conducidos a una mayor armonía con una experiencia viviente de la Tierra. El ofrecimiento de estas comprensiones nos da el gozo de nuestra propia interacción con ellas, y en el espíritu de reflejar una inspiración de descubrimiento personal. A la luz de los tiempos presentes, en que pedimos integrar nuestros mundos interno y externo, compartimos la maravilla de los cristales y la riqueza de la herencia que ha permanecido para guiarnos al hogar. Compartimos la honra a la Madre Tierra, para que igual que ella da, podamos recibir y volver a dar, y que en la genuina y profunda reconexión con el Amor interior, unamos nuestros corazones en un solo Corazón.

Con la iniciación del ser equilibrado, llega la llamada para alimentar el Espíritu de un mundo unificado. Que nuestra Paz, nuestro Amor y nuestra Luz rodeen a nuestra Madre que nos sustenta.

Radiónica - la práctica de estudiar y alterar las radiaciones electrónicas de las vibraciones biológicas emitidas por sistemas vivientes, para normalizar símbolos sutiles inadecuados por medio de instrumentos que envían y reciben vibraciones.

Bente Friend

A lo largo de diez años de trabajo curativo, Bente ha integrado las frecuencias del cristal en diversos tipos de terapias, principios radiónicos aplicados y prácticas chamánicas, para despertar estados de percepción alterados. Su talento reside en la capacidad directa de percibir dónde han tenido lugar desconexiones o separaciones, curando el cuerpo emocional relacionado con viejos patrones y formas de pensamiento, sean de ésta o de vidas pasadas. Su propósito es el de ayudar a la gente a contactar con su propia Fuente, su propia guía, y ser su vínculo directo con el Dios interior.

Además de trabajar para la curación individual, Bente y Paul llevan a cabo ceremonias de grupo, utilizando los cristales a modo de foco. Incluyen prácticas y rituales chamánicos para ayudar al equilibramiento grupal, y la coordinación en la labor para curar a la Madre Tierra.

Bente vive y realiza su práctica en Santa Fe.

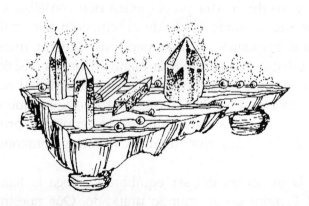

Paul Simon

Paul Simon es un terapeuta que utiliza las gemas, diseñador, inventor y maestro orfebre. Desde su taller de Santa Fe, ofrece joyería de cristales a petición del consumidor, servicios lapidarios, consejos sobre gemas, fabricación de artificios de cristal para la curación, y una completa selección de estas procedentes de fuentes de todo el mundo.

En 1976, Paul estableció Healing Arts of Santa Fe (Artes Curativas de Santa Fe), un proyecto de investigación de la energía mineral y del cristal. El enfoque básico ha sido el de investigar y desarrollar diversas técnicas, servicios y productos que relacionan la curación a través de la frecuencia de las gemas, con todo el espectro de las prácticas holísticas de la salud. Se han desarrollado métodos lapidarios pioneros que facilitan el pulimentado y sintonización de los cristales para una función energética específica. Los productos incluyen cristales para colgar, péndulos, varas de acupresión, cristales para trabajar sobre el cuerpo, piedras equilibradoras del aura y una gama completa de otras herramientas minerales. Las técnicas de entrenamiento incluyen el cuidado, uso y aplicación de piedras preciosas específicas, y procesos para ayudar a vincular las energías del cristal con diversas prácticas curativas. Paul desarrolló también una original mesa de terapia que ofrecía una técnica combinada entre los cristales y las pirámides.

El Sr. Simon lleva a cabo seminarios y entrenamiento práctico en el arte de cortar gemas y "sintonizar" cristales, que incorporan habilidades e investigaciones recogidas de su implicación durante veinte años con la terapia por medio de la frecuencia de las gemas. También enseña orfebrería y platería básicas y avanzadas, en su aplicación a joyas basadas en la energía del cristal.

Para más información sobre el trabajo de curación de Bente, así como sobre los seminarios y productos del cristal de Paul, escribir a The Crystal Deva, P.O. Box 1445, Santa Fe, NM 87504, o telefonear al (505) 983-5868.

ENERGÍA Y CRISTALES

El viaje del cristal

por Carol Klausner

Desde mi primera introducción a los cristales, en un curso sobre la Meditación de la Tríada a partir de los libros de Alice Bailey, dudas y confusiones llenaron mi mente sobre la racionalidad de creer que los cristales podían tener una influencia sobre las vidas, y si valdrían lo que costaban. Sin embargo, a un nivel más profundo, en calma y omnisciente, la corrección de todo ello resultaba incuestionable.

La situación: en mi primera Clase sobre la Tríada, el profesor nos guió a todos a una meditación en grupo sin anunciar el tema.

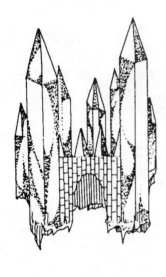

"Relajad vuestro cuerpo ... Poneos cómodos ... Permitid que vuestro cuerpo se hunda en la silla.

Haced una respiración liberando temores, problemas, preocupaciones. Abandonad el mundo físico a su curso. Inhaaaalad. Exhaaaalad. Inhaaaaaalad. Exhaaaaaalad ...

Sentid que una parte de vosotros se transforma en luz y se eleva, se eleva hacia un puente arcoiris. Caminad sobre este puente hasta un lugar lejano, mucho más allá de esta galaxia.

Cuando bajéis del puente, estaréis en un mundo lleno de cristales. Bienvenidos a CIUDAD CRISTAL. Mirad a vuestro alrededor. Experimentad todo lo que hay aquí para vosotros hasta que os llame de vuelta."

Mi ser se sintió a gusto en este brillante y nuevo territorio dentro de mi mente. Corrí, jugué y exploré senderos hacia el centro de una plaza, incluyendo todos los edificios que la rodeaban. Todo era exquisito, especialmente el modo en que me sentía estando allí.

Volver fue traumático. Había establecido un lazo con un lugar que resultaba familiar para alguna parte de mí. Ahora se me pedía que partiera, y lo sentí como si se rompiera el cordón que te da la vida. Las lágrimas brotaron de mis ojos, y gemí.

Sólo cuando escuché, "Podéis volver a Ciudad Cristal cuando lo deseéis", pude liberar la fuerte fijación de mi mente con lo que parecía como mi salvavidas.

Mi mente retornó a la percepción de mi cuerpo. Necesité de profundas respiraciones y tuve que frotar mis manos para estar completamente de vuelta en la habitación.

Poco después, fuimos a almorzar. Al fondo de la habitación había UNA MESA LLENA DE CRISTALES, claros y brillantes como los que había presenciado en mi visión. El hombre que los vendía era Dael Walker. Entonces pensé: "Bien, Virginia, quizá haya un Santa Claus después de todo."

Mi corazón saltó y mi bolsillo se hundió. La realidad era que estaba comenzando una nueva vida en una nueva ciudad y, viviendo en un apretado apartamento con mi tía, mi tío y mi pequeño sobrino, tenía poco dinero para caprichos. Ya el asistir al seminario apenas estaba al alcance de mis medios.

No hara falta que diga que tomé la decisión de satisfacer mi anhelo interior. Dael era un vendedor amistoso y carismático. Resultaba familiar, así que con veintiocho dolares cincuenta centavos acabamos nuestra transacción. Podría haber comprado más, pero escogí con cuidado lo que creía que podría usar. Otro grupo de cristales había encontrado un nuevo hogar.

Durante los dos años siguientes mi residencia cambió seis veces. No sólo de casa a casa, sino de ciudad a ciudad. Mi residencia semipermanente se estableció en Phoenix, Arizona. Un compañero y yo comenzamos allí un centro holístico de salud. Por aquel tiempo, había comprado y regalado cristales por valor de 200 dólares. Todo lo que me quedaba eran tres cristales pequeños de menos de una pulgada cada uno.

Ese período me había permitido familiarizarme con la energía de los cristales, y que estuviese a punto para cambiar a una nueva conciencia de trabajo que se me iba a presentar. Aparte de utilizar los cristales, otra nueva área de mi vida emergió: la escritura automática. El 4 de Marzo de 1979, en Phoenix, mi primera escritura canalizada incluía estas palabras, "... dentro de tres meses, me enseñarán a manifestar muy rápidamente, ¡CUALQUIER COSA! ¡Nuestro trabajo debe ir adelante!"

"Me enseñarán una técnica especial de curación ..."

En Mayo, dos meses más tarde, me senté a mi escritorio sumida en seria desesperación y desasosiego, físicamente exhausta y sintiéndome agotada en todos los sentidos. Mi papel de jefe, cocinera y friegabotellas en nuestro centro holístico había exigido su pago en sangre, sudor y lágrimas. Pesaba 105 libras (47,6 kg.), con tendencia a disminuir, demasiado delgada para mi constitución.

Era una tarde soleada; me desplomé sobre mi escritorio. Afortunadamente, éste se hallaba junto a la ventana abierta, que ofrecía la visión del jardín experimental de fuera completamente florecido. A medida que mi mente vagaba, y me descubría a mí misma contemplando las flores y el verde, fácilmente entré mitad en alfa (nada desacostumbrado para mí) mitad en mis preocupaciones personales (las necesidades monetarias). Nuestro centro se mantenía a sí mismo, pero apenas quedaba para un salario.

Pronto, mi mente se deslizó plenamente en alfa, dejando detrás incluso las preocupaciones y las flores. La siguiente cosa que recuerdo es un templo en las montañas del Tibet y una suave voz diciendo: "Enseña sobre los cristales". Aunque la voz musitaba, sentí reverberaciones a todo lo largo de mi cuerpo, de modo que volví a la conciencia.

"¡Enseñar sobre cristales! ¡¡¿¿¿¿Qué significa eso!!????! ¿Quién, yo? ¿Por qué yo? ¿Qué sé yo sobre cristales?"

Abrí el cajón de mi escritorio buscando los tres cristales de cuarzo que me quedaban. Los encontré dentro de una caja, escondidos entre agujas y gomas elásticas. Los cogí lo más reverentemente que pude. Cobraron un significado enteramente nuevo para mí, mientras consideraba la posibilidad de compartir con otros lo que había aprendido acerca de ellos. ¡Qué divertido! No sé nada acerca de los cristales ¡Eso lo sé! ¿Por qué siquiera sostener la idea? Mi decisión final fue la de no hacer nada acerca de toda esta visión y si fuera posible, hacer como si no hubiera sucedido. ¡Mala suerte! Mi mente no quería dejarme en paz. Así que cuatro días más tarde mencioné el problema a la única persona que sabía que no se reiría de mí, una trans-médium de Nueva Zelanda.

Su contestación, en su adorable acento neozelandés, fue: "Bueno, Carol, mejor será que te hagas a la idea, querida. Nunca nos dan una información espiritual que no sea de ayuda para nosotros."

Yo respondí, "Pero soy demasiado joven". Aunque realmente no comprendía por qué me sentía así.

Ella contestó con simpatía, pero sin permitir que me soltara del anzuelo, "siempre me estás diciendo que a mis 65 años no soy tan vieja, así que yo te digo que no eres demasiado joven. Sabes que has conocido esta información con anterioridad. Mejor será que prosigas con ello".

Ir adelante con ello no fue sencillo. Preparé una clase de yoga que ya había dado antes en una iglesia local. Al final de la misma se incluía una meditación de 5 minutos sobre los cristales. En la primera clase, la habitación estaba llena y yo nerviosa. Todo fue bien durante esa semana.

Dos días después de dicha clase, un hombre alto y apuesto que había estado viajando por los estados visitando centros de salud, se detuvo en el nuestro. Phoenix era su última parada antes de volver a su casa de Australia.

En una breve conversación con él, mencioné que enseñaba acerca de los cristales. El inmediatamente detuvo la conversación y fue a coger algo. Trajo consigo el libro *Meditación y Mantras* de Swami Vishnu Devananda. Su dedo señaló una sección del libro titulada, "Marcel Vogel y el Cristal".

La página decía: "Nuestra razón principal para estar en Los Angeles, sin embargo, fue el 'Simposio de Física y Metafísica'. Uno de nuestros invitados fue Marcel Vogel." Un poco más abajo de la misma página, ponía: "Fue investigador científico jefe de los Laboratorios de Investigación de IBM, en San José, California, donde hizo trabajos pioneros sobre las respuestas de las plantas, y algunos insólitos experimentos utilizando cristales de cuarzo para la transferencia de energía."

En la página opuesta había una foto a todo tamaño de un hombre viejo con el frente del pelo en recesión, vestido en un traje de tres piezas, y sosteniendo con dos dedos una bola de cristal. El pie de la foto decía: "Marcel Vogel sintonizando con el cristal..." ¡ESO captó mi interés!

Inmediatamente mi mente se enfocó sobre cómo podría contactar con Marcel Vogel. Dos días más tarde llamé a IBM, San José, California, y antes de que pudiera darme cuenta, Marcel Vogel en persona estaba al otro lado de la línea. Lo que resultó de la conversación me asombró y me inspiró a la vez. Lo que no supe hasta más tarde es que el modo utilizado por Marcel para enseñarme fue y sigue siendo el de "aprender-haciendo". De modo que la principal parte de la "conversación" se convirtió en una meditación del cristal en profundidad.

En pocas palabras, Marcel me dijo que tenía en su mano una bola de cristal. (Lo recordé como en la foto del libro.) y que su intención era la de introducirme en ella, de modo que pudiera verme a mí misma y los acontecimientos futuros con creciente claridad. Sin posterior preparación, o retraso, marchamos a una experiencia juntos. Con el nivel de energía y luz que Marcel mantenía para mí, me sentí segura.

Mi siguiente recuerdo es el de encontrarme dentro de una bola de luz blanca. Estaba inmersa dentro de mi cuerpo de luz, la esencia pura que es la perfección dentro de cada uno de nosotros. ¡Por maravilloso que eso suene, me sentía incómoda y quise salir de allí! Algunas partes de mí tenían dificultades al verse bañadas en toda esa luz, como un relámpago sobre áreas anteriormente no expuestas. En vez de luchar, me rendí.

Marcel hizo preguntas sobre mi trabajo al año siguiente, y mi trabajo en los cinco años siguientes, y luego para diez años en el futuro. Después de recibir la respuesta a estas preguntas, formuló otras.

Cuando la sesión acabó y hube colgado el teléfono, me sentí llena de reverencia y con un nuevo sentido del poder de los cristales a partir de una perspectiva experimental. No podía expresar verbalmente el renacimiento por el que había pasado. Al revisar el cuaderno que tenía en mis manos, observé que había tomado notas sobre dónde buscar cristales en un radio de diez millas alrededor de Phoenix, Arizona, y afloramientos de viejas minas de oro a las que debía ir.

Tanto si podía expresar lo que sucedió como si no, tenía un proyecto. La única persona a mi alrededor en aquel momento que quisiera participar en mi excurisonista búsqueda de cristales, especialmente en un radio de diez millas alrededor de Phoenix, era un hombre alto, gentil y tranquilo, estudiante de una clase de supervivencia en el desierto a la que íbamos juntos. Su nombre era Warren Klausner.

Lo había conocido cuando se presentó voluntario para ayudar quincenalmente en las cenas dominicales de comida cruda para 25 a 30 personas. Warren fue un ayudante excepcional. Yo no sabía por aquel entonces que él había considerado seriamente la posibilidad de entrar en la escuela culinaria, por su interés en la preparación de alimentos. Era tranquilo, de modo que puso vibraciones benéficas en el alimento, y seguía bien las instrucciones sin necesidad de que se le repitieran. Posteriormente descubrí que Warren tiene lo que se denomina un cerebro de ordenador, que lo recuerda todo incluso si sólo lo ha oído una vez. Para mí, era el ayudante ideal, así que deseaba que se quedase.

Por lo poco que sabía de Warren, sería un buen compañero en la caza de rocas. Aparte, yo no quería ir sola, y sin él bien podría haber sido ése el caso. Para abreviar una historia que de otro modo podría ser larga, Warren y yo no sólo fuimos juntos a la caza de cristales, sino que acabamos por estar casados. Pero me estoy adelantando a los acontecimientos. Entretando, otros sucesos merecen más atención.

Inicialmente, cuando Warren y yo fuimos al desierto en busca de cristales, eso es todo lo que hicimos — ir en busca de rocas y disfrutar del desierto. Al cabo de un tiempo, Warren fue al desierto solo, recogiendo rocas y trayéndomelas para que examinara su campo energético.

Una tarde, después de un largo, caluroso y seco día en el desierto (cualquiera que conozca el desierto de Arizona sabe cuánta energía puede extraerte), Warren volvió a su estudio exhausto, y se colapsó sobre la cama. Tan pronto como se había tumbado, advirtió que su mente se volvía clara y aguda, al contrario de como sentía su cuerpo. De hecho, su cuerpo se hundía cada vez más profundamente en un estado de reposo, mientras su mente se volvía cada vez más aguda. Lo que estaba sucediendo es que estaba cambiando su capacidad de percibir otras energías a niveles muy sutiles. Inicialmente, pensó que había algo o alguien en la habitación tratando de asustarle, pues notó algo, quizá una sombra, cerca del ropero.

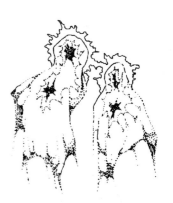

Todo lo que pudo ver fue una forma que se movía. Luego, dos presencias, una de ellas cerca de la cama sobre la que yacía. Comenzó a examinarse a sí mismo. ¿Estaría soñando? ¡NO! ¿Estaría haciendo un viaje astral? Quizá. ¡Sabía que estaba despierto y ahí! ¡No estaba tomando drogas! ¡Era una experiencia consciente! ¡¡¿Entonces qué?!!

¡Cogió la Biblia! Eso es lo que hizo, y comenzo a rezar el "Padrenuestro" pidiendo protección. Entonces comprendió inmediatamente que no había sentimientos de hostilidad. Como él tenía miedo, su mente asoció la situación con algo negativo.

A continuación dijo: "Bien, Señor, si ésta es Tu Voluntad, hágase. Si no, pues a fastidiarse toca".

Poco después, sintió olas de energía que ascendían lentamente hacia la cima de su cabeza. Las olas se hicieron rápidas, cada vez más intensas y perceptibles. Entonces sintió escalofríos físicos y vibraciones eléctricas que se movían a todo lo largo de su cuerpo. A medida que se intensificaron, su cuerpo comenzó a vibrar físicamente... Estaba viendo y observando cómo vibraba. El mensaje que recibió fué el de RELAJARSE y dejar que sucediera, y así lo hizo.

Mentalmente, Warren proyectó el pensamiento, "De acuerdo, ahora tómatelo con calma y sea lo que sea para lo que estés aquí, simplemente ten cuidado".

Las pulsaciones alcanzaron un nivel tal de intensidad que no sólo se agitaba rápidamente, sino que la cama entera vibraba. Luego se detuvieron. El reloj señalaba la medianoche.

Warren se dió cuenta de que se sentía sensitivo, hiperestésico, y electrificado, pero su siguiente recuerdo fue el de volver a mirar el reloj, y éste marcaba las 7:00 de la mañana. No se podía negar lo que había sucedido. ¡Sabía muy bien que lo que había sucedido era real!

La siguiente inclinación de Warren fue la de buscar un modo de aclarar el asunto. Para ello, recurrió a una transmédium. La información que canalizó para él fue que las dos figuras eran dos doctores, "doctores del espacio", seres de otro dominio, que habían venido en forma etérica a trabajar sobre él. Supuestamente, estaban bien versados en el funcionamiento de la materia física. Habían venido a energetizarlo y elevar el nivel de vibración de su cuerpo, de modo que pudiese trabajar con los cristales.

Warren y la transmédium vinieron a visitarme directamente tras la lectura. En el frío y desapegado modo que le era habitual, Warren me contó brevemente lo que le habían dicho. Aceptó el suceso como si fuera algo que ocurre todos los días. En mi interior, sentía un hormigueo y visiones huidizas de lo que nos aguardaba. Nos vi a los dos viajando juntos, dando seminarios y enseñando a los demás.

Otro día, antes de una expedición al desierto en busca de rocas, Warren se quedó en mi casa; nuestro plan era el de partir antes del amanecer. Por la mañana, sentí el hormigueo de una escritura automática, así que escribí lo siguiente:

11 de Abril de 1980

Querida Mía,

Que el pasado no obstaculice tu futuro. Que tus sentimientos sobre el futuro no interfieran con el presente. Todo es en el presente como debe de ser. No lo olvides.

Siempre has sido observada, y sabemos de tu deseo de un compañero para cumplir tu misión en esta vida. Nos agrada decirte que, Sí, tienes al amado en la palma de tu mano. Permítele espacio y tiempo para crecer hacia lo que el futuro le reserva. Mucho espacio y tiempo —tanto como necesite.

No puede y no negará la energía que se ha creado entre vosotros dos.

Durante muchos años, sí, durante toda esta vida, él ha esperado a esa persona con la que compartir su vida en los muchos y profundos niveles de su ser.

Aguarda, y sé paciente. Haz las cosas que han sido establecidas para tí en este corto período de tiempo hasta junio —¡a *los dos* os agradará y gustará lo que se ha de presentar!

No neguéis la energía. Ella lo es todo. No lo olvideis.

Los trabajadores de la luz se unen. Ha llegado el momento

de que salgáis a la plena luz del día a enfrentaros a las fuerzas de las tinieblas; el tiempo está muy próximo.

El amor incondicional, junto con la luz, todo lo conquista, especialmente la luz y el amor unido que comparten dos, siendo marido y mujer la más elevada magnitud, en una unión que ha sido bendecida por la Hermandad Blanca y todos los guías que con tanto cuidado y dedicación os observan.

Estamos con vosotros en todo, y sólo permitiremos que la energía se disipe si tu compañero pide que así ocurra, pues debemos permitir que cada uno tenga su libre albedrío para desarrollarse.

Actualmente no ocurre así, pues está siguiendo el flujo del universo con la mayor facilidad todos y cada uno de los días.

Maestro Cherubim

Cinco meses después de que el doctor del espacio visitara a Warren y tres meses después de este escrito, el viernes 13 de Junio de 1980, a las 11:30 de la noche, las visiones que yo había tenido con anterioridad, se hicieron realidad plenamente. Vendimos la mayor parte de nuestras posesiones, compramos una tienda, cargamos nuestro coche, "Rosa", y dejamos Phoenix para ir en busca del resto del país. No teníamos ni destino ni un programa de trabajo específico. Estábamos "cazándolas al vuelo", como se suele decir.

La noche anterior a nuestra partida, sentí la necesidad de darle un cristal a Frank Alper, con quien ambos habíamos estado en estrecha asociación. Poco tiempo después, llamó para decirnos que nunca había experimentado una sesión de canalización tan profunda, ni una meditación tan honda. No hace falta decir que esa confirmación fue justo lo que necesitábamos para ponernos en marcha a un nuevo comienzo y una nueva vida, incluso sin un destino específico.

Puesto que mi inspiración inicial fue la de enseñar acerca de los cristales, viajar y hacer escritura automática, me convertí en el timonel a lo largo del viaje. En cada momento del viaje me sintonizaba, y escribía o sentía adónde debíamos ir a continuación.

Aparte de los mensajes procedentes de escrituras automáticas, Warren y yo teníamos un gran racimo al que designábamos como nuestro "Cristal de Comunicación". El único propósito por el que lo teníamos era para utilizarlo en la proyección energética de vibraciones sobre una ciudad o área *antes* de llegar a ella, lo que nos servía para contactar con gente que pudiera ayudarnos. Habíamos decidido cual era nuestra intención: crear un seminario sobre cristales en Alburquerque, Nuevo Méjico, y con la confirmación, por la escritura automática, de que hoy era el día, dejamos nuestra tienda de campaña a la intempestiva hora de las 5:30 de la tarde.

Tras conducir hasta la ciudad y aparcar nuestro coche, buscamos la Universidad Alternativa, donde pensamos que podríamos obtener información sobre un local para el seminario. El director de la universidad estaba sentado en su despacho. Tan pronto como le contamos nuestras necesidades, nos dijo: "¿Querríais dar aquí una charla?"

Casi ni me di cuenta de lo que dijo, pues no esperaba una respuesta positiva inmediata. Luego, tan pronto como comprendí, dije: "Seguro que sí, ¿cuándo?" Fue así de simple. El director dijo: "La próxima semana, el Jueves a las 7 de la tarde". Nuestra primera charla/seminario había quedado establecida, tal como se nos había dicho.

¡Lo más apasionante fue que la tarde de la charla, la habitación estaba abarrotada de gente! Los estudiantes estaban ansiosos por escuchar lo que teníamos que decir. Era la primera vez que Warren y yo enseñábamos juntos, y fue un gran éxito en todos los sentidos, incluyendo el financiero, lo que realmente necesitábamos, pues nos habíamos quedado en nuestros últimos 100 dólares. (Necesitábamos hacer importantes reparaciones al automóvil, así como dinero en efectivo.) Además de dar la charla, se nos pidió que diéramos sesiones privadas y, naturalmente, eso fue un regalo añadido que no necesitábamos.

Desde Alburquerque fuimos a Little Rock, Arkansas, y luego a St. Louis, Chicago, Michigan, subimos por el estado de New York, más tarde bajamos por la costa este, hasta que a finales de Diciembre acabamos en los Cayos de Florida. Nuestra gira duró seis meses. Nos habíamos detenido en dieciseis ciudades y dado siete seminarios, cinco charlas, numerosas sesiones privadas, y vendido montones de cristales, encontrando a todo lo largo del camino gente generosa y que nos apoyaba, gente que parecían "viejos" amigos. Aprendimos que cada uno tiene un diferente papel que jugar en el gran esquema de las cosas, y muchas otras lecciones.

Al mirar retrospectivamente, el milagro que más me impresiona es que nuestro plan de trabajo no estuviese pre-programado; algo cuidó de nosotros, especialmente cuando nos abandonábamos a nuestro flujo.

La razón por la que acabamos en los Cayos de Florida fue su clima cálido. Habíamos vivido en Phoenix durante varios años, y no estábamos aclimatados al frío. Emocionalmente, nos sentíamos confusos y no sabíamos qué hacer. Entonces llegó el siguiente escrito.

22 de Diciembre de 1980
Cayo Largo, Florida

Queridos Muchachos:

Ha pasado otro día, y estáis un paso más cerca del siguiente paso —volved al lugar del que vinisteis.

Este ha sido un viaje en algunos aspectos LARGO, DURO, ARDUO. Algo que merece ser tenido en cuenta para una futura referencia vuestra y de los demás. Cuanto más escribáis, tanto mejor, pues los dos tendéis a olvidar los detalles.

Escribid vuestra historia del Viaje del Cristal para la CONCIENCIA DEL CRISTAL. Hay muchos que estarían interesados en conocer y que necesitan conocer.

Seguid vuestro camino lo más rápido que podáis. El tiempo apremia. Sabréis por qué a su debido momento. Conducid cautamente pues hay muchos viajeros de vacaciones por aquí y por allá.

Daos cuenta de que a vuestro alrededor todo florece, incluso aunque parezca que todo lo que podéis ver es oscuridad dentro del tunel —pronto veréis la luz al final de éste.

Mucho amor y bendiciones
Vuestro Guardián para el Viaje

La oscuridad dentro del túnel era una descripción exacta de cómo nos sentíamos en aquel tiempo. Habíamos sido empujados hacia el sur a causa del clima frío, y nos encontrábamos deprimidos porque nuestro dinero estaba esfumándose sin una pista sobre cómo regenerarlo. Cada acto y cada sesión nos traían ingresos, pero nunca tantos que nos hicieran sentir como si tuviéramos una vida fácil, ni relajados durante un extenso período de tiempo. Todos los días discutíamos y nos metíamos uno con el otro, como dos niños que sienten que han perdido la teta de su madre.

Qué alivio que una fuente aparentemente externa dijera: "Volved al lugar del que vinisteis". Inmediatamente deshicimos la tienda, hicimos las maletas, recogimos nuestra comida y nos pusimos en camino.

Durante el viaje de vuelta nos mantuvimos reflexivos y calmados. Cada uno de nosotros trató de figurarse el siguiente paso, y cómo ponerlo en marcha. Mientras yo conducía a través del Mississipi, con dirección a Phoenix, Warren dormía. Entonces, mis pensamientos se unieron a los suyos y me llegó la idea de trasladarnos a San Diego, y comenzar una nueva vida. De ese modo, podríamos proseguir la enseñanza sobre los cristales en un nuevo asentamiento. Cuando Warren despertó, le expliqué suavemente lo que había pensado.

El simplemente dijo: "Nunca lo había pensado". Warren no se encontraba comunicativo. Cuando lo reflexionó un poco, y hablamos de las ventajas y oportunidades, nuestros espíritus se elevaron. La idea de asentarnos en un sitio y comenzar una vida juntos nos resultaba muy atractiva a los dos. Entonces llegó este escrito.

30 de Diciembre de 1980
Phoenix, Arizona

Queridos y Amados míos:

Habéis llegado a vuestro destino presente.
Ya tenéis bastante en claro el trabajo que tenéis que hacer aquí. Todo se irá desvelando.
... seguiréis avanzando.
Estáis creciendo y madurando, y es importante establecer lo más posible vuestra independencia. Vuestra decisión acerca de un apartamento es sabia.
Un nuevo año está comenzando — y una nueva vida para los dos.

Os damos Nuestras Mayores Bendiciones
Vuestros Maestros Instructores y Guías

Lo que este escrito aclaró a nuestras vidas es que Warren y yo decidimos casarnos en Phoenix antes de trasladarnos a San Diego. En el espacio de tres semanas dispusimos una bella ceremonia en el Parque de Squaw Peak Desert, incluyendo una meditación sobre los cristales antes de decir nuestros votos. El plan fue tener una meditación de quince a veinte minutos para preparar una atmósfera espiritual. Se tradujo en una meditación de cinco minutos pues los que no estaban familiarizados con las energías de los cristales se sintieron confusos, y peor aún, agitados por la experiencia.

Por primera vez en nuestros viajes, la reacción de quienes representaban la mayoría se nos hizo evidente. Aparte, habíamos reflexionado poco sobre cómo percibirían los demás nuestro nuevo lazo, dentro de su propio esquema de cómo nos conocieron en el pasado. Nos fuimos a la ciudad, anunciamos que nos íbamos a casar en tres semanas, y esperábamos que todos lo iban a celebrar a nuestro modo. Las cosas no siempre funcionan del modo que las proyectamos.

Lo que supuso nuestra ceremonia fue no sólo un lazo entre nosotros dos, sino también con aquella mayoría, tal como había sucedido a todo lo largo del país. Los demás se sintieron más lejos de nosotros y de nuestro viaje de lo que se habían sentido nunca. La realidad simple de esta situación nos dio que reflexionar para futuras lecciones.

Warren y yo nos trasladamos a San Diego tal como habíamos planeado, pero no sin gastar antes más de la mitad de nuestro dinero de boda en "un buen trato con los cristales". En otras palabras, gastamos gran parte de nuestro dinero en una gran compra de cristales que creímos necesitar. Al mirar hacia atrás, veo que teníamos perdido el contacto con la realidad, y ese dragón haría rugir su horrible cabeza y nos forzaría a ver algunas cosas bajo una luz diferente.

AHORA era el momento de vivir los efectos de los cambios y transformaciones que el cristal nos había hecho. Al traducir un pensamiento de la etapa energética a la realidad física, se hacen evidentes algunos compromisos que no lo son dentro de los dominios del amor y de la luz. Al menos, así es como lo percibíamos Warren y yo. Por ejemplo:

4 de Febrero de 1981
San Diego, California
Camping

Queridos míos:

Mucho os ha sucedido desde nuestra última comunicación. Felicidades y que tengáis una vida llena de amor y gozo, ¡¡¡especialmente con una pequeña ayuda de vuestros amigos!!!

Vuestra búsqueda de residencia y oficina transcurrirá sin dificultades. No os confiéis, pero tampoco os sobrepaséis en vuestra búsqueda. Moveos en función de las sensaciones, las vibraciones, y un sentido de lo que se necesita, a fin de evitar confusiones y dolores de cabeza innecesarios.

Para la semana que viene, os habréis trasladado y estaréis satisfechos con el modo en que van las cosas.

Estamos siempre con vosotros.

Paz y amor
Vuestros guías e instructores de la LUZ

Rápidamente comprendimos lo poco preparados que estábamos al nivel físico. Maldijimos a la escritura canalizada por su ausencia de claridad y especificidad, pues no encontramos un apartamento en toda la semana. Nuestra búsqueda no transcurrió sin dificultades.

El hábito de colocar cristales alrededor de nuestra cama (saco de dormir, en este caso), meditando juntos dentro de una configuración de cristales, y programando los cristales para nuestras intenciones, estaba bien establecido. Desde el tiempo en que abandonamos Phoenix para nuestro viaje, y anteriormente, operábamos de este modo. La única diferencia es que ahora empezábamos a cuestionarnos la razón y validez de lo que estábamos haciendo. Nos sentimos tan fuera de contacto con la tierra, que la confusión llegó a afectar nuestras vidas diarias. Tratamos de apoyarnos en los mensajes de los cristales y las escrituras automáticas para cosas que, posiblemente, no podrían producirse.

ESTABILIDAD / ASENTAMIENTO

Después de tres semanas de meditación en los cristales, frustración, patear el pavimento, rendición, agitación, y más rendición, nos establecimos en una cómoda oficina y un modesto apartamento a dos bloques de distancia. Esta mudanza nos estableció en un lugar, San Diego, donde todavía residimos. Aunque hicimos que nuestras energías se asentaran al mudarnos a un área determinada, la estabilización no vino tan fácilmente. Un aspecto de la estabilidad es establecerse físicamente de modo firme. Otro es el de establecerse dentro de nuestros propios pensamientos y acciones.

Durante los cuatro años siguientes a nuestro Viaje del Cristal, tratamos de comprender quién nos guiaba, porqué, cómo, cuáles eran las implicaciones y cuáles nuestros objetivos. Warren, especialmente, empezó a cuestionarse la motivación de nuestras acciones y el lugar de donde venía la inspiración. Ambos sentimos que había llegado el momento de tomar mejores decisiones desde un punto de vista más integrado, en vez de permitir que una fuerza exterior a nosotros controlara o al menos influenciase fuertemente nuestras decisiones.

Mensajes como el siguiente empezaron a preocuparnos.

4 de Marzo de 1982
San Diego, CA.

Queridos míos:

No tengáis miedo a arrancar vuestras raíces y MOVEOS, — sea para viajar a seminarios y conferencias, visitar amigos, mudaros de casa, lo que sea...

Los dos pensáis que os sentís cómodos permaneciendo anclados. MOVEOS. Por favor, dejad que os guiemos y os mostremos que la Tierra es un lugar pequeño.

Hay algún trabajo que terminar antes de dejar San Diego, pero pronto será tiempo de mudarse.

Os Queremos
Los Hermanos de la Estrella
Sistema III

Habíamos demostrado, por medio de nuestras acciones a lo largo de ocho meses, tener voluntad de ir con el flujo y escuchar la guía interna. ¿Qué más hacía falta para probar nuestra sinceridad a nuestros "hermanos"? Estas dudas condujeron a preguntas acerca de nuestro trabajo. ¿Hay alguna base razonable para nuestro trabajo con los cristales? ¿Es válido nuestro negocio?

Lo confuso del caso era que algunos de los mensajes recibidos contenían información valiosa. *Era* importante para nosotros estar en contacto con amigos a lo largo del país y dar seminarios sobre cristales en otras áreas. Nuestra confusión ascendió a nuevas cotas cuando recibimos esta canalización.

5 de Agosto de 1982
San Diego, CA

Queridos míos:
¡Lo estáis haciendo bien!
Tenéis que sumiros más plenamente en las energías del cristal a nivel etérico, estando más cerca de ellas SIN interferencias —y por tanto en Arkansas.

California tiene mucho cuarzo disponible en la tierra, pero hay demasiada intercepción de muchas ondas negativas auditivas y de color, especialmente las enviadas por un área tan densamente poblada.

Debéis establecer una base en Arkansas, que es donde principalmente podréis recargar vuestras energías y ...
Es suficiente por ahora.

Amor,
Melchezidek y Alturius

Warren y yo estábamos fuera de nosotros. Finalmente decidimos seguir el mensaje y trasladarnos. De algún modo, Marcel Vogel supo de nuestro plan de mudarnos. Afortunadamente, estuvimos patrocinándolo en San Diego varios días después del escrito recién mencionado. Nos preguntó sobre la exactitud de lo que había oído. Acto seguido nos cuestionó sobre el POR QUÉ.

Relaté la historia sobre las escrituras automáticas, y le dije que nos encontrábamos confusos, pero que no quisimos desobedecer mensajes tan persistentes y claros.

Marcel explicó que la escritura automática puede ser una buena herramienta, pero que nunca hay que perder el contacto con el sentido común. Siempre hay que cuestionarla. Y ser cauto cuando resultan directrices específicas, especialmente las que piden al individuo que actúe de una manera específica que no parece correcta.

Inmediatamente Marcel dejó de hablar y dijo: "Hagamos una lectura en la bola de cristal para que tengáis vuestra propia guía al respecto."

Nos sentamos cuatro personas alrededor de una mesa de juego de cartas. Marcel y yo nos sentamos uno enfrente del otro. De manera diestra e intencionada, me condujo al interior de la bola de cristal, a través de capas de oscuridad, hasta mi propio Maestro Instructor. El mensaje principal fue que la de Arkansas era una mudanza errónea. Estábamos mucho mejor en California. Había que permanecer.

Grité. Warren lanzó un suspiro de alivio. Desde ese momento detuve las escrituras automáticas. Warren y yo aprendimos a tomar decisiones basadas en *toda* la información disponible, utilizando además nuestras facultades intuitivas. Muchas respuestas nos llegaron después de eso. Comprendimos que antes de nuestro viaje del cristal, no sabíamos qué preguntas plantear. Tras repasar una parte de nuestra vida, cuestionar y clarificar se convirtieron en procesos naturales.

Más aún, fuimos capaces de ver nuestro trabajo con perspectiva. La comprensión sobre los cristales se encuentra en sus etapas pioneras. Pasarán años antes de que pueda completarse una investigación válida, llevada a cabo por gentes como Marcel Vogel, el Dr. John Adams y nosotros mismos. Se requerirá más tiempo aún para que los datos se filtren a la corriente principal.

Gran parte de la base para cualquier asunto, incluidos los cristales, es información canalizada, y alrededor de un 20% de la misma es válida, dependiendo del canal. Toda la información debe ser analizada y puesta a prueba para descubrir qué es útil y cómo encajan las piezas. Recordamos que a lo largo de nuestros viajes a través del país, habíamos recibido cientos de testimonios sobre el modo en que los cristales ayudan e influencian las vidas de la gente de forma benéfica.

Programando un cristal con intención definida, los cristales tienen la capacidad de mantener la preforma de los pensamientos manifestados. Estimulan el cambio a base de mantener ese programa como una constante en la vida de una persona. *Sacamos mucho de valor en nuestra actitud de cuestionar.* Obtuvimos una perspectiva renovada basada en la realidad. Nuestra nueva percepción incluía una confirmación de nuestras fuerzas y debilidades, así como las de las enseñanzas sobre los cristales expuestas por nosotros y por otros.

La investigación anímica sobre nuestro negocio condujo asímismo a realizaciones personales. En un sentido amplio, mi idea era que los cristales podían proyectar la propia mente hasta los confines del universo, para finalmente elevarse a otra dimensión. ¡Qué Elevado! Para mi desconsuelo, la enseñanza: "Estar en el mundo y no ser del mundo", ha sido una constante. Así que, aunque algunas de las enseñanzas parezcan provenir de seres inter-dimensionales, lo primordial de las enseñanzas que inspiran los cristales ha sido y continúa siendo: AMA A ESTE PLANETA Y TODO LO QUE TE RODEA. ÁMATE A TI MISMO POR ENCIMA DE TODO.

De este período de prueba han resultado seminarios enfocados en la autoexploración a través de la comprensión de las energías de los cristales. Warren y yo hemos dirigido numerosos seminarios y citas privadas, tanto nacional como internacionalmente — en Londres, Inglaterra; sur de Francia; Boston, Massachusetts; New York City; Berkeley, California; Denver, Colorado y muchos otros lugares.

Como desarrollo natural de los seminarios, tenemos las cintas de casset y una carta trimestral, Noticias de los Cristales.

Carol Klausner

Carol Klausner es una conferenciante y educadora internacional con más de diez años de experiencia aplicando los cristales a procesos prácticos y creativos de desarrollo. Su entorno de trabajo promueve la autoexploración y la integración equilibrada, a través de un entendimiento exhaustivo de las energías de los cristales y otras modalidades relacionadas.

Carol asistió a clases en la Universidad de Indiana sobre alimentos y nutrición. Tras varios años de estudio en diversos institutos de salud a lo largo de los Estados Unidos, co-fundó un centro holístico de salud en el suroeste. Allí dividió su tiempo entre conferencias, entrenamiento de seminarios y consultas privadas. Fue invitada frecuente de las charlas y programas de la radio y la televisión locales. Carol se apoya en más de diez años de experiencia haciendo trabajo corporal holístico.

Carol ha estudiado extensamente con Marcel Vogel, el mundialmente famoso cristalógrafo y anteriormente investigador científico jefe de IBM Corporation. Ha aprendido los modos nativos americanos a través de su participación en las Reuniones de la Rueda de la Medicina. Mucho de su conocimiento le vino de un curso autodiseñado de estudio de los cristales, y de la integración de la filosofía de otras modalidades.

Carol se encuentra actualmente escribiendo *Libro de Trabajo de la Curación con Cristales*, una guía práctica de curación y meditación con los cristales de cuarzo. Educativamente, se está expandiendo en las áreas de los aspectos femeninos y la astrología. Por añadidura, tiene "Carol's Mystic Crystals", tienda de cristales y escuela en San Diego, que goza de amplio éxito y aceptación pública.

Investigación y medida de la energía de los cristales

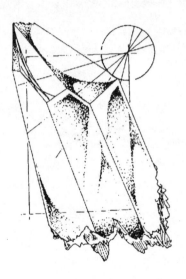

por Marcel Vogel

Para trabajar con los cristales terapéuticamente y con sentido, hemos de tener algún medio práctico de saber que 1) al cristal le ha sido imputada una fuerza, y que 2) diversos factores de forma correspondientes a la dimensión y diseño de la punta afectan al almacenamiento y liberación de dichas fuerzas. Mi investigación en Psychic Research, Inc., San José, California (PRI) se dirige hacia el desarrollo de herramientas de medida para cuantificar estas fuerzas.

LA APLICACIÓN DE INSTRUMENTOS DE TIPO RADIÓNICO PARA LA DETECCIÓN DE CAMPOS SUTILES

Desde los tiempos del Dr. Abrams en los primeros años del siglo veinte hasta el día presente, se han utilizado diversos tipos de instrumentos, la llamada "instrumentación radiónica", con el fin de medir las fuerzas que provienen de un cuerpo vivo y, de hecho, de toda materia con una forma. Las fuerzas de las que estamos hablando son llamadas "fuerzas sutiles". Reichenbach, en las primeras obras sobre el estudio de las energías emanantes de una forma cristalina, dio a esta fuerza el término de *ODYLE*. Reichenbach fue un pionero en el intento de mostrar que un ser humano puede transferir un poder o fuerza, y que esta fuerza puede ser almacenada en la forma del cristal.

Un joven y buen ingeniero, de nombre Daniel Perkins, nos construyó una máquina prototipo, la *OMEGA*, utilizada en los primeros trabajos de desarrollo que exploraban el efecto de los factores de la forma sobre el campo de energía de un cristal de cuarzo. Esta máquina fue especialmente diseñada para ser utilizada en este área, y al usarla pronto descubrí que los cristales en bruto tienen varios campos fundamentales, y que estos campos variaban grandemente en función del lugar, condiciones de extracción, y las tensiones a que se les sometía en el proceso de arrancarlos de su asiento original.

Estos resultados eran altamente variables, y encontraba cristales con una frecuencia de vibración muy elevada, y otros con una muy baja. Para mi gran sorpresa, cuando ensayé cuarzo sintético hecho en el laboratorio, estos cristales carecían por completo de un nivel vibracional apreciable.

Reflexionando sobre esto, se me ocurrió que debía tallar el cristal dándole una forma que produjese una nota consistente y fundamental en todos los aparatos que hiciésemos para aplicaciones y usos terapéuticos.

Meditando una mañana, llegó a mi mente la imagen del Arbol de la Vida, tal como aparece en los libros de Kábbala. Procedí a cortar un cristal con este diseño, un cristal de cuatro lados y doble terminación, con el ángulo base en el ángulo piramidal, variando el ángulo superior de acuerdo con la nota vibracional o tono de la persona que utilizase el cristal.

Tras muchos meses de experimentación, se llegó a una forma final del cristal, que fue tallado y pulimentado. Para mi gran sorpresa, a partir de este cristal que había sido tallado de acuerdo con las dimensiones de la Kábbala, apareció en la máquina de radiónica el número 454.

Cuando aclaré el cristal con el desmagnetizador, el número permaneció. A continuación ensayé agua con el instrumento *OMEGA*, agua pura, purificada por ósmosis inversa, y de la muestra de agua ensayada devino el número *454*. Habíamos obtenido por fin un instrumento tal que, al ensayar una serie de cristales, y al aclararlos, daban todos un mismo valor vibracional de *454* sobre este instrumento.

SINTONIZACIÓN DE CRISTALES INDIVIDUALES

En mi primer ensayo, utilicé el cristal en bruto, y la persona que debía utilizar el cristal y trabajar con él lo sostenía y exhalaba tres veces sobre él. La diferencia de valor que obtuve entre el cristal en bruto y el sostenido en su mano era la capacidad de carga del individuo, o su capacidad para transferir una carga desde sí mismo al cristal.

A esta capacidad de transferencia de carga la llamé la "nota" de ese individuo, y procedí a tallar y cortar el cristal de modo que le

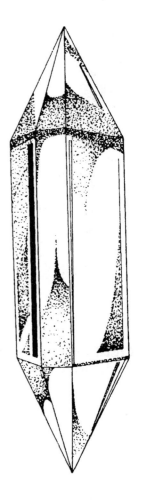

Cristal Curativo Vogel de seis lados.

pudiese ser transferida esa misma nota. Lo hice por medio de la firma de este individuo puesta en una tarjeta. Tallado el cristal, y aclarado, obtuve la medida 454. Al colocar su firma sobre el cristal, el número 454 apareció cuando el cristal fue corregido exactamente en el mismo valor que obtuve en el cristal sostenido en manos del operador. Descubrí posteriormente que la foto de un individuo tiene el mismo modo vibracional que la firma de éste, y puede igualmente ser utilizada en la sintonización de un cristal para él.

Todas las primeras muestras de cristales curativos fueron hechas por mí de esta manera. Hemos refinado ahora esta técnica con instrumentación más avanzada, a saber: los instrumentos *OMEGA Cuatro y Cinco*, que nuestro laboratorio vende en este momento. Ahora, los cristales curativos son aclarados y sostenidos en la mano de un operador o paciente, y se respira sobre ellos dos o tres veces para mostrar la transferencia de energía de ese individuo.

Con las nuevas instrumentaciones que ahora poseemos, podemos utilizar este valor de la energía almacenado en el cristal para identificar los efectos de diversas drogas sobre dicha persona y su aplicación terapéutica, el valor de un tratamiento homeopático, la utilización de los remedios florales de Bach o de las esencias florales, y el valor curativo de las terapias por el color. Una vez encontrado esto, el tratamiento de energía adecuado puede ser dirigido a ese individuo, bien a través del cristal, bien directamente al cuerpo de esa persona.

El cristal curativo de cuatro lados y doble terminación es un excelente testigo del campo de un paciente. Estos campos del paciente que necesitan ser corregidos, pueden ser transferidos a un cristal curativo a base de sostener en la mano: a) una firma del paciente, b) una fotografía, o c) una muestra de sangre o de pelo del paciente.

Una vez la carga ha sido transferida al cristal, puede ser almacenada a temperaura ambiente durante períodos indefinidos de tiempo, hasta meses, pero se conserva mejor a bajas temperaturas, entre 40 y 50 grados (Fahrenheit; 5 a 10 grados centígrados o Celsius. *N. del Tr.*)

La carga del cristal puede ser borrada total y completamente con el uso de una cinta que desmagnetiza el cabezal.

LA TRANSFERENCIA DE CARGA DEL CRISTAL AL AGUA

Hemos descubierto en nuestro laboratorio que el agua procedente de ósmosis inversa, con un 0.01% de sílice añadida, en la forma de

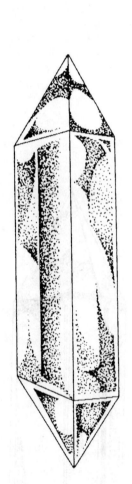

Cristal Curativo Vogel de cuatro lados.

ácido silícico, es un excelente vehículo para transferir al agua la carga contenida en el cristal. Por este medio, podemos entonces someter el agua a diversas formas de aplicación secundaria y estudio, e identificar el carácter y naturaleza de esta carga que ha sido transferida. Hemos desarrollado un aparato especial en el que se hace dar vueltas al agua en una espiral dextrógira alrededor del cristal. Este giro crea un campo que interacciona con el cristal, sostenido en un dispositivo especial. Entonces, por vibración resonante, el campo del cristal es transferido al cuerpo del agua en movimiento. No hay pérdida de carga, y el cristal y el agua toman ahora el mismo valor que teníamos en el cristal al comienzo.

Hemos hecho este experimento muchos cientos de veces. Así pues, de este modo, podemos extraer el espectro vibracional contenido en el cristal, y continuamos entonces con el siguiente paso, que es la medida del agua que ha sido estructurada por el cristal.

Múltiples pases del agua alrededor del cristal nos llevarán a un punto crítico de saturación, y es importante que encontremos el número correcto de pases para conseguir una saturación completa de la carga en el agua.

Con esta técnica tenemos ahora la oportunidad de estudiar en profundidad los diferentes tipos de modalidad de carga, los factores variables de talla en los diseños de cristales que hemos desarrollado en nuestro laboratorio, y las formas más poderosas para obtener la mayor capacidad de carga.

LA MEDIDA DE LA ESTRUCTURACIÓN DEL AGUA POR MEDIO DE LA ESPECTROFOTOMETRÍA ÓPTICA

Como mejor se observa la estructuración del agua, producida por la transferencia resonante de carga desde el cristal al agua, es utilizando un *Espectrofotómetro Cary Modelo 15**, y mirando en la región ultravioleta del espectro. Utilizando agua sin tratar como blanco de control, y poniendo a cero el espectrofotómetro, observamos que se produce la estructuración y carga del agua por las diferencias entre el espectro de la muestra tratada y el espectro de la muestra de control. Hemos obtenido una excelente correlación entre los datos obtenidos por espectrofotometría del Ultravioleta y las medidas que hemos efectuado con las máquinas *Omega Cuatro* y *Omega Cinco*.

* *Un espectrofotómetro es un instrumento óptico que mide y compara las intensidades de la luz y de otras radiaciones, separadas de acuerdo a la frecuencia o longitud de onda de la energía. Al calentar la substancia bajo ensayo, mide una huella atómica que es muy específica de aquella.*

LAS MEDIDAS DEL pH Y LA RESISTENCIA VARÍAN EN LAS MUESTRAS TRATADA Y NO TRATADA

En muchas de las muestras que hemos producido, hemos encontrado una pequeña pero significativa y repetible variación del pH entre la muestra de agua no tratada, y la muestra tratada procesándola por transferencia resonante de carga desde el cristal al agua. Estos resultados indican una mayor substanciación de la transferencia de energía y la consiguiente estructuración del agua misma.

MICROESPECTROFOTOMETRIA[+] DEL AGUA ESTRUCTURADA

[+] *La microespectrofotometría es la medición científica por medio de un espectrofotómetro muy sensible.*

Utilizando la presencia de 0.01% de sílice en el agua de ósmosis inversa, estudiamos los espectros de microscopía de contraste de fases bajo luz polarizada. La forma normal de cristalización del agua con sílice es un estado de gel sin estructura identificable. En otra placa, el agua ha sido estructurada a base de pasarla diez veces alrededor del cristal, y puede verse el dramático efecto de la estructuración de la sílice que tuvo lugar por medio de la transferencia de carga.

En Psychic Research hemos comenzando recientemente esta nueva dirección en el trabajo con los cristales. Creemos que ya hemos hecho significativos progresos en la fabricación y descubrimiento de instrumentación adecuada para detectar los cambios energéticos y vibracionales en los cristales. También hemos detectado importantes cambios estructurales en el agua como resultado del contacto con cristales e individuos. El trabajo está completamente abierto a nuevas investigaciones en este horizonte en continua expansión en el interior de nuestros cuerpos, en el interior del agua y en el interior de los cristales.

Marcel Vogel

Marcel Vogel comenzó estudiando para sacerdote franciscano. La fascinación por la luminiscencia le llevó a ser coautor de *La luminiscencia en líquidos y sólidos y su aplicación práctica*. Como investigador químico, ha trabajado con plantas y cristales líquidos. Durante 27 años, estuvo en IBM, y durante 50 años ha estado trabajando en cristalografía —fabricando y haciendo crecer cristales en el laboratorio.

Más recientemente, tiene su propio laboratorio de investigación, Psychic Research Inc. (PRI), en San José, California, corporación no lucrativa que utiliza la investigación y educación científicas para ayudar a la humanidad.

Los cristales y la energía humana

por Frank R. "Nick" Nocerino

Era tres días antes de mi séptimo cumpleaños, y yo estaba visitando a mi Abuela en Brooklyn, Nueva York. Allí, en un parque al otro lado de la calle al que solía ir a jugar, había una mujer anciana que también lo frecuentaba. Era conocida con el nombre de Co-madre*. A menudo se dirigían a ella en estos términos: *"Pardon Mago Stregone"* o *"Scusa Mago Stregone"*, que más tarde supe era un cumplido de respeto para una alta sacerdotisa de Wicca.

¡¡Ella era una persona amistosa, y una buena fuente para obtener algo que comer!! Este día particular, cuando me habló, me dijo que tenía algo especial que comunicarme acerca de mi futuro como hombre. Me deseó Feliz Cumpleaños y me dió un pastel y algo de confeti. Siempre me daba caramelos y bizcocho, y a veces incluso un níquel, un montón de dinero en aquel tiempo. Este día iba a ser importante en mi vida. Esta, mis queridos lectores, iba a ser mi introducción a los cristales.

Comenzó la conversación diciéndome que yo era especial en muchos sentidos, y que me convertiría en una gran luz que brillaría fuertemente. Continuó diciéndome lo especial que yo era, nada de lo cual entendí. Luego me contó que tenía una sorpresa para mí en el sótano. Siempre me había gustado el sótano, y ahora me di cuenta de que tenía un altar. Había muchas estatuas extrañas, báculos, varas, cuchillos, boles, rocas, cristales y cuadros, de un tipo que no había visto en ninguna otra parte. Co-Madre nunca se refirió al cristal en otros términos que no fueran los de "La piedra de agua helada", la herramienta más poderosa que el hombre podía aprender a utilizar.

* Co-madre es una Strega, Wicca, que practica Stregoneria, incantesimo, y magia — Brujería, Encantamientos, Magia. Strega es una bruja italiana, muy temida y respetada.

Una vez en el sótano, se dirigió directamente al aparador donde guardaba sus vegetales de enlatado casero, tales como: tomates, setas, berenjenas, etc. Afanosamente separó las jarras de alrededor para llegar hasta las que había detrás. Estas jarras eran diferentes porque tenían tapaderas de vidrio, y contenían un líquido con piedras de colores. Una de las piedras era clara como el cristal y tenía punta. A esta piedra la llamó "piedra de agua congelada", a las otras se refirió simplemente por su color. Dichos colores eran azul, verde y rojo.

Cuidadosamente trajo dos jarras hasta el altar, y con movimientos rituales de sus manos y murmurando constantemente, abrió una jarra que contenía piedras coloreadas y la piedra de agua congelada, y vertió el fluido en su caliz dorado y, murmurando todavía, cogió las piedras de la jarra. Explicó que el fluido que había en la jarra era el fluido de mi vida. Todo lo que era y ahora soy. Luego me explicó en qué consistía el fluido y lo que le hacía a las piedras. Que dentro de aquel fluido yo había sido concebido, me había desarrollado, y había sido liberado cuando mi nacimiento. Y dentro de él, se encontraba la esencia de mis vidas y la semilla de las vidas del hombre que era mi padre y la esencia misma de todo lo que era mi madre. Esta era mi clave entre el conocimiento de lo que era y lo que había de ser. En este fluido rompí con el pasado, y me preparé para una nueva dimensión del futuro.

Hizo hincapié en repetir varias veces que dentro de mi pasado se encuentra el conocimiento del futuro, y que estaría moviéndome constantemente entre el pasado y el presente, y que la piedra de agua congelada estabilizaría esto. A menudo se refirió a mí como su hijo o su niño, lo que nunca entendí, pues todo lo que yo quería eran sus caramelos y bizcocho.

Cogió la *piedra de agua congelada* (cristal de roca de cuarzo), y la colocó en mi mano izquierda con la punta hacia mi muñeca. Tomó mi dedo más largo* y lo dobló sobre la piedra clara, explicándome que cuando estás enfermo o necesitas energía debes sostener la piedra de este modo, y pensar en que la enfermedad o el dolor se van. Luego, con mi brazo extendido ligeramente separado del cuerpo, enderezó mi dedo y colocó la piedra en la misma palma con su punta hacia la del dedo; luego me dijo que cuando quisiese eliminar o reducir el dolor de otra persona o forma de vida, así es como debería sostenerlo. Esto extendería hacia los demás mi don de la curación.

Luego cogió la misma piedra y la puso en mi mano derecha con la punta hacia la muñeca, y dijo: *"Con este movimiento, los pensamientos de otros serán tuyos. Los dones de los demás fluyen a través de ti para utilizarlos como creas conveniente, la energía fluirá dentro de tu cuerpo y te dará fuerza."* Dijo algunas otras cosas que no puedo recordar en este

* El dedo más largo de la mano es conocido como segundo dedo a partir del pulgar, el dedo de Saturno, y el dedo Psíquico o Energético.

109

momento. Habló en inglés e italiano, el que le resultara más sencillo para explicarme lo que deseaba decirme. Estando la piedra todavía en mi mano derecha, la giró de modo que la punta se dirigiese hacia la punta de mis dedos. Al tiempo que hacía este movimiento dijo: *"Extenderás y controlarás las extensiones de tu don, y harás que otros lo sientan no importa donde estén o lo lejos que se encuentren."* Al sostener la piedra en ambas manos extendida a través de los dedos largos, extendería mis dones y la fuerza de mis dones, para curar y comunicar a cualquiera que lo desease.

Continuó explicando. Todo lo que yo era y todo lo que sería, podría entrar en cualquier piedra como ésa, si la piedra estuviese unida a mí durante todos los cambios de la luna, y tres días más; y si perdiese la piedra podría ser reemplazada de ese modo. Debo tener la piedra continuamente sobre mi cuerpo durante 35 a 37 días.

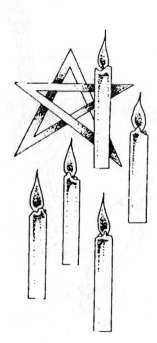

Tras hacer una pausa por unos momentos, mirándome para ver si comprendía lo que había dicho, se volvió y fue al altar, y cogió la segunda jarra. *"Caro, ésta es la carne de tu madre. Este es el alimento de tu vida. Esta es la envoltura que hizo que estés aquí. Esto es lo que te hará que busques respuestas y encuentres respuestas antes de plantear las preguntas. Esto hará que sepas lo que siempre debes saber y sin embargo quizá nunca entiendas..."* ¡Ahora sé que era la placenta abandonada tras mi nacimiento!

Tras mi séptimo cumpleaños me asignaron una profesora que enseñaba a quienes leían lento en mi escuela. A menudo me llevaba a su casa después de clase. Para mí, su nombre era Sra. Parker. Otros la llamaban Carrie, o Mitchell o profesora. A menudo pasé los sábados con ella.

Yo me encontraba bastante enfermo la mayor parte del tiempo, mi bazo estaba aumentado y padecía severos dolores de estómago. Un Sábado, la Sra. Parker dijo: *"Tenemos que hablar"*. La Sra. Parker tenía en su casa una habitación especial que parecía como un armario con puertas dobles. Al abrirlo, vi un cristal muy grande con doce cristales a su alrededor. Había una vela azul, verde y roja, en el círculo de los cristales, con una estrella de cinco puntas pintada bajo los cristales y las velas. En el lado derecho de la habitación había otro círculo con tres piedras, encima de una estrella de cinco puntas pintada. Las puntas de la estrella eran azul, verde y rojo. El círculo era amarillo, naranja y púrpura, con un cristal en el centro. Me dio un trozo de coral rojo, una piedra azul y una piedra verde, y me dijo que me tumbara y colocara las piedras sobre mi cuerpo, con la piedra azul sobre mi frente, la piedra verde sobre la parte inferior del pecho, y la piedra roja sobre mi ingle. Me dijo que sostuviese los cristales, uno en cada mano, con las puntas hacia la muñeca.

Tomando en sus manos un par de grandes cristales, tocó cada piedra primero con la mano izquierda, luego con la mano derecha, con la punta del cristal hacia mí. Sentí como un torbellino y un sonido zumbante, y colores moviéndose a todo mi alrededor. Luego encendió una vela amarilla, otra naranja y otra púrpura. Colocó la vela amarilla por encima de mi cabeza, la naranja a mi lado derecho a la altura del codo, y la púrpura a mi lado izquierdo, también a la altura del codo. Se arrodilló a mis pies y tocó el centro de cada pie con sus cristales. Los colores parecían invadirme. Me sentía como si me moviese en muchos cuerpos, y luego me sentí fuera en las estrellas, con colores que reían y cantaban. Utilizó las palabras *Ni* y *Sa*.

Yo me encontraba en lo que creía que era el cielo, atado a una bella dama por siete varillas de color que iban de nuestra cabeza a nuestros pies. La Sra. Parker dijo que una vez hubiese encontrado a Sa, las varillas nos conectarían constantemente, y por mucho que lo intentase el mundo, nunca conseguiría separar estas varillas. No recuerdo nada más después de eso. Hicimos esto muchas veces, buscando a Sa para ver dónde estaba y cuándo nos encontraríamos.

Cada vez que la Sra. Parker trabajó sobre mí, mi bazo se redujo de tamaño. Los doctores decidieron no eliminarlo. Incluso afirmaron que mi problema sanguíneo estaba mejorando, pero continué yendo a la clínica libre en el Hospital St. John en busca de tratamiento.

La Sra. Parker me dio a menudo algunas piedras para llevar a la Co-Madre. Ambas señoras parecían conocerse pero nunca se habían encontrado. Ambas me dieron la misma información, sin embargo, nunca hablaron entre sí. Ambas usaron cristales, pero lo mantenían en secreto y me hicieron jurar secreto. Fue la Sra. Parker la que me dijo que pusiera trozos de mi pelo y uñas en un recipiente con las piedras o los objetos de poder que recogiese, y que hiciese esto particularmente con mis cristales. También me explicó que mis pies y manos eran idénticos, que la palma izquierda y la planta de mi pie izquierdo emitían una fuerza que reducía la hinchazón y las infecciones, y que ayudaba a la reconstrucción de los tejidos. La palma derecha y la planta de mi pie derecho emitían una fuerza que fortalecía tejidos y huesos, y que revitalizaba poderosamente cualquier forma de vida. Utilizando mi cristal, la fuerza era amplificada y podía ser extendida a cualquier parte que desease enviarla, incluso adentro de mí mismo.

Cuando tenía nueve años de edad, Co-Madre me hizo una serie de pruebas mientras yo sostenía mis *piedras de agua congelada*, y luego las mismas pruebas sin ellas. Las pasé bien. Comentó que la instructora de las estrellas había ajustado bien mi energía y me había preparado para las pruebas venideras. ¿Qué querría decir con eso? ¿Era la Sra. Parker la instructora de las estrellas? Siempre que trabajábamos con cristales, yo parecía acabar en el cielo y con las estrellas.

Un día, mientras estaba mirando en mi cristal, apareció un cráneo de cristal bastante grande. A continuación vinieron muchas escenas de cráneos de cristal y personas a las que nunca había visto. Le siguieron muchos sueños y visiones concernientes a cráneos de cristal. El conocimiento de estos se convirtió en un deseo que he perseguido desde entonces.

Hice a mis instructoras numerosas preguntas acerca de este fenómeno. Co-Madre me dijo que había trece, y que cada uno de ellos me hablaría. La Sra. Parker dijo que eran trece, pero que había una piedra central. Cada cráneo tenía la misma información, pero a diferentes niveles, ¡sólo la piedra central tenía todo el conocimiento del universo y pondría fin a mi búsqueda! He visto nueve cráneos muy grandes, todos tan grandes como una cabeza humana. También he visto cientos de cráneos de cristal desde el tamaño de una canica hasta el tamaño de una pelota de béisbol. Cada uno de ellos me ha enseñado algo; todos me han dejado con el deseo de buscar un mayor conocimiento.

En todas las partes del mundo a las que he viajado, encontré cráneos, cristales y piedras de cuarzo muy respetados y valorados. Podría escribir volúmenes y nunca cubrir completamente la información que he recogido a lo largo de mi vida.

No comprendí demasiado de lo que cada instructora me decía hasta pasados muchos años. Sólo después de mi decimoséptimo cumpleaños comencé a entender plenamente los muchos poderes de los cristales, y el modo de utilizarlos. Entonces, cuando empecé a viajar, la gente de los cristales me conoció y yo los conocí a ellos. Ellos me instruyeron y yo los instruí. Cada una de las personas llegarían a ser parte de mí, pues yo era el más puro de los cristales, tal como toda persona lo es para sí misma.

En muchas de las predicciones a través del cristal se me había dicho que me casaría con alguien lejos de mi hogar, y no regresaría a éste; que podría ver a Sa durante la guerra.

El 1 de Junio de 1942, la Sra. Parker me dijo que Sa estaba de vuelta en el plano terrestre pero que no se había establecido. Esto planteó la cuestión de si se quedaría o no. Co-Madre me dijo que Sa había vuelto, pero que no estaba segura de si quedarse. Me dijo esto tres días después de que la Sra. Parker me hablara. Ambas me dijeron que trabajara cada día con mi cristal para asegurarme de que Sa volviera y se quedara. Trabajé con mi cristal lo más a menudo que pude. Las palabras *Sa* y *Ni* siempre parecían traer a mi cristal visiones de cráneos, planetas y cielos.

El 7 de Febrero de 1944, mientras me preparaba para una guardia en la Base Naval de los Grandes Lagos, recibí una carta de la Sra. Parker que decía...

"...nuestra Luz de los Cristales lo ha conseguido. Alégrate, pues Sa se ha establecido aquí. Tú sufrirás, y ella también. La amarás, y ella a tí. La necesitarás, y ella a tí. No temas atarte a otra pues la amarás. No temas no encontrarla, ella te encontrará a tí. Cada uno de vosotros os ataréis por vuestros rayos a través de esta dimensión, pero si es posible nunca estaréis unidos. Moriría siete veces más cinco por cada uno de los senderos antes de que mi sendero se abriese y pudiese volver a mi aldea tribal. Las elecciones antes de atarte a Sa serán siete, durante éstas puedes libremente dejar este mundo. Las elecciones después de atarte ya no serán tuyas, sino de Sa, porque ella te retendrá en este mundo, los dos debéis juntaros para cumplir los votos. Mis lomos podrían llegar al mundo siete. Una sería mi duplicado; otra sería la que fue mi madre, esposa, hermana en su momento. Puede haber un cambio en mi semilla que produciría sólo tres o cinco, pues soy de los niveles Universales de 3 + 1 ó 4 + 1, pero mi semilla continuaría dando fruto."

No hace falta decir que no entendí demasiado de todo esto. Pero todo lo que dijo ha llegado a suceder.

Supe, de acuerdo con ella, que estaría *unido* a mucha gente. Pero mi *atadura* sería con una sola. Habría otra, con muchos años de edad de diferencia, con la que estaría *atado*, pero a la que podría o no estar *unido*. Estar *atado* significa amar y vivir como hombre y mujer, juntos o separados, pero no estar casados. Estar *unido* significa estar casado. La tendría a ella y a mi semilla... como en numerosas vidas pasadas. Los gozos y las frustraciones del pasado se presentarán lentamente. No importa lo que hagamos cada uno de nosotros, estaremos *atados*. Los nombres de ella a lo largo de las vidas y de los universos han sido muchos. Al principio, *Sa* puede querer la *atadura* y la *unión*, pero el amor será lo suficientemente fuerte para sobrevivir tanto si estamos *unidos* como si no. Tanto si hay otro que se convierte en su esposo como si no, el amor sobrevivirá. Nunca estaré *desunido* de aquella a quien fui *atado*, pues fue un voto de por vida, y yo no deshonraría mi voto. Más tarde entendí esto como una separación o un divorcio.

Me dijo numerosos nombres, tales como *Selma — Se — Sedona — Sa —* azul a púrpura serían sus varillas conmigo. Mi nombre era *Nicossis*, y si utilizaba la palabra *Ni Sa Co C* conocería a cada una de las señoras, y uniría en uno solo el poder y la otra parte de mi trinidad. Entonces nos ataríamos todos y la energía sería una fuente de gran poder. Que las otras dos partes de la trinidad puedan o no aceptarse o gustarse una a la otra será de vital importancia, pues han estado en conflicto en vidas pasadas. ¡Pero llegará un equilibrio! La *atadura* sería de tres modos diferentes ... tres personas ... hembra, pero podría ser macho, teniendo que ver la tríada con las dimensiones del espacio o la tierra múltiple y las dimensiones paralelas de vida. ¿Sería nuestro el control de los Elementos?

Sa y yo nos habíamos conocido en muchas vidas, y habíamos establecido nuestros votos desde otros mundos/universos/dimensiones. Estábamos *atados* pero tal vez no *unidos*. Se puede estar atado como hija/hermana; Sa se *atará* como madre/esposa/amante, lo que en total equivale a cinco niveles ... pero sobre todo éramos iguales en nuestro gozo, capacidades, trauma del nacimiento, amor/dolor. Mi dolor iguala al suyo, el suyo al mío. (Después de 59 años, hay todavía mucho que no comprendo, aunque casi todo lo que dijo ha sucedido.)

La Sra. Parker me dió dos pequeños cristales y me dijo que nunca le permitiese a nadie tocarlos, o verlos, pues la gente no lo entendería y podría hacerme daño. Pero que las *piedras de agua congelada* me protegerían de todas las fuerzas malignas y me advertirían de mis únicos enemigos verdaderos ... ¡los hombres y mujeres que han desertado del verdadero Dios Universal y buscan sólo sus dioses para todos!

Estas son las experiencias con mi primera instructora sobre los cristales. Co-Madre era una comadrona y una Wicca de los Aquelarres del Pentáculo.* La recogida de la placenta, la ruptura de las aguas al nacer, y para sus hermanas de Aquelarre, la primera sangre menstrual, eran importantes para hacer objetos de poder y particularmente poner la energía y vida de una persona dentro de un cristal. Habría mucho que contar acerca de ella, y nunca la volví a ver otra vez después de Enero de 1944.

La Sra. Parker era una vidente, sanadora e instructora de los Aquelarres del Pentagrama.+ A menudo me enseñó sin hablarme, mirando dentro de su bello y gran cristal a lo largo de horas sin fin. Durante años, pude entrar en su cristal, cualquiera que fuese el lugar del mundo en que me encontrase. De ella aprendí a tratar los cristales de muchos modos culturales: inglés, italiano, etrusco, francés, etc. Vi muchas de estas técnicas al encontrarme con sus hermanas y hermanos en los diferentes países del mundo y a todo lo largo de este país.

Cuando me casé, la vi por última vez físicamente. Simplemente me dijo:

"*...tu esposa es bella y te ama; respétala, pues es la portadora de vuestra semilla. Irás lejos y estarás cerca de Sa, pero sabe bien que*

---

* *Un aquelarre consiste en una o más personas que creen en la reencarnación, la Diosa Madre, y el control de los elementos para mejorarse a sí mismas. El control de los elementos es a menudo hoy en día denominado Magia Natural.*

+ *Los Aquelarres del Pentagrama eran idénticos a los Aquelarres del Pentáculo por cuanto que creían en la Diosa Madre, la reencarnación, el uso de todos los elementos naturales, incluyendo viento, aire, fuego y agua para extenderse y mejorarse en este mundo. Ambos eran altamente secretos y la información era pasada sólo a miembros de la familia de esta vida o de vidas pasadas. Ambos creían que estaba comenzando una nueva inquisición y que los seguidores de la Era de Acuario eran un hazmerreír, y tendrían que luchar o esconderse para sobrevivir.*

todavía estarás atado con Sa, que vive lejos de Nueva York. Pero no temas, pues no permanecerás aquí en Nueva York, aunque tal vez descubras que no puedes estar unido. Por esto lloras, y tus lágrimas deben ser guardadas y absorbidas por tu cristal, que de algún modo te mostrará el camino. Protégela pues es tu tríada. Amala pues nadie puede amarte más. Ata a ella todo lo que puedas dar pues necesitará más."

Este fue el último mensaje de mis instructoras de los cristales.
Sólo en tu propia conciencia puedes estar disconforme con lo que otros dicen. Pero coge tu cristal y quizá tú también puedas visitar una Atlántida, o un Universo, o un banco de memoria que te dirá dónde has estado y a dónde podrías ir. ¡Júntate con todos nosotros que nos unimos en la energía y el aprendizaje de los cristales! He aprendido cientos de modos de utilizar mis cristales, y he estado enseñando sobre los cristales durante más de cuarenta y cinco años, y todavía estoy aprendiendo.

Frank R. "Nick" Nocerino

En 1945, F. R. "Nick" Nocerino fue fundador y director de la Sociedad Internacional de Cráneos de Cristal, y del Instituto de Ciencias Psíquicas e Hipnóticas. Tiene la primera credencial de profesor de Parapsicología e Hipnosis emitido por el Consejo de Educación del Estado de California.

Nick ha estado trabajando con los cristales desde que tenía siete años. Ha estado presentando clases públicas sobre cristales, sus usos y beneficios desde 1945, casi con cuarenta años de anterioridad al actual movimiento sobre los cristales.

Ha hablado en numerosas emisoras de radio y televisión en los Estados Unidos, Méjico y Canadá. Tambien se ha visto envuelto en numerosos documentales para ABC, NBC y CBS. Ha servido de consultor para dichas cadenas, así como para la radio, los periódicos, departamentos de policía y escritores. Se le reconoció su contribución a una producción de Alan Landsburg, "En busca de", y actúa como asesor y consejero para el Museo de Ripley de lo Inexplicado y su Museo de la Brujería.

Enseñar es una de las prioridades de Nick, habiendo enseñado en numerosas escuelas universitarias e instituciones de enseñanza. Sus conferencias, seminarios, clases y extensos cursos prácticos, cubren variados temas en el área de la parapsicología. Se puede contactar con Nick escribiendo a P.O. Box 302, Pinole, California, 94564.

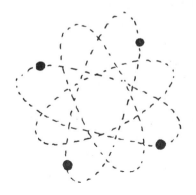

Equilibramiento de la energía

por Dael Walker

El cuerpo es algo más que carne y huesos. Es energía. Si lo desmenuzamos hasta sus átomos componentes, y los átomos en sus partículas más pequeñas, el cuerpo se convierte en una masa de luz vibrante en forma de remolinos. La parte atómica más pequeña que podemos medir es el fotón de luz.

El cuerpo físico es el resultado final de la energía. Si eliminamos la energía, el cuerpo físico desaparecerá. No se trata de una energía cualquiera, sino de un tipo muy especial. Es bio-energía —la energía de todos los seres vivientes— la misma energía para las plantas, los animales y el hombre. Esta energía ha recibido muchos nombres. Los indios orientales la llaman "prana". Mesmer la llamó "magnetismo animal". Wilhelm Reich la llamó "orgona". Un científico del siglo 18, el Barón Von Reichenbach, la llamó "fuerza ódica". Los rusos la llaman "energía bioplásmica". A menudo se la denomina "cuerpo eléctrico", "fuerza vital", "vitalidad", y "cuerpo vital" o "cuerpo etérico". Cualquiera que sea el nombre, alimenta las células, y las mantiene en funcionamiento.

Sólo disponemos de unos seis segundos de energía en nuestros músculos. Seis segundos de esfuerzo sostenido agotarán los músculos. Esta es la esencia del ejercitamiento isométrico. Ir más allá de los seis segundos de tensión hará que los músculos vayan a la búsqueda de sus reservas. Muchos comparan dicha reserva con una batería, y hablan de recargar sus baterías cuando están cansados y exhaustos.

La acción de recarga se efectúa por diversos métodos. El método más común es simplemente descansar. El descanso relaja los músculos aliviando sus tensiones. Cuando los músculos se relajan, tiene lugar una secuencia de hechos. El cuerpo adopta una posición de mínima tensión. Los ojos se cierran, y a menudo un suspiro eliminará el dióxido de carbono de los pulmones y dejará entrar oxígeno fresco. La mente se sume en la frecuencia cerebral alfa, entre siete y catorce ciclos por segundo. El cuerpo comienza inmediatamente a recuperar su energía.

Todos sabemos que se obtiene energía comiendo y bebiendo. Lo que la mayoría no se ha dado cuenta es de que una parte principal de nuestra energía la obtenemos de la respiración. Podemos vivir durante meses sin alimento, y durante días sin agua, pero ¿cuánto tiempo podemos vivir sin respirar?

La energía menos comprendida es la que obtenemos del descanso, especialmente del sueño. Al dormir, la frecuencia de nuestra onda cerebral empieza a cambiar de beta a alfa, a theta, a delta, y de vuelta en el ciclo, de theta a alfa. Alfa es el estado en el que el cuerpo se recarga. En dicho estado, el cuerpo actúa como un cristal para transformar el campo magnético de energía de la tierra en el biocampo que alimenta nuestras células.

¿Os habéis preguntado alguna vez por qué una breve siesta "recarga nuestras baterias"? La fatiga se retira, la rigidez y el dolor se reducen, y os sentís mejor. ¿Por qué sucede esto? ¿Y cómo? Todos sabemos que el cuerpo recibe una forma de energía y la convierte en otra. El cuerpo es un transformador de energía. Toma alimento y oxígeno, y los convierte en bioenergía, la energía que utilizan nuestras células. La energía de la tierra entra, y es transformada en la misma fuerza vital que alimenta a las células. Esto sucede cuando la onda de nuestra actividad cerebral está en alfa. Esto ocurre en la primera hora de sueño. Una breve siesta, de menos de una hora, permitirá una recarga rápida.

Los cristales son energía. Crecen según una espiral matemática muy precisa. Lo mismo aparece en la forma espiral de las semillas del girasol. También puede verse en las galaxias en espiral. Todos los seres vivos tienen esta misma relación, incluyendo las moléculas de ARN/ADN de las células humanas. Esta parece ser de algún modo la clave para la fuerza vital que energetiza toda la materia viviente.

ENSAYOS Y EXPERIMENTOS

La forma de la pirámide tiene la misma razón matemática. Numerosos ensayos han mostrado los efectos benéficos del uso de las pirámides sobre plantas, animales y personas.

Los cristales de cuarzo pueden duplicar cualquier efecto de las pirámides. Los hemos utilizado para cargar agua y alimentos, y hemos medido el aumento de energía corporal después de la ingestión de éstos. En la Conferencia de la Costa Oeste de la Sociedad Americana de Radiestesistas*, en la Universidad de California en Santa Cruz, en 1985, los radiestesistas bebieron agua corriente y agua cargada con cristales, y posteriormente medimos el campo radial de su energía con varas de zahorí. Antes de beber, sus campos de energía podían ser detectados a unos treinta centímetros del cuerpo. Tras beber agua corriente y aguardar un minuto, se apreció un cambio muy pequeño. Con el agua cargada por el cristal, tuvo lugar una dramática expansión de la energía en cuarenta y cinco segundos. ¡El campo detectable se expandió a cinco metros o más!

Dispusimos dos bandejas con semillas en germinación, una con agua simple, la otra con agua cargada poniendo un cristal de cuarzo claro de cinco centímetros dentro de una jarra de cinco litros durante veinticuatro horas. Las semillas en agua cargada brotaron un día antes con un color verde más profundo, y crecieron al doble de altura que las que estaban en agua corriente.

* *Vara adivinatoria o quienes la utilizan, a menudo para encontrar fuentes de agua.*

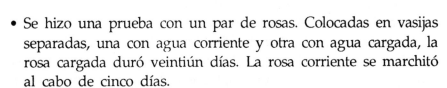

- Se hizo una prueba con un par de rosas. Colocadas en vasijas separadas, una con agua corriente y otra con agua cargada, la rosa cargada duró veintiún días. La rosa corriente se marchitó al cabo de cinco días.
- Tras dos semanas de beber agua cargada con un cristal, nuestros animales no quisieron beber agua corriente. La fotografía Kirlian de sus pezuñas mostró un señalado aumento de las emanaciones de luz.
- Poniendo planchas de cristal bajo paquetes de leche, se advirtió un tiempo medio de deterioro aumentado a veintisiete días, en lugar de los normales siete a diez días.

- Los cristales en las piscinas parecen inhibir el crecimiento de las algas y disminuir la necesidad de utilizar productos químicos.

Los cristales pueden ayudarte a aumentar tu propia energía. Intenta estos dos ejercicios simples. En primer lugar, cuando estés muy cansado y necesites algo que te levante rápido, sostén un cristal en tu mano izquierda con la punta dirigida hacia la muñeca. Sostén un segundo cristal en la mano derecha con la punta dirigida hacia las puntas de los dedos. Coloca la mano derecha sobre el ombligo y la izquierda sobre la derecha. Cierra tus ojos durante quince minutos. Pasado este tiempo, abre tus ojos, ponte en pie, y respira profundamente tres veces. Advierte lo revitalizado que te sentirás. Esto te durará una hora.

Otro modo rápido de elevarte el tono se hace manteniéndote de pie. Alza tus brazos rectos alejándolos del cuerpo, con las palmas hacia abajo, mientras inhalas profundamente. Imagínate que disparas hacia fuera la energía de tu respiración a través de tus manos, mientras expeles tu aliento intensamente, "¡Hah!". Empuja tus manos hacia abajo, hacia la tierra, mientras exhalas tu aliento, y siente cómo tu energía fluye al interior de la tierra. Esto te hace "tomar tierra", y consigue devolver la energía a tu cuerpo físico.

En 1980 intentamos un experimento. Alquilamos una caseta en la Feria del Estado de Nueva York. En dicha caseta ensayamos la capacidad de la gente para curarse a sí misma. Hicimos que personas que afirmaban padecer dolores o agarrotamientos físicos, sostuvieran un cristal en una mano imaginando su dolor sobre la otra. Hicimos un registro de las personas que quisieron practicarlo. Doscientas treinta y cuatro personas intentaron la prueba. Doscientas veintisiete dijeron obtener una reduccion significativa de su dolor o agarrotamiento. Esto representaba un 97.5%.

Haced esta prueba por vosotros mismos. Colocad un cristal sobre un área de dolor y mantenedlo allí. Al cabo de media hora la mayor parte del dolor podrá haber sido eliminado o reducido.

Los cristales reducen las tensiones y el estrés emocionales. Sostener un cristal causará una notable reducción del nerviosismo, la irritabilidad y la ansiedad. Se indican diversos factores a modo de explicación. Las emociones desequilibradas o negativas crean iones positivos* que debilitan el sistema inmunitario del cuerpo para luchar contra el estrés, capturando iones negativos de la reserva bioenergética. Hemos medido incrementos en la producción de iones negativos cuando se colocan cristales sobre el cuerpo. Un aumento en los iones negativos protegerá los sistemas de energía corporales de

*1. Un átomo o grupo de átomos que transporta carga negativa o positiva como resultado de haber ganado o perdido uno o más electrones. 2. Partícula subatómica cargada o electrón libre.

los dañinos efectos de los iones positivos, y creará un efecto calmante.

Pensad en ello de otro modo. Las emociones negativas son una vibración errática y desequilibrada. *El diseño matriz del alineamiento molecular de los cristales de cuarzo es el más preciso de la naturaleza.* A medida que la energía emocional errática pasa a través del cristal, es forzada a volverse armoniosa. El cuerpo/mente responde relajándose, y la tensión se desvanece.

El cristal responde a los pensamientos y emociones e interacciona con la mente. Aumenta la energía del pensamiento y el poder emocional. Esto permite el control de los sistemas de energía corporales por medio de la visualización creativa, utilizando imágenes, el lenguaje de la mente, que es semejante a una computadora. La reducción del estrés y el dolor, y la curación acelerada, son hoy en día aplicaciones comunes en el equilibrio de la energía por medio del cristal. Tenemos sistemas completos de métodos simples pero extremadamente efectivos, para reducir el tiempo de curación hasta, al menos, la mitad del que se considera aceptable. Podemos cambiar los hostiles hospitales y centros de tratamiento para eliminar uno de los principales problemas de la práctica de la salud. Podemos crear poderosos campos de energía curativos en cualquier área, energía que el cuerpo agradecido utilizará para sanarse a sí mismo.

No importa cuál sea tu metodo de curación, el resultado final ha de ser de equilibrio. Los cristales de cuarzo pueden ser la herramienta nueva más importante que puedas utilizar para conseguir ese equilibrio de la energía curativa.

Dael Walker

Dael Walker es autor del bestseller *El Libro del Cristal*, y más recientemente, *El libro de Curación del Cristal*. Como pionero en el campo de los cristales para la conciencia y la curación, las incomparables ideas y técnicas de Dael han sido aclamadas por los líderes de estas áreas.

Ha aparecido en innumerables programas de radio y TV, y ha sido protagonista de noticiarios especiales en la NBC, CBS, ABC, y CBC en Canadá. Recientemente ha aparecido en "Noticias del Testigo Ocular" para la CBS.

Como autoridad internacional destacada sobre la energía de los cristales, Dael ha conferenciado y aparecido en muestras y exhibiciones nacionales y de la salud tales como la Exposición de la Vida Total, la Convención de la Federación Nacional de la Salud, y la Exposición del Mundo Futuro. Es asimismo un destacado ponente cada año en la Sociedad Americana de Radiestesistas. Es actualmente Director del Instituto para la Conciencia del Cristal, conocido por su investigación, entrenamiento y certificado de instructores.

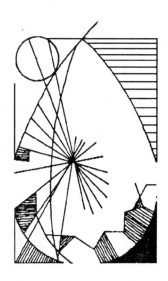

Energía transformadora

por el Dr. Frank Alper

ENERGIAS PLANETARIAS

La *Era de Acuario* se ha convertido en el modelo vibracional del planeta Tierra desde el 22 de Marzo de 1985, de acuerdo con ciertas frecuencias de canalización universales. Este cambio en los niveles de frecuencia de las energías planetarias ha alterado drásticamente la capacidad de la humanidad en relación con la recepción de conocimiento y canales Universales. Nos enfrentamos ahora con la tarea de prepararnos a fin de estar adecuadamente equipados para recibir estas vibraciones, canalizarlas, y lo que es más importante, entenderlas y relacionarlas.

La construcción básica del sistema Universal de energía, conocido como el *Sistema de Malla*, es de frecuencias magnéticas, las energías de la polaridad. Esta nueva fuente de energía nos llega a través del *Sistema de Malla* por el proceso magnético de transferencia del pensamiento.

Toda persona que vive sobre el planeta Tierra, posee cuerpos etéricos o de energía, además de la estructura física. Uno de estos cuerpos etéricos es de naturaleza "magnética", estando compuesto de frecuencias magnéticas. Nuestra tarea es integrar los centros etéricos magnéticos con nuestra estructura física en posiciones claves de anclaje. A este proceso lo llamamos, "implantación etérica de los cristales".

Energía etérica - campos de energía más sutil que los agrupamientos de átomos físicos. Por ejemplo, las energías química, eléctrica, magnética y lumínica.

PROCESO DE IMPLANTACIÓN

El proceso de implantación se logra mentalmente. La persona que sirve de "control" establece las condiciones para los resultados deseados, dibuja mentalmente el centro, y lo implanta en la estructura física. (El instructor opera sobre una persona que sirve de "control". Todos los demás son afectados de modo similar.)

El proceso de visualización se lleva a cabo en el siguiente orden:

1. Visualizad un cristal de color verde esmeralda, rectangular, y tallado como una esmeralda, implantado en el centro de la palma de cada mano. Estos cristales funcionan amplificando las energías curativas según fluyen a través de vuestras manos en aplicaciones curativas para los demás.

2. Un cristal de una sola terminación, de color rosa pálido, es implantado en el centro de la eminencia metatarsiana, o articulación metatarsofalángica del primer dedo de cada pie. La terminación apunta hacia arriba de la pierna en dirección a la cabeza. Estos cristales son el anclaje básico para el circuito completo. Se utilizan principalmente para curaciones en las piernas, desde los pies hasta las caderas.

3. Un cristal de una sola terminación, de color ámbar, es implantado en el ombligo. La terminación se proyecta hacia el exterior del cuerpo. Este centro amplifica todas las energías curativas relacionadas con dolencias en la parte inferior del torso.

4. Un cristal de una sola terminación, de color azul cobalto, es implantado en el chakra de la garganta. La terminación apunta hacia arriba en dirección a la parte superior de la cabeza. Este centro espiritual proporcionará una fuerza adicional, capacitándole a uno para hablar, afrontando siempre la verdad. Los individuos se encontrarán cara a cara con "Su" verdad, sin el disfraz del sacrificio ni del compromiso injustificado.

5. Un cristal piramidal de tres caras, de color violeta pálido, es implantado en el chakra coronario, con la punta proyectándose hacia afuera desde la parte superior de la cabeza. Este es el anclaje superior del circuito. Los individuos que buscan la comunicación espiritual activarán mentalmente este implante para amplificar las energías canalizadas que les llegan. También les traerá dignidad, paz espirituales y emocionales.

6. Implantad un cristal piramidal de tres caras, de color claro, en el tercer ojo y en cada uno de los ojos físicos al mismo tiempo. La punta de la pirámide se proyecta hacia delante, saliendo de los ojos.

Esta trinidad de energía une todos los aspectos de la visión y nos permite ver la Verdad Total. Debemos alterar nuestro proceso de ver emocionalmente, utilizando en cambio la Verdad Universal. Esta conciencia nos ayudará a cometer menos errores de juicio en relación con nosotros mismos y con los demás.

7. La implantación final en el circuito básico tiene lugar implantando un cristal claro y esférico de múltiples caras, en el centro del pecho, (el chakra del corazón). Este cristal implantado girará lentamente, reflejando cada color de tu Universo a través de todo tu cuerpo, uniendo el circuito entero, y haciendo que sea posible una energetización total.

Estos once implantes son el cimiento básico de la estructura magnética de tu cuerpo físico. A partir de estos once, se formarán en tus cuerpos más de cuatrocientos centros adicionales para los cristales. El proceso entero tardará en ser completado casi año y medio.

RESULTADOS DEL PROCESO DE IMPLANTACIÓN

Cuando haya pasado todo, serás como una antena para las energías Universales. Tus energías se estabilizarán. Tu salud se mantendrá. La apariencia física y los órganos de tu cuerpo permanecerán jóvenes.

El resultado más importante de las implantaciones es que retendrás una compatibilidad completa con las frecuencias aumentadas de las vibraciones energéticas de la Tierra. No te quedarás atrás en el avance del progreso espiritual y la evolución de la Humanidad.

Toda comunicación de las Hermandades del Espacio nos llega en frecuencias magnéticas. Toda comunicación procedente de fuentes exteriores a nuestro planeta nos llega también en frecuencias magnéticas. Esto significa que se abrirán puertas hacia el espíritu, desde el nivel Universal y más allá, otros Universos y la Masa Creativa, para ayudarte en tu desarrollo y trabajo para con la Humanidad.

Es aconsejable tumbarse periódicamente, y activar mentalmente por medio de la visualización los centros implantados. Usad los mismos métodos que se utilizan para energetizar vuestros chakras. De esta manera, los implantes aumentarán en poder y amplificación. Nunca se disiparán: sólo quedarán como durmientes si no se utilizan. No activéis vuestro circuito antes de retiraros por la noche. Dejad al menos tres horas para permitir que las energías vuelvan a los niveles normales.

EL SISTEMA DE MALLA

Cuando las energías de un universo han expirado, se ha creado un vacío en la extensión de la Masa Creativa, una proyección de frecuencias magnéticas se vierte desde la Masa Creativa para llenar el vacío. Muchas energías del Espíritu colaboran a conformar estas frecuencias como un *Sistema de Malla*. Este sistema actúa como una red que confina las energías en el área especificada para la formulación del nuevo universo. Es este *Sistema de Malla* el que retiene las energías universales e impide que se dispersen a todo lo largo de la creación.

Las energías viajan a través del *Sistema de Malla* por el poder y proyección del pensamiento. No están limitadas por la velocidad de la luz y el sonido. De esta manera, las naves pueden moverse a grandes distancias en cuestión de momentos. El Espíritu puede comunicarse con seres encarnados casi instantáneamente, y la energía puede ser transformada en materia física a voluntad de la mente.

Cuando el *Sistema de Malla* está en su lugar, empieza a tener lugar la lenta formación de los sólidos. Los planetas comienzan a formarse y se establece el orden del universo. Cuatro cuadrantes magnéticos controlan la colocación de galaxias, sistemas solares y planetas. Cada una de estas divisiones está conectada magnéticamente con el *Sistema de Malla* para mantener su posición en el universo.

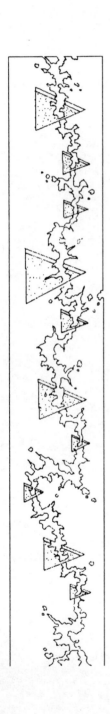

LAS ENERGÍAS DE LA TRÍADA DORADA

En este momento, dentro de las vibraciones del planeta Tierra, han aparecido las energías de la *Tríada Dorada*. Estas energías han sido diseminadas a la Tierra desde la Masa Creativa. Sus frecuencias son más intensas de lo que nunca antes se haya experimentado sobre este planeta. Su frecuencia de color es oro suave brillante. Se nos han dado estas energías para utilizarlas en el avance de nuestro desarrollo y evolución. Cuando los individuos han alcanzado el punto designado, estas energías quedan disponibles para que las utilicen. Son simbólicamente "marcadas" sobre su frente en la forma de un triángulo. Es el amuleto dorado para la Era de Acuario, y suministra poder para el gran servicio a la Humanidad.

Las energías de la Tríada Dorada son controladas desde una Nave Nodriza que vuela por encima del planeta Tierra. Esta nave ha recibido el nombre simbólico de *Excalibur*, "fuerza eterna". La nave tiene unas tres millas de diámetro, y contiene varios cientos de miles de seres. Cuando estéis preparados para esta iniciación, vuestras energías serán llevadas a bordo de la nave para que se completen y expongan a esta frecuencia de energía.

A través de este influjo de energías magnéticas, hemos podido llegar a utilizar los cristales de cuarzo para muchas funciones. Nos han sido canalizadas numerosas formas geométricas que corrigen los campos magnéticos alrededor de los órganos del cuerpo. Vamos a describir diversos modelos generales que pueden ser utilizados para la autocuración, así como para curar a otros.

1. Para cualquier dolencia de la parte superior del cuerpo, colocad un cristal sobre cada hombro con las puntas hacia la cintura. Otro justo debajo del ombligo con la punta hacia los hombros. Tumbaos de esta forma durante quince minutos, dos veces al día, hasta que el dolor se alivie.

2. Para cualquier dolencia de la porción inferior del cuerpo, colocad un cristal sobre el muslo de cada pierna, con la punta hacia arriba. Otro por encima del ombligo con la punta hacia abajo, hacia los pies. El procedimiento es el mismo.

3. Si tenéis un problema en el hombro o el brazo, colocad un cristal en el centro de vuestra palma con la punta hacia arriba. Colocad otro cristal en vuestro hombro, directamente sobre la axila, con la punta hacia abajo durante el mismo período de tiempo.

4. Si sufrís de desequilibrio de los chakras, tumbaos y colocad un cristal sobre cada uno de los siete chakras básicos con las puntas hacia arriba, hacia vuestra cabeza. Permaneced en esta posición durante no más de diez minutos. Por favor, no repitáis esto más de dos veces a la semana.

5. Para cualquier problema en las piernas, colocad un cristal en la parte superior de la cadera con la punta hacia abajo, y otro en la parte más redondeada del pie con la punta hacia arriba. Manteneos así durante diez minutos. Esto puede repetirse a diario.

A causa de la Era de Acuario y sus ramificaciones, muchos Hijos de la Luz se están enfrentando con cosas que habían ignorado en el pasado. Hemos hallado las mayores preocupaciones en las áreas de los bloqueos emocionales y sexuales. La sensibilidad ante las energías no proporciona a los Hijos de la Luz la misma libertad de reacciones emocionales que a las masas de la Humanidad. Muy a menudo, esto da como resultado sentimientos de inaptitud en relación con estas áreas de expresión.

Para aliviar estas condiciones sugerimos el siguiente programa:

Chakra - centro de nervios sutiles o red etérica que interpenetra y rodea al cuerpo físico.

a. Tumbaos en el suelo.
b. Colocad un cristal sobre vuestro chakra de la garganta.
c. Sostened un cristal en cada mano.
d. Colocad un cristal sobre el chakra basal (en la parte de arriba del cuerpo).
e. Colocad un cristal sobre la porción superior de cada muslo, donde se encuentra con el torso del cuerpo.
f. Colocad un cristal sobre vuestro corazón físico.

Comenzad a respirar por la boca de manera persistente y rítmica. Mientras inhaláis, impeled energía desde vuestro corazón hasta el cristal de la garganta. Luego forzadla lentamente, mientras exhaláis, a que descienda por el cuerpo hasta el chakra basal. Haced esto siete veces.

El resultado que se desea para este programa es permitir que os experimentéis a vosotros mismos emocionalmente. Esto derrumbará las paredes que habéis construido alrededor de vuestro corazón en relación a vosotros mismos. Si esto ocasiona alguna respuesta emocional, dejad que tenga lugar, y otro bloqueo habrá sido eliminado.

En añadidura a este ejercicio, podéis elegir cualquiera de los siguientes cantos para que os ayuden. Estas vibraciones han sido canalizadas desde antiguas vibraciones de la Atlántida y son para esta Edad.

RACIMOS DE CRISTALES

Para aclarar algunos de estos procedimientos, damos el siguiente extracto del libro de Frank Alper, *Explorando Atlantis*, Volumen II, (pp. 24, 25 y 26) como **explicación de los racimos de cristales** a menudo usados en los tratamientos que se indican:

"Vamos a hablaros de los **racimos de cristales**. *Formaciones de cristales de una sola terminación unidos por una base común*. Un racimo de cristales con dos proyecciones ayuda a la gente a desembarazarse de fachadas y personalidades divididas. Les ayuda a unir sus vibraciones y sus expresiones. Un racimo de tres proyecciones representa la trinidad de vuestra expresión. Podéis establecer la condición relativa a la función para la que os servirá cada una de las proyecciones. Luego deberíais intentar unir las energías y crear la unicidad de vosotros mismos.

"El uso de los racimos de cristales para la curación supone formas diferentes a las utilizadas con los cristales únicos. Si tomáis un solo racimo de cristales, taladrad un agujero a través de las fragmentarias porciones de la base y colocad una luz bajo el racimo; conseguiréis así una bella refracción de la luz que tendrá un efecto sanador muy positivo, sobre vosotros y sobre los presentes en la habitación.

"Cuando dispongáis los racimos según unos modelos, deberán descansar sobre un alambre de cobre. Los cristales aislados se colocan planos, los racimos erguidos, y de esa manera atraen hacia sí la energía. Los alambres de cobre conducen la energía de un racimo a otro, creando el campo de fuerza deseado para la curación.

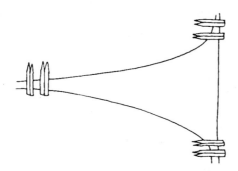

"Los racimos son colocados en triángulo, en hileras dobles. Una hilera dentro de la otra. Para la porción superior del cuerpo, colocad la punta del triángulo detrás de la cabeza, y la base igualada con los codos. Tratad de usar vuestros racimos más grandes para el triángulo exterior. Esto retendrá las energías del campo creado sin que se produzca dispersión.

"De esta forma se creará un campo de fuerza que será el protector de estas energías, rechazando la negatividad y manteniendo la salud. Un tratamiento como este sólo se practicará cuatro o cinco días. Podéis sentaros al estilo yoga, la punta del triángulo frente a vosotros y la base a vuestra espalda.

"*Pregunta*: ¿Es necesario envolver el alambre alrededor del racimo?

"*Respuesta*: No es necesario. Todo lo que hace falta es que haya contacto. Esto creará el campo de fuerza conector y conseguirá los resultados deseados.

"Una alternativa cuando se utilizan los racimos sería colocarlos encima de la red de cobre, tal como se describe en el primer libro que os hemos proporcionado. Esto daría el máximo del efecto deseado. El campo de fuerza generado sería muchas veces mayor que usando un simple alambre de cobre.

"Si se desea alinear espiritualmente el sistema de chakras del cuerpo, se recomienda seguir el sistema que indicamos a continuación: Colocad los racimos en fila sobre una mesa, espaciados convenientemente, sobre un trozo de alambre de cobre, tumbaos bajo la mesa y permitid que las energías fluyan a través de vuestro cuerpo. El efecto será el de "empujar" los chakras a su alineamiento, dando como resultado un centrado de vuestra conciencia. Daos cuenta que, a medida que evolucionáis y os desarrolláis, los chakras etéricos se mueven y se centran ellos mismos. Esto traerá como resultado un alineamiento total, y os abrirá la "puerta" hacia vuestra alma en los niveles conscientes.

"Si alguien que conocéis se encuentra enfermo, sostened un racimo en vuestras manos y enviad vuestras energías curativas al racimo. Permitid luego que lo utilice como "medicina" para curarse. La energía permanecerá en los cristales por un periodo extenso de tiempo, incluso si están alimentándose de ella. Resulta particularmente efectivo dejar un racimo así a quienes no veis regularmente. Si alguien tiene un tumor, cargad el racimo con las energías adecuadas y dádselo. Dejad que lo utilice a diario sobre el área afectada, y funcionará. Un racimo será más efectivo que un cristal simple, pues tiene la capacidad de contener mayor energía debido a su superficie.

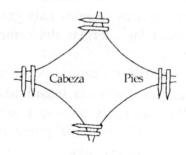

Una Triangulación de Racimos

INFORMACION GENERAL A UTILIZAR
EN LOS TRATAMIENTOS SIGUIENTES:

Alambre de cobre: del calibre 20
Un modelo de 6 cristales simples:

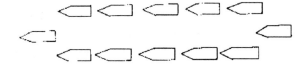

Un modelo de 12 cristales simples:

Una doble triangulación de racimos:

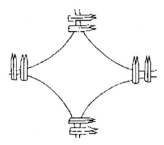

Tiempo de utilización de los cristales en los siguientes
tratamientos, salvo mención específica: 15 minutos

Tamaño de los cristales a utilizar: cristales laterales 2 a 3 pulgadas
                                       cristales de los extremos 3 a 5 "

Tipo de cristal utilizado: cristal de roca de cuarzo

Generador —generalmente cuarzo claro

LA CURACIÓN CON EL SONIDO, EL COLOR Y LOS CRISTALES

#1 y #2: A-LE-U, BA-O

Estos sonidos o cantos se utilizan con el fin de preparar las vibraciones para la meditación y el aprendizaje. Sirven para desbloquear la energía y permitir que comience el flujo espiritual. Se utilizan con el 27º rayo, rosa plateado. Tumbaos, y colocad siete cristales de una sola terminación, puntas arriba, uno sobre cada chakra.

#3: GA-MO-AL

Este se utiliza para enfermedades relacionadas con el hígado, el páncreas, el bazo y los riñones. El sonido se utiliza con el 17º rayo, caqui. Disponed a la persona en un diseño de racimos sobre alambre de cobre. Utilizad dos racimos a cada lado en línea con el ombligo. Los racimos del vértice serán colocados entre las rodillas.

#4 y #6: DOU-LAE, VO-A-A

Este canto se aplica a las frecuencias variables de energía relativas al sistema respiratorio, y se asocia con el 16º rayo, rosa-limón. Colocad una triangulación de cristales en la parte superior del cuerpo: uno sobre cada hombro con las puntas hacia abajo, y uno sobre el ombligo con la punta hacia arriba. Podéis asimismo establecer una forma de racimos dobles sobre alambre de cobre, uno a lo largo de cada hombro y el vértice entre las piernas.

#5: HA-JO-HA

Estas son las vibraciones para pedirle a la Luz de Dios que cure con sus poderes de regeneración. Están asociadas con el 22º rayo, Luz Blanco perla. Invocad la red de implantación de cristales, de color verde esmeralda, en vuestras manos, y completad la curación.

#7 y #8: ZOO-UR, CHO-RA

Este canto se utiliza en asociación con la regresión a las experiencias de una vida pasada. Invocad el rayo 19º, verde pálido y dorado, para ayudaros. Colocad cuatro cristales de una sola terminación en los siguientes lugares: Uno sobre el Tercer Ojo, con la punta hacia abajo; uno sobre el chakra del corazón, con la punta hacia arriba; y uno en la palma de cada mano, con la punta hacia arriba.

#9: TU-LA-RO

Este sonido se aplica a todas las condiciones artríticas, de inflamación de los nervios y erupciones de la piel. Se asocia con el color rosa pálido. Utilizad doce cristales de una sola terminación, o el modelo doble, en diamante, de racimos de cristales. Si la enfermedad está avanzada, los racimos serán más efectivos.

#10: YO-OOH-DA

Este es el sonido del Dios Interior. Cantadlo en conjunción con el 36º rayo —la percepción de todo color. Utilizadlo para la autocuración y el refinamiento espirituales. Sentaos dentro de un círculo de doce cristales de una sola terminación, con las puntas hacia vosotros. Sostened en vuestras manos un generador, y proceded a cantar.

#10, #5, #6, #5: YO-OOH-DA, HA-JO-HA, VO-A-A, HA-JO-HA

Las frecuencias totales del Creador de este Universo. Utilizadlo con el 36º rayo —la percepción de todo color. Cuando estéis preparados para reconocer la existencia total de Dios, y preparados para llegar más lejos, a la Creación, usadlo para que os ayude en vuestra expansión. Colocad un dibujo de doce cristales de una sola terminación. Disponed una conformación triangular: Uno sobre el tercer ojo, otro sobre la garganta, y otro sobre el chakra del corazón.

#11: CO-LAE-AH

Este se aplica a la curación de las deformidades físicas, de los huesos rotos una vez que han sido recolocados, el restablecimiento después de una operación quirúrgica, etc. El canto se utiliza en asociación con el color rojo. Esta es principalmente una vibración física, de la Tierra. Disponed tres cristales sobre el área afectada, bien en línea recta bien en triangulación, dependiendo del área que se trate. Colocad todas las puntas hacia la Tierra.

#12 y #2: LAU-RR-U, BA-O

Este se asocia con enfermedades pertenecientes a las extremidades inferiores resultantes de problemas circulatorios y desórdenes musculares. Junto con los sonidos, utilizad el rayo 21º, amarillo-naranja. Colocad cristales de una sola terminación en los chakras de la parte superior de cada cadera, y uno en cada una de las articulaciones metatarsofalángicas del primer dedo de cada pie. Los de las caderas apuntan hacia abajo; los de los pies apuntan hacia arriba. Podéis asimismo utilizar un triángulo de racimos dobles: la base en la cintura y el vértice más allá de vuestros pies. Colocadlos sobre alambre de cobre.

#13: MO-RAA-AH

Este se utiliza para equilibrar las expresiones vibracionales masculina y femenina. Utilizadlo en conjunción con el rayo 20º, lila y lavanda. Es particularmente efectivo al tratar problemas de aceptación y estima sexual. Colocad un cristal de una sola terminación sobre las siguientes áreas: Uno sobre el chakra basal, punta hacia arriba; otro sobre el chakra de la garganta, punta hacia abajo, y otro sobre el corazón, punta hacia arriba. Este modelo os ayudará a abrir los bloqueos en los centros/conciencia sexuales.

#14 y #15 NO-OH-RAH, SO-MAA-AH

Esta es una vibración universal de autoaceptación relativa al ego y al alma. Utilizadla con el púrpura profundo para obtener fuerza e incentivos de consecución. Sostened cristales de una sola terminación en la palma de cada mano, con las puntas hacia arriba. Colocad uno sobre el corazón, con la punta hacia arriba, para completar el circuito.

#16 y #17: O-OH-DA, FAA-RO

Esta vibracion os alineará con las frecuencias de los espíritus de la naturaleza. Utilizadla con el rayo 33º de color rosa muy pálido. Cuando vuestras energías estén en armonía, conseguiréis la comunicación. Sentaos y sostened un cristal de una sola terminación en cada mano, con la punta tocando el suelo.

#18: ZAU-RAAM

Este es un intenso sonido vibratorio. Utilizadlo para la estimulación de vuestras energías, particularmente vuestras frecuencias sanadoras antes de las aplicaciones curativas. Activad mentalmente los implantes etéricos de cristales en vuestro cuerpo. Esto intensificará vuestras capacidades curativas.

#19 y #8: KO-FAA-ROO, CHO-RA

Utilizad este canto con todos los niños. Es particularmente efectivo al tratar niños que padecen condiciones kármicas tales como el Síndrome de Down, condiciones autistas y problemas de retraso mental. Lo que hace es pasar dejando de lado la personalidad, y abrir el alma ante nuestra mente. Utilizadlo con el 18º rayo, azul Francés. Colocad al niño en posición de la Estrella de David, utilizando seis cristales de una sola terminación.

#20: RU-AH-SHIM

Un sonido para curar, utilizando el magnetismo y unificando el proceso etérico de cristalización. Invocando el 25º rayo, amarillo limón, os abre también la comunicación con las energías de las Hermandades del Espacio. Sentaos en una mesa y construid un triángulo de seis cristales simples, con las puntas hacia vosotros, y tres cristales más en línea también hacia vosotros. Esto amplificará y concentrará las energías según os lleguen.

#21: SHE-MA

Cuando se canta con el rayo 34º, el violeta más pálido, este sonido os pone en alineamiento con las energías de *Sananda*, el aspecto femenino de Dios, las vibraciones del Amor, la suavidad y la unidad. Cantádselo a una persona a la que améis. Sentaos en un triángulo de cristales de una sola terminación con el ápice detrás de vosotros, y todos los cristales apuntando hacia vuestra espalda.

#22: TRI-AAH

Ha de utilizarse para todos los problemas de hombros y brazos, tales como bursitis, artritis y desórdenes nerviosos. Se asocia con el color rosa pálido. Colocad un cristal de una sola terminación sobre el hombro, con la punta hacia abajo, otro en la mano, con la punta hacia arriba, y otro en el codo, con la punta hacia arriba.

#23: THU-MAAR

Utilizad este sonido en conjunción con el rayo 28º, tres bandas de añil alternando con dos de oro. Usad el dibujo triangular extendido tal como se describe en #20. Esto os ayudará a recibir las vibraciones y comunicaciones Universales.

#24: AU-MA-LAA

Este es un sonido de protección frente a la "invasión" de vuestras energías y frente a la negatividad. Coloca a vuestro alrededor un escudo que protegerá vuestras energías. Usadlo con el 30º rayo, el naranja más pálido. Mantened vuestro cristal "personal" con vosotros en todo momento, pues actúa como cierre de vuestro escudo.

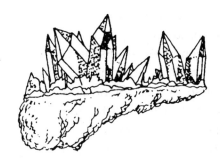

FORMAS DE CRISTALES PARA LA CURACIÓN

Ahora examinaremos modelos de cristales elegidos para la curación de muchas dolencias del cuerpo. Recordad siempre que no hacemos promesas ni damos garantías. Os halláis envueltos en un proceso puramente espiritual con muchos otros factores a considerar. Todos han sido probados y se ha aceptado su validez.

Alergias — El proceso consta de dos partes. La primera triangulación se hace para que el individuo se dé cuenta de la causa de sus alergias. Esto se lleva a cabo a través de la consulta, y una vez que lo ha comprendido, se establecerá un triangulo de cristales simples, uno sobre el corazón y uno en cada mano, para liberarle mental y emocionalmente. Luego, situad a la persona en el centro de doce cristales simples.

Articulación temporo-maxilar — Utilizad un triangulo de tres cristales simples. Uno colocado en el chakra de la garganta con la punta hacia arriba. Los otros dos se apoyan contra la mandíbula en la parte de atrás para crear la triangulación.

Artritis — Utilizad doce cristales de una sola terminación, o el modelo de doble diamante de racimos de cristales. Si la artritis está muy avanzada, el grupo de racimos será más efectivo.

Audición (Problemas) — Para los defectos de audición, utilizad tres cristales simples. Uno en la parte superior de la cabeza, apuntando hacia abajo, y los otros dos por detrás de las orejas, en el área mastoidea, apuntando hacia dentro.

Bazo — Construid un doble triangulo de racimos con el vértice entre las piernas y los lados base a lo largo del ombligo.

Bronquitis — Usad un doble triangulo de racimos con el vértice detrás de la cabeza y los racimos de la base a lo largo del área del pulmón.

Callosidades — Sostened un cristal de una sola punta en cada mano. Colocad las puntas a lo largo del callo, uno a cada lado, por un periodo de diez minutos. Repetid esto diariamente.

Cáncer (Formas generales) — Es de la mayor importancia que el individuo sepa la causa de la enfermedad. Sin esta percepción la persona no podrá liberarse de ella. Si no sois capaces de transmitirle al individuo una razón satisfactoria para que acepte su enfermedad, no podréis llevar a cabo su curación.

Supongamos que tenéis éxito en esta cuestión y estáis dispuestos a proceder.

Os sugiero que toméis un racimo simple y lo coloquéis directamente sobre el área infectada. Utilizando tres racimos más, colocad uno sobre el corazón para liberarle. Otro tumbado sobre la palma de cada mano para completar el triangulo espiritual. Si el cáncer está presente en un área por debajo de la cintura, colocad un cristal sobre el corazón, otro sobre el chakra del ombligo y otro en la eminencia metatarsiana o articulación metatarsofalángica del primer dedo de cada pie. Todos han de ser racimos. Si el cáncer se halla ampliamente extendido y carece de límites definidos, sugeriríamos colocar un racimo sobre cada uno de los siete chakras básicos, y sostener un racimo en cada mano, nueve en total, el número de lo completo. Esta forma sólo se ha de utilizar en casos avanzados, y en casos ampliamente extendidos y no deberá ser utilizada más de cinco minutos. Una vez completado el tratamiento, retornad la abertura de los chakras a sus posiciones normales. (Colocad la mano sobre el chakra y disponed la condición mental de retorno a la normalidad.) **Esto es de la mayor importancia.**

Cáncer de mama — Utilizad cristales de una sola punta para tratar todo tipo de cáncer. Para el cáncer de mama, haced una triangulación —un cristal en el chakra de la garganta, y uno sobre cada pecho. Esto se aplica incluso si el cáncer sólo está presente en uno de los pechos.

Ciática — Utilizando cinco cristales, colocad uno en la zona lumbar de la espalda con la punta hacia abajo, y otros a lo largo del lateral de cada cadera con las puntas hacia abajo. Utilizad cristales adicionales colocados en las articulaciones metatarsofalángicas del primer dedo de cada pie, con las puntas hacia arriba.

Cicatrices — Las cicatrices externas pueden ser curadas de modo efectivo por aplicación de cremas con vitaminas naturales. Las cicatrices internas, dependiendo de su localización, requerirían una triangulación de cristales simples sobre el área. En relación con las cicatrices resultantes de operaciones, o cualquier forma de malfunción o cirugía cardíaca, no utilicéis los cristales. El campo de energía podría ser demasiado fuerte. Sugerimos siempre que se dé curación sobre este área a una cierta distancia. Es más suave y delicado. Evitad siempre el peligro de un exceso de energía en áreas de tejidos musculares sensibles.

Corazón (Enfermedades) — Para las enfermedades cardíacas, utilizad los cristales de una sola punta con el modelo de seis, no doce. Usad también un generador (cristal de cuarzo claro) colocado sobre el centro de la caja torácica.

Colitis — Utilizad para la colitis el mismo tratamiento que para las úlceras.

Colon — Depósitos mucosos densos — Esto se aplica a todos los tipos de infección relativos al área del colon. Estableced un triángulo de seis cristales de una sola punta. Uno entre los pies, otro a cada lado del ombligo, uno sobre el ombligo, y otro a cada lado paralelo a las rodillas.

Columna (Desórdenes) — Colocad al individuo sobre el suelo boca abajo. Disponed un cristal de una sola punta entre los tobillos apuntando hacia arriba, hacia la base de la columna. Otro cristal con la punta hacia abajo sobre el área afectada de la columna. No se trata de que la energía recorra la distancia total de la columna, sino sólo que sea aplicada en el área necesaria.

Crecimiento de hongos en el pie *— Los hongos o espolones que son la forma más común, requieren fuertes campos de energía y en las etapas avanzadas deben ser quirúrgicamente eliminados.

Pueden ser reducidos energetizando el área de crecimiento con dos cristales de una sola terminación, con las puntas una frente a otra, a fin de crear el campo magnético más directo para la reducción del crecimiento.

* *Particularmente, el espolón calcáreo, del talón del pie.*

Desequilibrio químico — Podríais usar o bien los doce cristales simples o el modelo de racimos en doble diamante.

Diabetes — Utilizad una triangulación de racimos, una triangulación dentro de la otra. Los vértices en cabeza y pies. Las puntas laterales en la cintura, con alambre de cobre bajo los racimos.

Drogas (Dependencia) — Nuevamente, el tratamiento tiene dos partes. Haced que la persona sostenga un cristal simple en cada mano, y un tercer cristal colocado sobre el corazón por un período de diez minutos. Este tratamiento debería ser administrado diariamente hasta que el individuo se sienta lo suficientemente fuerte como para reemplazar el síndrome de abstinencia al estímulo de la droga. Una vez conseguido esto, colocad a la persona en el centro de seis cristales simples para realinear los sistemas de energía y restablecer el flujo apropiado.

Problemas de encías — Para los problemas de encías, así como para los problemas dentales, disponed un triangulo de cristales simples. Colocad uno sobre la garganta con la punta hacia arriba, y otro a lo largo de cada lado de la mandíbula, con las puntas hacia dentro. Si poseéis cristales muy pequeños, colocadlos entre vuestras mejillas y los dientes —uno al frente y otro a cada lado.

Enfisema — Usad los racimos en un doble triángulo, con el vértice detrás de la cabeza y la base a lo largo de la cintura.

Epilepsia — Colocad un cristal de una sola terminación a cada lado de la cabeza, aproximadamente unos tres centímetros por encima de la parte superior de la oreja, con las puntas hacia dentro. Esto restablecerá el flujo de energía y corregirá el cortocircuito en el tejido cerebral.

Esclerosis múltiple — Utilizad un juego de doce cristales simples.

Fiebre del heno — Utilizad los cristales simples en forma de estrella de seis puntas, con la persona tumbada sobre el suelo.

Garganta (Inflamación) — Utilizando tres cristales simples, colocad uno en las áreas mastoideas a cada lado, y uno en el chakra de la garganta. Todos con las puntas dirigidas hacia el interior.

Genitales — Para curar las áreas genitales, tanto del hombre como de la mujer, haced que el individuo se tumbe sobre su estómago. Colocad un cristal, con la punta hacia abajo, en la región lumbar, y otros dos en la arruga entre muslo y nalgas con las puntas hacia arriba. Estos dos cristales inferiores son colocados sobre los chakras de ese lugar.

Glándulas adrenales — Disponed la misma triangulación que usaríais para la tiroides, de la cintura a las puntas de los pies.

Hepatitis — Utilizad los racimos de cristales en un doble triángulo. Colocad la punta hacia dentro entre los pies, y los otros dos a los lados de la cintura. Siempre que utilicéis los racimos, acordaos de usar el alambre de cobre para conectarlos.

Herpes — La enfermedad afecta al sistema entero. Por consiguiente, debemos utilizar un diseño que rodee la estructura completa. Utilicemos un grupo de doce cristales simples. Recomendamos también colocar un generador sobre el chakra del ombligo.

Hígado — Usad la misma triangulación que para el bazo. Esto se aplica también a los riñones, el páncreas y la vejiga. También sería beneficioso depositar un generador directamente sobre el órgano infectado. Esto se aplica también a la vesícula.

Hiperactividad — El mismo proceso que para la epilepsia.

Hipoglucemia — Utilizad el modelo de doble diamante, de ocho racimos de cristales, con alambre de cobre bajo ellos.

Hongos en los pies — Colocad dos cristales de una sola terminación en ángulo, con las puntas en las articulaciones metatarsofalángicas del primer dedo de cada pie, para energetizar los chakras de los pies y efectuar una curación.

Huesos (rotos) — Usad dos cristales de una sola punta. Colocad uno por debajo de la fractura y otro por encima de ella, con las puntas encarándose entre sí. Esto acelerará el proceso de curación una vez que la fractura haya sido enmendada por un doctor. También disminuirá el riesgo de infección y de complicaciones.

Leucemia — Utilizad cristales simples. Haced que la persona se tumbe sobre el suelo. Colocad un cristal por encima de cada tobillo. Sostened uno en cada mano. Colocad uno sobre el ombligo, otro sobre el chakra de la garganta, y otro por detrás de la cabeza.

Depresión mental — Usad los cristales simples en el modelo de doce. Acordaos de establecer primero el dibujo de la estrella de seis puntas, y luego el equilibrio entre ellas.

Intoxicación — Si está localizada, utilizad el doble triángulo de racimos con el vértice entre los pies. Si la intoxicación se ha vuelto una condicion general, utilizad el modelo en forma de diamante tal como se usa para la diabetes.

Desórdenes linfáticos — Utilizando cinco cristales simples, colocad uno en cada hombro directamente sobre el hueco del brazo, con la punta hacia abajo. Colocad un cristal simple sobre el ombligo, punta hacia abajo, y otro cristal sobre cada rodilla, puntas hacia arriba.

Lupus — El tratamiento del lupus sería la misma configuración que para la enfermedad del Herpes.

Daños en la médula espinal — Usad dos cristales simples, uno en el cuello con la punta hacia abajo, y otro entre las piernas con la punta hacia arriba.

Migrañas — Los dolores de cabeza debidos a una migraña son causados por un desequilibrio en el flujo de la energía a lo largo de la estructura física. En este caso, utilizaremos cuatro cristales simples. Uno a cada lado del cuello, entre el cuello y la clavícula, con las puntas hacia abajo. Los otros, apoyados sobre la articulación metatarsofalángica de cada pie con las puntas hacia arriba. Esto equilibrará el flujo de energía a través de los meridianos principales.

Distrofia muscular — Utilizad el diseño en forma de diamante de racimos dobles, ocho en total, con los alambres de cobre conectándolos por debajo: un vértice por detrás de la cabeza, otro entre los pies, y las puntas laterales opuestas a la cintura. Cuando el área sea extremadamente poderosa o el caso esté muy avanzado, tomad un generador simple y colocadlo sobre el área inmediata durante no más de cinco minutos.

Narcolepsia — Utilizad los cristales de una sola terminación en grupo de doce.

Neuromusculares (Problemas en general) — Poned los racimos en la forma de diamante, con las puntas detrás de la cabeza y a los pies, y los lados del diamante a lo largo de la cintura. Usad racimos dobles con alambre de cobre bajo ellos.

Obesidad — La obesidad debe ser tratada primero al nivel mental. Tratadla como lo haríais con cualquier problema de inseguridad emocional. No tratamos la obesidad directamente con los cristales, sólo sus causas. Podrían ponerse doce cristales simples para curar las emociones.

Ojos — Para la curación general de los ojos en relación con la tensión ocular, la miopía y el astigmatismo, utilizad dos cristales simples con las puntas hacia dentro, aproximadamente una pulgada por detrás del vértice del ojo. Para tratar las cataratas y ciertas etapas de las córneas, colocad los cristales con las puntas en los vértices de los ojos. Este tratamiento no debería tener una duración mayor de cinco minutos. Puede repetirse a diario.

Parálisis cerebral — Utilizad exactamente el mismo tratamiento que el descrito para el retraso mental. También esta condición es kármica en muchos casos.

Enfermedad de Parkinson — Este tratamiento tiene dos fases. Si es afectada un área específica y causa un dolor severo, depositad un cristal de una sola punta sobre el área del dolor. Colocad otro cristal, con la punta de éste y la del anterior enfrentadas entre sí, sobre el punto de inserción de energía más cercano. Una vez eliminado el dolor, colocad doce cristales de una sola punta para una posterior curación.

Pituitaria (Hipoactividad) — Tratadla de la misma manera que trataríais la epilepsia, estimulando los centros de energía en el cerebro. Usad dos cristales de una sola terminación, apuntando hacia dentro, una pulgada por encima de las orejas, y un tercero apuntando hacia abajo sobre la parte de atrás de la cabeza.

Próstata — Usad tres cristales simples, colocando uno directamente sobre el área de la próstata, y uno a cada lado del ombligo. Haced que todas las terminaciones apunten hacia dentro.

Quemaduras — Utilizad el mismo tratamiento que para la rotura de huesos. Podríais también sostener un tercer cristal encima de la quemadura para acelerar la formación de nueva piel.

Retraso mental — Antes de tratar el retraso mental, que es de naturaleza kármica, debemos estar seguros de si hay que librarse de él, o de si debe ser retenido. Es siempre un problema kármico. Algunos de estos problemas son traídos por el alma. Otros son "accidentes" de nacimiento que crean situaciones adecuadas para soportar experiencias kármicas. Muchas veces, en los casos en que la enfermedad mental es un resultado kármico del proceso de nacimiento, esta forma de karma puede ser totalmente liberada durante la encarnación actual. Estos son los casos que nos atañen en la presente discusión. Los kármicos desde el nacimiento, que no pueden ser trabajados, deben no intentarse.

Tratándose del retraso mental curable, colocad un cristal de una sola punta, cara adentro, una pulgada por encima de los oídos, durante diez minutos. Completado esto, colocad un cristal punta hacia abajo, por detrás de la parte superior de la cabeza. Un cristal sobre el chakra de la garganta, punta hacia abajo; otro sobre el chakra del corazón, punta hacia abajo; otro sobre el chakra del ombligo, punta hacia abajo, y un cristal en la articulación metatarsofalángica del primer dedo de cada pie, con la punta hacia arriba. Esto ayudará a reestructurar las vibraciones magnéticas relativas al sistema nervioso y el sistema impulsor procedente del cerebro. Si la enfermedad puede ser liberada, lo será a través de este tratamiento. Si después de tres tratamientos, espaciados una semana, no aparece ningún cambio, éste debe suspenderse.

Sinusitis — La mejor aplicación será a través de los oídos. Usad tres cristales simples: uno en la parte superior de la cabeza apuntando hacia abajo, y uno a lo largo de cada oído, apuntando hacia dentro. Sin embargo, no deberíais permanecer con ellas durante más de dos o tres minutos. El campo de energía se volvería demasiado fuerte.

Tensión (Alta) — Utilizad el grupo de doce cristales simples. Lo mismo se aplica a la tensión baja y a todos los problemas circulatorios.

Tiroides — Utilizad una triangulación de cristales simples. Colocad un cristal, punta hacia arriba, en la garganta. Colocad otro cristal a lo largo de la parte superior de la cabeza para llevar a cabo un triangulo apuntando hacia abajo. Simularéis la figura "Y" con la cabeza en medio.

Torceduras — Si la torcedura tiene lugar en el tobillo, colocad un cristal simple en la articulación metatarsofalángica del primer dedo de cada pie. Sostened otro cristal simple, con la punta hacia abajo, en la rodilla. Si la torcedura tiene lugar en la muñeca, sostened uno en la mano con la punta hacia arriba y el otro en el hombro con la punta hacia abajo. Si la torcedura es en la rodilla, colocad uno en el lugar antedicho del pie y otro en la cadera con la punta hacia abajo.

Ulceras — El procedimiento tiene dos partes. La primera sería establecer una triangulación utilizando puntas simples. Sostened un cristal en cada mano y el otro cristal directamente sobre el área donde existe la úlcera. Una vez aliviado el malestar, estableced la forma de racimos, en triángulo, con la punta detrás de la cabeza y la base a lo largo de la cintura.

Enfermedades Venéreas — Este tratamiento tiene dos partes. La primera parte es un tratamiento emocional, pues en la mayoría de los casos se siente el deseo de encubrir la enfermedad por respeto a la propia imagen, dignidad, etc. Si no se tiene esto en cuenta, el individuo podría aferrarse a la enfermedad. Recomendamos un solo triángulo de tres cristales simples, con el vértice por detrás de la cabeza y la base del triángulo a lo largo de la cintura, durante un periodo de diez minutos, a fin de conseguir la paz espiritual y la curación. Cuando hayáis completado esto, formad una doble triangulación de racimos. El vértice del triángulo entre los muslos, y los extremos de la base correspondientes al ombligo. Esto creará la triangulación sobre el área genital. El mismo tratamiento se aplica tanto al hombre como a la mujer.

* * *

Deseamos recordarles a todos que lo aquí escrito tiene que ver con la curación espiritual. Todo depende de vuestra fe en Dios. No hay ni garantías ni promesas, sólo vuestra propia creencia espiritual. Yo os bendigo.

Dr. Fank Alper

El Rev. Dr. Frank Alper es un canal consciente, y durante largo tiempo ha sido considerado como pionero de la curación por medio de las energías magnéticas utilizando configuraciones geométricas. Ha trabajado en metafísica durante muchos años, y en 1974 estableció la Sociedad Metafísica de Arizona, en Phoenix, como plataforma de seminarios y cursillos, presentados internacionalmente, sobre crecimiento personal y desarrollo espiritual. En 1978, la Sociedad fue colocada bajo las energías de la Iglesia de Tzaddi.

Como afamado autor de *Explorando la Atlántida*, trilogía que trata de la antigua Atlántida y la curación por medio de los cristales, las prolíficas obras del Dr. Alper incluyen también canalizaciones relativas a las energías de la materia creativa, la evolución kármica, las iniciaciones físicas y espirituales del alma, la conciencia universal y los hermanos del espacio. Su libro más reciente, *La Ley Universal para la Era de Acuario*, explora la responsabilidad de cada individuo en cuanto a su propia interpretación de la Ley y en cuanto a la aplicación de ésta a su vida. Se encuentra asimismo en proceso de completar *La Numerología de Moisés*.

El propósito final del Dr. Alper es el de establecer grupos de anclaje autosuficientes, pero mutuamente cooperativos, a todo lo largo del mundo, creando una red de luz y apoyo para quienes se encuentran en el sendero espiritual.

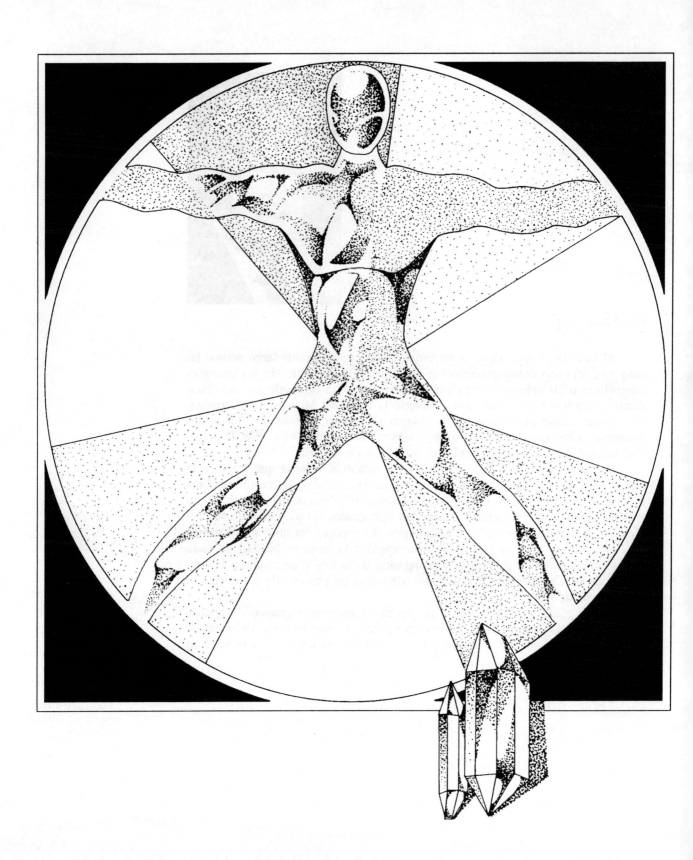

UTILIZACIÓN MÉDICA DE LOS CRISTALES

Medicina transformacional

por Leonard Laskow, Dr. en Medicina

La Medicina Transformacional puede darnos un vislumbre de la medicina del futuro. Esta tendencia en fase de evolución, fusiona los avances técnicos de las más recientes investigaciones científicas con las antiguas técnicas de la curación, lo que hace emerger una modalidad de curación altamente efectiva. Aunque el arte de la curación con las manos nos haya acompañado durante siglos, se está desarrollando ahora una nueva conciencia sobre la naturaleza de las energías envueltas en este fundamental proceso curativo.

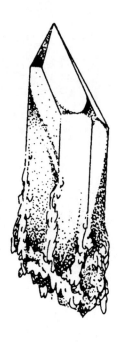

Los cristales de cuarzo guardan, amplifican, enfocan y dirigen estas energías curativas, como pronto se describirá. Exploraremos la esencia de la curación, y cómo la Medicina Transformacional ha sido aplicada en desórdenes que van desde las lesiones herpéticas hasta dolores en la parte inferior de la espalda. Los componentes emocional y espiritual, que hay que tener en cuenta si la curación ha de ser del todo efectiva, serán asimismo explorados.

Me vi involucrado en este trabajo hace una serie de años, mientras asistía a una conferencia en Asilomar, California. Mi compañero de habitación era un músico con cáncer de testículos que se había extendido a los pulmones. Estaba recibiendo al mismo tiempo tratamiento médico en Boston. La primera noche que pasamos allí, se despertó tosiendo y quejándose de dolor. Yo estaba algo familiarizado con la curación por mi interés en la conciencia. Fui y le pregunté si podría ayudarle. Dijo, "sí"; le puse mis manos a ambos lados del pecho y visualicé una bola radiante de luz blanca. Imaginé energía que entraba por la parte de arriba de mi cabeza, y simplemente la mantuve ahí durante cuatro minutos. Mientras hacía esto, su tos se detuvo, su respiración se volvió más fácil, dejó de quejarse; pude sentir cómo se relajaba. No tuvo problemas durmiendo durante los cuatro días siguientes de tratamiento. También recibió trabajo curativo de otras personas de la conferencia, y hoy en día se encuentra vivo y bien. Disfrutaba también de todas las ventajas de la medicina alopática, así que no sé si lo que hice influenció el curso de su recuperación. Pero ciertamente que supuso una diferencia para esa primera noche.

Naturalmente, me pregunté si esta técnica de curación podría ser aplicada en mi práctica ginecológica, así que cautamente, y sólo con pacientes que pensaba podrían estar abiertas a ello, comencé a incorporar en mi oficio las modalidades de la visualización y sanación.

Por este tiempo, encontré al bien conocido cristalógrafo y sanador Marcel Vogel, que estaba dando una serie de seminarios para médicos. Marcel había sido investigador científico en IBM durante veintisiete años, y había desarrollado los fósforos utilizados en las imágenes de la televisión en color, y el código magnético para sus cintas de ordenador, entre otros descubrimientos. Ha dedicado los últimos trece años al estudio de los cristales, y tras retirarse en 1984, fundó Psychic Research, Inc., en San José, California, con el fin de continuar su investigación.

ESTRUCTURAS Y FORMACIONES CRISTALINAS

Los cristales de cuarzo tienen una red molecular regular, compuesta por átomos de silicio y oxígeno que rodean un espacio abierto relativamente vasto, y, con ciertos estímulos, este espacio abierto puede ser comprimido y expandido —esto es, puede hacerse que vibre. Esto significa que energías vibratorias de diferentes frecuencias pueden ser almacenadas en los cristales, y los científicos los han utilizado para almacenar información de frecuencias sonoras, lumínicas y eléctricas. Los cristales pueden asimismo amplificar la energía y enfocarla en un estrecho rayo. Se utilizan para transformar la presión en señales eléctricas en las cintas fonográficas. Se emplean también como emisores de frecuencia en transmisores de radio, y tienen usos similares en las tecnologías de los ordenadores y el láser.

Los cristales se han formado en depósitos minerales a lo largo de muchos miles de años. Crecen a partir de una "célula semilla" inicial o "célula unidad". Una célula semilla es casi como una semilla. De hecho, suele necesitar un núcleo —algún tipo de pequeña partícula que actúa como irritante— para estimular el aumento de materia a su alrededor en formación cristalina.

Los investigadores han comprobado que los cristales pueden ser desarrollados en el laboratorio en un periodo de tiempo mucho más corto, bajo condiciones específicas de presión y temperatura. Han descubierto que todo cristal tiene una "preforma" —lo que parece ser un campo de energía de la misma forma que el cristal en crecimiento, pero que rodea y dirige su crecimiento.

(Cuando se coloca un clavo o cualquier otro objeto en el campo de la "preforma", el cristal crece de manera distorsionada, incluso si nunca toca al clavo físicamente.)

Marcel Vogel advirtió algo notable mientras trabajaba con cristales líquidos bajo diversas condiciones de temperatura y presión. Mientras observaba cristales líquidos a través de un microscopio de alta potencia, descubrió que cuando proyectaba un cierto pensamiento en el cristal justo antes de volverse éste sólido, tomaba la forma de una tosca aproximación al objeto que había visualizado. Había redescubierto lo que muchos chamanes, hombres médico y lamas tibetanos habían conocido durante siglos, que los cristales pueden también almacenar pensamientos.

APLICACIONES CLÍNICAS

Tras esta introducción a los cristales, decidí investigar sus aplicaciones curativas en la práctica clínica. Escogí trabajar con el herpes porque no había ninguna cura médica conocida, y mi preocupación principal era la de no hacer ningún daño, fuera por comisión o por omisión. Esto es, no retrasaría tratamientos médicos conocidos que fueran efectivos, ni haría nada dañino a sabiendas. Asimismo, el herpes tiende a reaparecer, así que podría observar los cambios en el modelo de reproducción. Es también fácilmente observable y tiende a estar relacionado con el estrés.

El herpes es peculiar en cuanto que el virus del herpes reside en el tejido nervioso, y después de un estallido, se retira al nervio apropiado. Si es herpes labial (un dolor frío), viaja de vuelta al ganglio trigémino; si es en el área pélvica, suele volver al ganglio sacro. Decidí que para el herpes genital me concentraría en el nervio afectado como una de las áreas de intervención. Necesitaba encontrar algún modo de estimular este nervio con el fin de interferir la recurrencia del herpes.

Ahora bien, ¿de qué depende el que tengamos o no una infección al nivel físico? Hay básicamente tres factores:

1) La virulencia del organismo infectante

2) el número de organismos infectantes, y
3) la resistencia del huésped.

Decidí fijarme en la resistencia del huésped. Y en cuanto al herpes, como quizá sepáis, la resistencia del paciente es muy importante, pues es un desorden relacionado con el estrés. Las lesiones herpéticas pueden ser estimuladas por tensiones tales como el calor, el frío, la fricción, los cambios hormonales y otros factores.

SERIE DE ENSAYOS

A fin de determinar la efectividad de las técnicas sanadoras con el herpes, necesitaba hacer dos series de ensayos: una utilizando sólo la tecnología médica, y la segunda incorporando energía curativa.

Tecnología Médica

En mi primer intento utilicé un instrumento llamado electroacuscopio. Un electroacuscopio proporciona una corriente eléctrica muy pequeña a un área particular, y ésta tiende a afectar la permeabilidad de membrana de la célula nerviosa. Este proceso, presumiblemente, moviliza los iones en el interior y el exterior de las células, de modo que hace salir de las células a las toxinas y entrar los nutrientes, aumentando resistencia de aquellas frente a la infección.

El proceso no es doloroso. La sonda del electroacuscopio tiene una extremidad con algodón humedecido, con el que tocaba cada lesión herpética externa, estimulándola con microamperios de corriente. Luego cubría la sonda con un guante de goma, con un agujero por el que sobresalía la sonda, introducía ésta en la vagina, y enviaba una corriente al nervio enfermo, que se encuentra aproximadamente a medio camino de la vagina hacia ambos lados de la misma. En esta primera serie de tratamientos, tuvieron lugar muchos cambios.

Trabajé con mujeres que habían tenido severos herpes recurrentes; que tenían lesiones dos veces al mes, de una semana de duración cada una. Muchas de ellas informaron de un significativo descenso en la intensidad, duración y frecuencia de las lesiones. Así que obtuvimos alguna evidencia de que aumentar la resistencia del huésped en el área del nervio afectado podía reducir los estallidos herpéticos. Pero, ¿funcionaría el proceso sin el electroacuscopio?

Añadiendo los cristales

Mi segundo método de tratamiento fue enfocar la energía hacia un cristal especialmente tallado, y luego hacia cada lesión y hacia las dos localizaciones vaginales del nervio enfermo. Los resultados fueron realmente espectaculares: con este segundo grupo de pacientes hubo una disminución substancial en la duración, frecuencia e intensidad de las lesiones herpéticas.

Este éxito, sin embargo, es realmente sólo parte de la historia. *Tratar el síntoma del proceso de la enfermedad puede producir algún alivio, pero para una curación más completa, debemos involucrar la conciencia del paciente.* La razón por la que alguien se enferma, la *verdadera* causa de la enfermedad, si así lo preferís, tiene sus raíces en la conciencia, no en el cuerpo físico.

Esto me resultó claro una vez en que intenté ayudar a mi secretaria, que sufría un severo resfriado de cabeza. Tras utilizar energía aumentada por el cristal en sus pasajes nasales externos, pudo inmediatamente respirar de nuevo. Su descarga se secó y sus senos paranasales dejaron de dolerle. Parecía sorprendente, pero al día siguiente sus síntomas mejoraron. Comprendimos que no habíamos dado con la causa del problema, sino sólo temporalmente aliviado los síntomas.

La mayoría de las enfermedades, creo yo, son causadas por traumas del subconsciente, de pensamiento, creencias y emociones, de los que el paciente puede no darse cuenta. Estos suelen formarse en la infancia o anteriormente, y pueden provenir de algún trauma emocional o de algún suceso importante. En cualquier caso, para que el herpes genital fuese substancialmente abatido, mi paciente necesitaba llegar hasta la causa emocional original que perpetuaba la enfermedad.

Una vez más, utilicé el cristal, estimulando también esta vez el *área testigo* sobre la glándula timo, como se describirá más adelante. La combinación tanto del tratamiento local como de la liberación emocional profunda, probaron tener mayor éxito todavía.

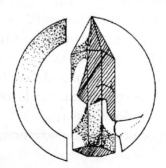

EFECTO DE LOS PATRONES EMOCIONALES

A lo largo del tiempo en que trabajé con pacientes de herpes, hallé cuatro causas emocionales básicas que tienden a mantener las lesiones herpéticas. (Estas no son necesariamente responsables de que se haya contraído en un principio la enfermedad —más bien de que se tengan continuamente estallidos de lesiones que pueden interferir dramáticamente con la propia vida.)

Estos cuatro patrones eran:

- Dificultades para recibir amor,
- Dificultades para recibir placer,
- Dificultades para liberar y expresar la ira, un temor al rechazo, y
- Dificultades para perdonar.

Hallé que muchas pacientes se sentían agudamente vulnerables cuando eran amadas, a causa de experiencias anteriores que las hicieron reticentes para experimentar el dolor emocional asociado con recibir lo que se llamaba amor. Asimismo, tenían a menudo miedo de ser manipuladas por medio del amor. A menudo, nuestros padres nos decían que nos amaban, pero lo que nosotros experimentábamos es que nos amaban *si* hacíamos esto, o *si* hacíamos aquello —en otras palabras, amor condicional. Lo que llamamos *amor* está a menudo condicionado por el hecho de que hagamos ciertas cosas o nos comportemos de cierto modo. El amor se relaciona entonces con nuestro sentido de autoestima, y con nuestro deseo de recibir la aprobación y estima de parte de los demás, así como con el temor al rechazo.

Así que, para muchos de nosotros, existe el temor a ser manipulados por el amor, y de aquí que no queramos experimentarlo en absoluto. Ahora bien, si tal es el caso, ¿qué mejor modo de evitar el amor que contraer una enfermedad contagiosa que arrastra consigo un cierto estigma social? Nos ayuda a evitar la proximidad, intimidad y riesgo.

Otra causa emocional que se dió en muchas pacientes fue la dificultad para recibir placer. Creían subconscientemente que habían de pagar un precio por el placer. En estas pacientes, veía frecuentes infecciones vaginales así como embarazos no deseados. Tal era a menudo parte del precio que creían que debían pagar.

La dificultad para expresar y liberar la ira estaba a menudo presente. Muchas de estas pacientes tenían miedo de sentir su impacto sobre los demás. Es frecuente que este sentimiento se desarrollara cuando eran niñas, si no obtuvieron respuesta al enojarse, o si fueron castigadas por mostrar el enojo. Aprendieron que el enojo no es una emoción que deban mostrar o sentir.

Otras veces era la incapacidad de perdonar, y perdonar es una parte importante de completar el proceso de curación. Perdonar es necesario porque a menudo existe el deseo de culpar y castigar a otros y/o a uno mismo por la enfermedad. Sentir pena de uno mismo también servía para perpetuar la enfermedad.

Lo que observé fue que los estados emocionales del paciente causaban un bloqueo de su energía y vitalidad, lo que conducía a un desequilibrio general de la energía de todo el sistema, contribuyendo a una disminución de la resistencia, y a un aumento en la incidencia del herpes recurrente. Estas causas emocionales necesitaban ser activadas y liberadas antes de que pudiese tener lugar la transformación curativa completa.

Una paciente, Davis, estudiante muy atractiva de la Universidad de California, tenía un herpes labial tan severo que dejó de concertar citas. En el curso del proceso transformacional, entró en contacto con la ira reprimida y la liberó. Posteriormente me escribió acerca de la sesión en una tarjeta de cumpleaños:

"Querido Leonard:
No puedo creer cómo ha cambiado mi vida desde que me ayudaste a través de mi ira. Estoy sana y confiada sexualmente, y me siento bien de nuevo acerca de mí misma. Muchísimas gracias por tu apoyo y ayuda. Un regalo de cumpleaños parece ser la mejor manera para que te exprese mi gratitud, puesto que ahora no tengo miedo de entrar en contacto con la gente sin dañarla..."

RESPONSABILIDAD EN EL CAMBIO

Lo que empecé a advertir con estos intentos fue que la vida de la gente estaba cambiando. Cuando la gente empezaba a asumir su responsabilidad por contribuir a la causa de su enfermedad, su actitud hacia la vida empezó a cambiar. Esto me impulsó a denominar este proceso "Medicina Transformacional".

Desde mis primeros días explorando la curación y el uso de los cristales, he desarrollado métodos y técnicas para refinar el proceso, como mi intuición y experiencia me guían. Me gustaría compartir algo de lo que actualmente hago en una sesión de curación.

Tras hacer una historia médica, formulo una serie de preguntas, para conocer más sobre las causas del problema y el grado de responsabilidad que el paciente desea asumir. Trato de sentir qué disarmonías potenciales existen. A veces, puedo confirmar mis impresiones midiendo el campo de energía del paciente con varitas de zahorí en forma de L.

Luego, el paciente y yo nos sentamos tranquilamente juntos, con nuestros ojos cerrados. El paciente puede meditar o simplemente sentarse y relajarse; yo entro en un estado alterado y pregunto, verbal y no verbalmente: "¿Deseas permitir que tenga lugar la curación?" Si las respuestas verbal e intuida son "Sí", establezco en mi mente un alineamiento de energías, ayudando a crear la resonancia que facilitará el proceso de curación. A continuación, visualizo una luz radiante que entra en el paciente y lo rodea. Esto es parte de un proceso al que denomino *"alineamiento transpersonal"*.

Muy a menudo, para que pueda llevarse a cabo la curación, el paciente necesita perdonar. El perdón permite liberar de un modo más completo las emociones aprisionadas. Perdonar y liberar tienen el mismo efecto a nivel energético.

El resto del proceso de curación comprende diversos elementos, incluyendo amor incondicional, atención enfocada, campos de energía altamente cargados, el uso de cristales de cuarzo especialmente tallados, y la respiración.

Cargar el campo de energía es sólo parte del proceso, sin embargo. Para que la curación resulte efectiva al máximo, el paciente también contribuye con su atención fuertemente enfocada en el problema, a fin de identificarlo y usarlo como blanco para el cambio.

Idealmente, el paciente crea una atención altamente concentrada, casi como el láser, sobre los niveles físico, emocional, mental y posiblemente espiritual, de la enfermedad.

CRISTALES PARA LOS CAMBIOS

Normalmente, podría ser bastante difícil para el paciente generar un foco de atención tan poderoso, pues se requiere intención y una energía substancial. Aquí es donde el cristal facilita el proceso. Estimulando el *área testigo* de la glándula timo con el cristal, el paciente suele experimentar un espectacular aumento de su claridad acerca del problema. (De acuerdo con la tradición metafísica occidental, cuando la glándula timo es estimulada, el subconsciente parece rendir más información sobre cualquier cosa en la que se enfoque el sujeto.) Tiene más lucidez para *ver* el problema. Los pacientes han experimentado notables intuiciones sobre el origen de éstos cuando se ha usado un cristal para amplificar su energía.

Cuando el paciente enfoca una percepción tan intensa sobre el problema, y dirijo un rayo de energía coherente sobre ese área, generamos juntos un campo altamente cargado en este lugar. Este campo de energía es crucial. Afecta la causa, haciendo que esté preparado para un cambio. Es como si el recién creado campo de energía hiciese que el origen emocional de la enfermedad vibrase, y así se soltase de su posición crónicamente *aprisionada* en la psique y el cuerpo del paciente.

Es importante recordar que el cristal no es el mecanismo de curación en sí. Es más bien una herramienta para ampliar y enfocar las energías ya presentes en el paciente y en el sanador.

A continuación, el paciente se pone de pie con los ojos ligeramente cerrados, mientras yo me pongo a su lado. Activo el cristal con intención, y simultáneamente expelo bruscamente mi aliento. Esto hace que mi energía *se impulse* hacia dentro del cristal; energéticamente, se convierte en una extensión de mi mano y de mi mente. Luego llevo la atención del paciente a cada nivel de energía del problema, comenzando por el cuerpo físico, haciendo una serie de preguntas: *¿Qué ves con el ojo de tu mente cuando miras el área implicada? ¿Qué sensaciones se asocian con ella? ¿Qué emociones se asocian con ella? ¿Qué pensamientos y creencias se conectan con ella? ¿Cuál es el incidente primario o causa del problema?* Estas preguntas, hechas mientras el paciente está experimentando el nivel supranormal de claridad, da origen frecuentemente a imágenes visuales, emociones o intuiciones acerca del problema.

Pido al paciente que inhale profundamente y contenga el aliento. A continuación le pido que vuelva a la fuente original de la perturbación y considere su voluntad de liberarse de ella. El paciente libera entonces bruscamente el aliento retenido, como a través del área de perturbación. Una vez que la expulsión del aliento es completa, imagino extraer con el cristal la energía liberada, a base de alejarlo rápidamente del cuerpo, rompiendo así el campo de energía. En efecto, hemos convertido el síntoma o problema en una imagen, y transformado luego la imagen, liberando el síntoma.

Es muy interesante que los clarividentes que han observado este trabajo dicen ver una substancia real, o *densificación* energética, que va formándose alrededor del área afectada. Cuando el paciente exhala forzadamente, los clarividentes han visto la masa de energía saliendo de su cuerpo y es atraída al interior del cristal.

Hasta ahora, he obtenido resultados muy alentadores con esta técnica. En mi práctica ginecológica anterior y en mi investigación presente, la he utilizado con éxito en numerosas enfermedades, incluyendo artritis reumatoide, endometriosis, dismenorrea, enfermedades de inflamación pélvica, dolores de cabeza por migraña, abcesos dentales, displasia cervical, problemas músculo-esqueléticos tales como ciática y dolores crónicos de espalda, así como problemas emocionales.

Desearía concluir con una breve información de lo que creo que es realmente la enfermedad, y lo que es realmente la curación, desde el punto de vista de la energía.

Alice Bailey escribió una vez: "Toda enfermedad es el resultado de una vida del alma inhibida". Esto implica, en parte, un *campo de energía* inhibido. Los científicos han demostrado que los organismos están rodeados por campos de energía. El neurofisiólogo José Delgado habla de *campos mentales*; el biológo Rupert Sheldrake especula sobre los *campos morfogénicos*. El Dr. Harold Saxon Burr, de Yale, los llamaba *campos vitales*. En los años treinta, los científicos soviéticos los denominaron *campos bioplásmicos*. Y los clarividentes, por supuesto, afirman ver dichos campos rodeando a todas las criaturas vivientes.

Creo que cuando una persona tiene un trastorno emocional o se expone a algún factor de estrés en el entorno, se genera en el campo de energía una modulación procedente de esa emoción o estrés ambiental. Este campo modulado interacciona con otros aspectos del propio campo de energía de la persona, y se establece una interferencia. Si el estrés emocional o ambiental es lo bastante fuerte, o dura un tiempo lo suficientemente largo, puede causar una perturbación permanente en la persona. Tendrá un desequilibrio de energía, que afectará directamente a los órganos físicos y puede producir diversos grados de disarmonía y enfermedad.

Una de las funciones de la curación es la de restaurar el campo energético ordenado original de la persona, utilizando una fuerte vibración armónica que desengancha la causa interferente, y pone momentáneamente en equilibrio la energía de la persona. Las células *recuerdan* entonces el estado natural de la salud, y el proceso de curación del cuerpo se inicia.

Una cuestión muy sutil acerca de la curación, y que requiere una cuidadosa descripción, es la siguiente. El sanador no *hace* la curación. El sanador simplemente envía al paciente energía amorosa transpersonal y, en ocasiones, una imagen enfocada, que resulta todavía más poderosa cuando es amplificada por un cristal. Esta energía amplificada es tan armoniosa en su vibración, que temporalmente interfiere con la perturbación del campo de energía y la rompe. Mientras la perturbación energética se halla en suspenso, puede volver a tener lugar el verdadero funcionamiento de energía del paciente, aunque sea momentáneamente. *Y este momentáneo reasumir su patrón, inherentemente saludable y energéticamente equilibrado, por parte del paciente, permite que tenga lugar el proceso curativo.*

PRINCIPIOS DE LA MEDICINA TRANSFORMACIONAL

Utilizando este enfoque, veo tres principios de la Medicina Transformacional: *información, de-formación y re-formación*. En primer lugar, necesitamos acceder a lo que está "en forma" y que es causa de la perturbación o desorden. A continuación, necesitamos literalmente de-formar el modelo distorsionado. Finalmente, necesitamos permitir al cuerpo y al campo de energía que retornen a una condición armoniosa, una re-formación.

El papel del cristal en este proceso es, una vez más, el de amplificar la energía resonante que fluye a través del sanador, de modo que esta sea más poderosa que la energía trastornada del proceso de enfermedad, y pueda temporalmente suspenderla. La perfección y alineamiento inherentes al campo de energía del paciente hacen el resto.

Es por ello que digo que con la Medicina Transformacional permitimos a la gente alinearse con su propia esencia, con lo que son a un nivel superior, más allá de la personalidad y el cuerpo físico. Cuando esto ocurre, la curación se convierte en transformacional y toda la vida de uno cambia. Es mucho más que el tratamiento de la sintomatología.

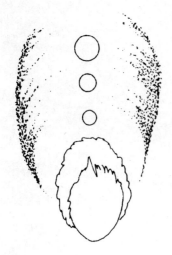

Una vez me encontré con un rico hombre de negocios americano, que me pidió ayuda mientras viajábamos juntos en el ferrocarril Tran-siberiano. Había sufrido durante cinco meses de un severo dolor en la parte inferior de la espalda, a pesar de sus visitas a un doctor ortopédico, un quiropráctico y un acupuntor. Lo conduje a un compartimento vacío del tren, y durante el proceso meditativo inicial, sentí que su problema estaba relacionado con algunas cuestiones básicas de supervivencia. Mientras yo me enfocaba sobre su *área testigo*, entró en contacto con un pánico abrumador al colapso financiero. Cuando le pedí que examinase la fuente del problema y su voluntad de deshacerse de él, vio una imagen de su propia cara devolviéndole la sonrisa. Gritó, y se desvaneció bruscamente sobre la cama del compartimento. Se enrolló en posición fetal y se balanceó hacia delante y hacia atrás por un tiempo. Cuando fue capaz de hablar, dijo que no sólo se había ido el dolor de su espalda, sino que había tenido una revelación fundamental. *Él* había sido la causa de su propio dolor en la espalda, dijo. Tenía miedo de fracasar en los negocios, *y* miedo de que su abrumadora entrega a su negocio no le dejase tiempo para el crecimiento espiritual. Había sentido subconscientemente que tenía que hacer fracasar su negocio a fin de tener tiempo para crecer espiritualmente. La presión de estos conflictivos temores era la fuente de su dolor. (En realidad, el dolor era causado por la creencia de que el éxito financiero y la espiritualidad eran mutuamente excluyentes.)

De vuelta en los Estados Unidos, ocho meses más tarde, me encontré con el hombre. Su dolor nunca había vuelto; había puesto en orden sus asuntos financieros, y creado tiempo para su práctica espiritual. Su vida entera había cambiado.

Leonard Laskow, doctor en Medicina

Para el doctor Leonard Laskow, los cristales de cuarzo juegan un papel significativo en la práctica de lo que llama *Medicina Transformacional*. "El enfoque primario de la Medicina Transformacional es permitir a la gente alinearse con su esencia", dijo en un reciente artículo del *Diario Este Oeste*. "Fusiona los avances de la medicina moderna con la conciencia y el arte de la sanación".

El Dr. Laskow es un Obstetra-Ginecólogo Certificado de la Facultad Clínica de la Escuela Médica de la Universidad de California, en San Francisco, California. Miembro del Colegio Americano de Obstetricia y Ginecología, recibió su grado de doctor en Medicina de la Escuela Universitaria de Medicina de Nueva York, y su entrenamiento de residente en la Universidad de Stanford. En 1983 abandonó una exitosa práctica privada en San Francisco, para dedicarse por completo a la exploración de las energías transformacionales.

Tinturas de gemas

por Allachaquora

Observar las motitas de polvo en los rayos de sol era una de las aficiones favoritas de mi niñez. Gran parte de mi infancia la pasé entreteniéndome a solas; polvo, insectos, plantas y nubes capturaban mi atención. Pasaba el tiempo en el exterior observando las flores, una a una, contemplándolas durante horas sin fin. Colocando guijarros y rocas en diversas disposiciones, me encantaba advertir el cambio de las sombras mientras el sol se ponía.

A los dieciocho años descubrí el yoga. Tal era el nombre de las graciosas posiciones en que coloqué mi cuerpo durante aquellos tempranos años. La posición del Loto me ocasionó una reprimenda mientras me sentaba en la mesa del comedor. Iniciada por Swami Satchidananda, me dispuse a aprender las asanas. Me volví vegetariana. De niña, creo haber sentido afinidad con todas las criaturas de Dios. Recuerdo ir a pescar, coger un pez, y horrorizarme de que el anzuelo le atravesara la boca al pobre pez. Con mucho dolor, quitaba cuidadosamente el anzuelo, colocaba al pez suavemente de vuelta en el agua, envolvía el anzuelo y lo ponía en mi bolsillo, y continuaba "pescando". Nunca le dije a nadie lo que hacía; era un secreto entre el pez y yo.

Al cumplir veinte años me trasladé al campo y me encontré de nuevo sumergida en la vida independiente, cerca de la tierra en la granja familiar, conectándome mucho más con la naturaleza, sus ritmos y expresiones. Tras varios años de jardinería, tuvimos un problema con el insecto de la patata. Estos estaban destrozando nuestras numerosas hileras de patatas junto con ocho preciosas plantitas de berenjena. El libro del jardín de Findhorn hablaba de los devas de la planta y el insecto, ¡y pensé que si ellos podían hablarle a los Devas de los Insectos*, también podía hacerlo yo!

Caminando alrededor del bancal de las patatas hablando a los insectos, les pedí por favor que dejaran tranquilas a las berenjenas y a las patatas. Yo les dejaría un extremo de una hilera de patatas donde no se les molestaría. ¡Para mi asombro, al día siguiente no había insectos de la patata en ninguna parte excepto en las plantas preparadas para ellos!

* *Espíritus de la naturaleza que viven en una frecuencia diferente a la del plano físico, y que están íntimamente asociados con diversas formas de la naturaleza.*

Unos pocos años más tarde, estaba con un grupo de gente hablando acerca de los cristales. Por aquel tiempo, pensaba que un cristal era un vidrio de plomo tallado que colgaba de una ventana soleada para reflejar el arcoiris. Pero estaban hablando acerca de otro tipo de cristal. Lo llamaban "Cuarzo". Entonces recordé haber ido a una tienda de piedras varios meses antes, y comprado un cristal de Cuarzo. No pude aguardar para llegar a mi casa y mirar al cristal, todavía en su caja de plástico original de la tienda de rocas. Sacándolo, lo examiné de cerca. Las puntas en ambos extremos indicaban que tenía una doble terminación. Unos pocos cristales diminutos crecían a partir de su brumoso centro. Lo interesante es que esos diminutos cristales habían crecido en los pasados siete años, doblando su tamaño. Los cristales crecen —¡Están vivos!

Un año más tarde, me encontré con una Mujer Médico Nativa Americana llamada Dhyani Ywahoo. Me sentí inmediatamente atraída hacia ella, y acabé por estudiar con ella durante varios años. Este fue un tiempo muy importante para mí por cuanto llegué a ser más consciente de mí misma, tanto en el sentido de saber quién soy, como también del mucho trabajo que me queda por hacer.

Mientras mis hijos eran todavía pequeños, durante sus siestas, hacía Hatha Yoga+ y meditaba. Un día, decidí meditar con algunos Remedios Florales de Bach, hallando que al sintonizarme con un remedio específico, era capaz de entrar en contacto con el Deva Floral de esa esencia. ¡Cuán excitante! Inicié mi diario de comunicaciones con estos Devas.

+ *Un antiguo sistema de ejercicios físicos y respiratorios procedente de la India.*

Mientras estudiaba la polaridad con Pierre Pannetier, me dí cuenta de que había una energía que fluía por el cuerpo, y de que era capaz de dirigirla colocando mis manos y enfocando mi mente en ella. Comprendí luego que podía hacer lo mismo con piedras y cristales. Esta fue una comprensión que me llenó de gozo.

Por aquel tiempo, comencé a hacer equilibramiento de la gente por medio de los cristales, poniéndoles en un campo que había constituido con cuatro cristales de Cuarzo, al norte, al sur, al este y al oeste. Asimismo, colocaba cinco cristales alrededor del cuerpo (uno a la cabeza del paciente, y uno cerca de cada mano y de cada pie). Esto daba una configuracion de cristales similar a una estrella de nueve puntas. Durante varios años, trabajé equilibrando de este modo con cristales, utilizando modelos de trabajo específicos de mallas de cristales. Siguiendo la guía interna, lo que me permitía trabajabar con el yo superior del cliente, colocaba diferentes piedras en su campo etérico o en su cuerpo físico.

Poco después de esto, me encontré a mí misma dibujando estrellas en mi mente. Estrellas de cinco puntas, estrellas de seis puntas, estrellas de siete puntas, estrellas de nueve y once puntas ... (mientras estaba despierta, conduciendo por la carretera, mientras lavaba los platos y al dormirme). Todo eso ayudó a integrar diferentes facetas de mi experiencia, aunque por un tiempo no estaba segura de las razones que se ocultaban detrás de estas experiencias.

Estudiar Ayurveda* (la antigua forma de curación de la India) fue mi siguiente decisión. Este estudio me resultaba muy cómodo por mis antecedentes en el yoga y la curación. Así que muchos de los conceptos básicos, y la teoría principal del *tri dosh*+ (tres categorías básicas en las que se divide toda vida) han permanecido conmigo en mi trabajo.

Tras estudiar Ayurveda durante dos años, comprendí que mi trabajo se encontraba principalmente en el área de los cristales. Leí el libro del Dr. Bhattacharya, *La Terapia con Gemas*. Su bagaje se encuentra también en el Ayurveda, así que hubo un flujo natural entre los dos. ¿Qué sucedería si hacía la Tintura de una Gema? ¿Por dónde comenzar? Hablé con un amigo de Santa Fe, Paul Simon, sobre esta posibilidad, y me ayudó a empezar en esta nueva empresa.

Pronto comprendí que hacer una tintura efectiva y potente dependía de mi sintonización con las piedras, o su Esencia Dévica. Trabajando en el estado de sueño y mientras estaba despierta, manteniendo una parte de mí misma abierta y receptiva a lo que las piedras podían expresarme a un nivel de conocimiento, comencé a formular el modo de preparar las tinturas.

Sabiendo que conecto bien con el ritual, desarrollé uno personal en el que entrábamos las piedras y yo. Parte del ritual era consciente, parte más allá de la conciencia, en el sentido de que no puede ser comunicado verbalmente. Suponía un conocimiento más allá de mi mente intelectual. Otra parte me resultó evidente tras haber hecho varios lotes de Tintura Madre*. Sólo entonces vi un diseño. Para mí, el ritual se convirtió en un modo de atraer la vibración energética que entraba durante la preparación. Mi ritual, o proceso, es válido sólo

---

* *Antiguo sistema holístico de curación, originario de la India y ampliamente practicado en ella. Término sánscrito que significa* ciencia de la vida.

+ *Las tres categorías (indias) de vata-pitta-kafa. Vata es un principio de movimiento (aire más espacio); pitta se forma a partir del fuego y el agua. Kafa es agua biológica formada a partir de tierra y agua. Un equilibrio de tridosha se considera necesario para la salud.*

* *Proporciones de alcohol puro, agua destilada y piedra preparados para un periodo adecuado de tiempo.*

para mí. Animo a cualquiera que se sienta atraído hacia la preparación de tinturas, a encontrar su propio método, que proviene de la sintonización individual con la Esencia Dévica de las piedras.

Gradualmente, dejé de hacer el equilibrio con los cristales, y me concentré más intensamente en las tinturas. Una vez hecho esto, el proceso de preparar y utilizar posteriormente las tinturas se volvió más refinado. Trabajando con las luces del sol y de la luna, y los campos áuricos y magnéticos, las tinturas llegaron a ser más potentes. Ver la forma de interacción de los planetas, el sol y la luna, añadió una nueva dimensión a la preparación de la tintura.

Cada piedra, digamos, cada trozo de Lapislázuli, es ligeramente diferente de cualquier otro trozo de Lapislázuli. Sin embargo, existe una cualidad general común a todos los Lapislázuli. Creo que el conocimiento externo, por ejemplo, leer en un libro *para qué es bueno* el Lapislázuli, es un excelente modo de programar nuestra mente subconsciente, de modo que cada vez que pensamos en el Lapislázuli, existe una cinta magnetofónica que nos dice *para qué es bueno*. Esto *reduce* de hecho nuestra capacidad para *saber* en qué modo trabajar con la energía del Lapislázuli. No estoy sugiriendo que no leáis nunca un libro acerca de las piedras — simplemente que tengáis en cuenta cómo lo asimiláis.

Meditar, sea en la conciencia despierta o en el estado de sueño, pidiendo contactar con la Esencia Dévica, es el modo más efectivo de aprender, pues es directamente desde la piedra misma. ¿Qué es la esencia de la piedra? ¿Cómo os huele, sabe, suena, qué tacto ofrece y qué apariencia os presenta? El Reino Mineral, como los otros Reinos, está ansioso y deseoso de comunicarse con nosotros. Necesitamos compartir nuestra disposición y apertura con cada una de ellas, manteniendo al mismo tiempo un nivel elevado de percepción e integridad. La apariencia física de la piedra es sólo una pequeña parte de lo que ella es, igual que nuestra apariencia física es sólo una pequeña parte de lo que somos como seres humanos. Trabajando como co-creadores con el Reino Mineral, nos unimos a un esfuerzo grupal consciente que trabaja por la elevación y evolución del planeta. **Tened el cuidado de no pensar que los humanos *utilizamos* las piedras con un propósito u otro. Vedlo más bien como juntar nuestras fuerzas, las nuestras y las suyas, en un esfuerzo conjunto por efectuar un cambio energético.**

Comenzad a ver las piedras en familias, por ejemplo la familia del Cuarzo, la familia de las Turmalinas, la familia del Berilo. En cuanto al Cuarzo, está el Cuarzo claro, tanto de Arkansas como de Brasil, los Herkimers de Nueva York, el Cuarzo Rosa, la Amatista, el Cuarzo Rutilante, el Cuarzo con Clorita, el Cuarzo Turmalino, y así sucesivamente. ¿Cuáles son las similitudes entre estas diferentes variedades? ¿Cuál es el eslabón común entre ellos? Luego, preguntaros en qué son diferentes. Pasad ahora a las piedras de un color similar. El Cuarzo Rosa es un Cuarzo con la energía de éste; sin embargo, por su color rosa está relacionado con otras piedras rosa o roja. ¿En qué es similar el Cuarzo Rosa al Rubí, la Rodocrosita y la Rubelita? Esto os ayudará a organizar vuestra informacion intuitiva. Sentid dónde influyen estas diferencias en vuestro cuerpo. Haced que vuestra información tome tierra. El conocimiento intelectual sin experiencia no será de mucha ayuda.

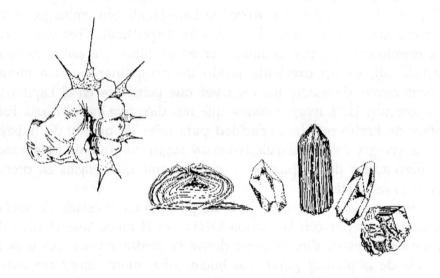

ESCOGIENDO UNA PIEDRA

Saliendo de un hotel en la Muestra de Gemas de Tucson, entablé conversación con un taxista. Dijo que deseaba ir a por su mujer y volver a la Muestra tras concluir su trabajo. Me preguntó cómo podría saber qué piedra era buena. Yo le expliqué que lo que para una persona es una buena piedra, no lo es necesariamente para otra. ¿Qué piedra atrae tu atención? ¿Cuál te da una buena sensación cuando la levantas y la sostienes en tu mano? Una piedra con pocos defectos o inclusiones puede ser considerada una gema sin precio por parte de un joyero o un comprador profesional de gemas, pero para vosotros, aunque pueda ser bonita, no es la que desearíais. A menudo los defectos e inclusiones pueden atraeros. Escoger una piedra es un proceso muy personal. Otra persona puede sugeriros una, pero *sólo vosotros* podéis saber qué piedra conecta realmente bien con vosotros.

ESCOGIENDO UNA TINTURA

Ahora bien, ¿cómo se escoge una tintura? Digamos que dos personas tienen el mismo problema: una depresión asentada en el cuerpo emocional. Para una surge de una ira reprimida, para la otra de viejos resentimientos no resueltos. Fácilmente podéis ver que no debéis afirmar que una piedra o tintura sea *buena para* los problemas de depresión. Combinad en vuestra mente el desequilibrio que tiene la persona, con la esencia de una tintura. ¿Da por resultado esta combinación una resolución del desequilibrio? Cada situación es diferente, aunque puedan ser semejantes. Asimismo, lo que necesita considerarse es la configuración energética de la persona que prescribe la tintura. Una persona que trabaja con un paciente encontrará apropiada una tintura. Otra persona puede considerar una tintura diferente. ¿Cómo es esto posible? *El practicante, el paciente y la esencia de la piedra o tintura se juntan para formar la esencia vibratoria que es el equilibrio correcto.* Cada uno de los tres pone su parte. Y así, la combinación armónica resultante facilita el equilibrio.

PREPARACIÓN DE LA TINTURA

Generalmente, se hace una mezcla de tres tinturas en una sola botella. No recomiendo hacer esto hasta no estar muy familiarizados con la esencia de cada tintura. Por usar un símil, es más fácil llegar a conocer a una persona en un encuentro a solas con ella, que encontrarse con tres personas y tratar de deslindar cuál es la energía de una persona y cuál la dinámica del grupo. Una vez familiarizados con cada tintura y su interacción con las demás, creo que combinar tres de ellas produce un efecto maravilloso y poderoso. Estas Tinturas de Gemas pueden ser combinadas con Remedios Florales si conectáis bien con el Reino de las Plantas.

Para preparar mis tinturas utilizo alcohol de grano de la más elevada calidad. El Reino Mineral es la forma más densa y cristalizada que tenemos en el plano físico. Las flores liberan muy bien su esencia en el agua, pero creo que el alcohol es más efectivo para los minerales. Al principio, comencé machacando algunas de las piedras más blandas antes de hacer la tintura. Ahora no lo hago, pues no es necesario y supone un trabajo extra. Liberan perfectamente a gusto su energía en estado no molido. Una vez que la Tintura Madre ha estado en un lugar oscuro durante el tiempo apropiado, está lista para ser embotellada. De una a seis gotas, más o menos, de la Madre son puestas en un frasco con cuentagotas, que ha sido llenado con una pequeña cantidad de brandy de buena calidad (como conservador) y agua destilada. La cantidad que debe utilizarse es de una a seis gotas, de una a seis veces al día. Utilizad un péndulo, la prueba del músculo o la intuición directa para determinar qué tintura(s) está(n) indicada(s), cuántas gotas de Tintura Madre por frasco cuentagotas, y con qué frecuencia debe usarse la tintura, y cuántas gotas de este frasco cuentagotas deben tomarse.

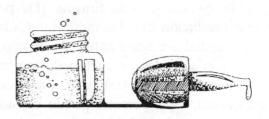

RESULTADO DE USAR LAS TINTURAS

¿Qué sucede cuando utilizamos una tintura? Todos tenemos configuraciones específicas de energía. Muchas de éstas están ligera o grandemente desviadas de su forma perfecta. De todos los Reinos, la humanidad es el único con libre albedrío, y es así que podemos decidir alejarnos de la Perfección. La energía de la piedra está en concordancia con la *Voluntad Divina* y, por consiguiente, no se desvía de la Forma Perfecta. La vibración de la Esencia de la piedra se refleja en la tintura. Esta vibración nos recuerda la perfección que nos es posible conseguir, y entra en nuestra estructura etérica.

A partir de ésta, opera en la armazón etérica y/o pasa a influir en los niveles astral o mental. Su primera influencia es en la estructura etérica. Puesto que en este nivel ya hay un recuerdo de la Forma Perfecta, el trabajo para recrear ésta es ayudado por nuestro recordatorio vibracional. Deseo recalcar que no se trata de un proceso pasivo, sino que también participamos nosotros. *Juntos*, podemos recrear la resonancia vibracional hacia nuestra Perfección. Es importante mantener en la mente consciente este esfuerzo conjunto.

COOPERACIÓN CON LAS TINTURAS DE LAS GEMAS

Utilizar una tintura justo antes de irse a la cama ayudará en este proceso de terapia con las gemas. Visualizad las piedras o cristales con los que estáis trabajando en forma de tintura. Ved delante de vosotros la belleza y fuerza de la piedra o cristal. Pedid conectaros con su Esencia Dévica mientras dormís. Mantened un diario de sueños. Cada vez que uséis la tintura durante el día, conectaos de vuelta con el momento del crepúsculo antes de dormiros. Este proceso os ayudará a establecer un puente entre vuestra conciencia despierta y el estado de sueño.

Cada piedra, mineral y cristal tiene una energía distintiva o esencia vibracional. Nosotros, como miembros del Reino Humano, la llevamos también dentro de nosotros. Hacer una tintura de una piedra es conseguir que su esencia esté al alcance de mucha gente, no sólo de la persona que tiene la piedra. Igual que una flor comparte libremente su fragancia, pueden las piedras compartir sus esencias.

Para más información concerniente a las tinturas, escribir a:

> Allachaquora
> 218 McKenzie Street
> Santa Fe, New Mexico
> 87501

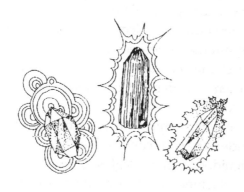

Diagnóstico y terapia con los cristales

por Laurence Badgley, doctor en Medicina

MIDIENDO Y EQUILIBRANDO EL CAMPO ENERGÉTICO DEL CUERPO POR MEDIO DE LOS CRISTALES

"Bien Linda, el campo general de tu aura está débil, especialmente alrededor de tu collar dorado. Esto podría estar relacionado con tu dolor de garganta, y deberías quitarte el collar durante algunas semanas. Tu tercer chakra está desequilibrado, y necesitaremos explorar los estallidos de ira y poder. Una esmeralda puesta en la región de este chakra ayudará a equilibrar la energía de esta región. Afortunadamente, el eje de cristal de tu cuerpo es normal, así que seguramente el problema se corregirá con facilidad."

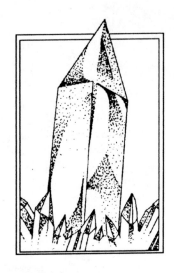

Esta podría ser, en la actualidad, una conversación normal entre un practicante de la Medicina Energética y un paciente. El practicante tiene experiencia en medir y equilibrar el campo energético del cuerpo por medio de un método científico utilizando cristales de cuarzo y gemas como herramientas energéticas. Este practicante, como muchos otros, percibe el campo sutil del cuerpo y el aura, y comprende la importancia que en éste tiene el equilibrio para la salud y bienestar del cuerpo físico.

El método de medir y equilibrar el campo sutil del cuerpo *no* es nuevo. Los clarividentes han conocido el campo del aura y de los chakras en él contenidos, durante siglos, y los metafísicos han descrito largamente las relaciones dinámicas entre estos campos. A largo de los ochenta últimos años, muchos médicos han observado que es posible utilizar el propio cuerpo del paciente como contador para medir el campo sutil del aura y seleccionar energías que equilibren este. Las energías utilizadas para medir y equilibrar pueden ser derivadas de los cristales de cuarzo y las gemas.

El cristal de cuarzo tiene muchas propiedades, incluyendo la capacidad de facilitar formas de pensamiento. Otra propiedad es la de concentrar y enfocar la energía del aura de la persona que sostiene el cristal. Un cristal sostenido como una linterna estructura la energía en forma de rayo, como si fuese un láser. (*Figura 1*)

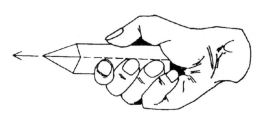

Figura 1. Un cristal de cuarzo natural no tallado y sostenido en la mano enfoca un rayo denominado "rayo del cristal en punta". Este es un rayo semejante al láser de energía áurica que sale del cristal, y que se deriva del aura de la persona que sostiene el cristal.

El cristal hace esto de modo parecido a una lupa cuando enfoca los rayos del sol. La mayoría de la gente puede apuntar con un cristal a su otra mano y sentir el rayo sobre ella, como un ligero calor, un ligero frío, o una ligera sensación de electricidad estática. El rayo penetra fácilmente en objetos densos, como las tablas de las mesas y las fuentes de metal. Un practicante que sostenga un cristal de cuarzo en su mano, puede utilizar el rayo "láser" de energía áurica como una suave sonda para auscultar el campo áurico de un paciente. El rayo puede ser utilizado para localizar los chakras y determinar si están "bloqueados" (también se dice "desequilibrados"). El practicante es capaz de reconocer los desequilibrios de los chakras, pues cuando el rayo del cristal golpea los chakras desequilibrados, el pulso de la arteria de la muñeca cambia de forma característica.

Otra forma geométrica de un rayo áurico enfocado por un cristal es una placa o plano de energía áurica, que irradia de la arista larga de un cristal sostenido por el lado —de modo que una cara grande lateral apunte hacia fuera de la mano que lo sostiene. (*Figura 2*)

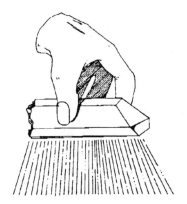

Figura 2. Una banda de energía áurica irradia del cristal sostenido lateralmente. El eje largo del rayo es paralelo al eje largo del cristal, y el rayo abandona el cristal por el borde o superficie de una cara del lado largo.

El pulso de la arteria de la muñeca puede ser palpado y monitorizado para proporcionar una lectura de las energías sutiles bené-

Homeopatía
* *Una ciencia farmacéutica natural que utiliza diversos materiales de planta, mineral o animal en dosis muy pequeñas, para simular las defensas naturales de una persona enferma.*

SAV
+ *Señal Autonómica Vascular — vasos conductores de fluidos corporales (por ejemplo, la sangre) que mueven rítmica o regularmente estos fluidos a través de su sistema, y por ello laten o dan señales.*

ficas que entran en el campo áurico. Las energías sutiles incluyen las energías de la electricidad, el magnetismo, la luz radiante coloreada, las esencias y los remedios homeopáticos*. Cuando una energía es benéfica, las pulsaciones son más firmes, y cuando la energía es dañina, las pulsaciones se debilitan y son más planas. En la práctica, el sanador sentirá el pulso de un paciente con una mano, y presentará energías sutiles individuales de su aura con la otra mano. De este modo, el practicante puede determinar si el estímulo de la energía sutil es benéfico o dañino. La señal del pulso leída por el practicante se suele denominar señal autonómica vascular o "SAV"+, y se la conoce desde hace casi ochenta años. La señal del pulso es fácil de detectar por parte del practicante, y pueden llevarse a cabo ciertos ejercicios simples para aprender a reconocer esta señal.

Durante un examen del campo áurico, el paciente suele estar reclinado. El practicante se sienta cerca a su cabeza o se halla de pie a su lado, y siente el pulso de la arteria de la muñeca con su pulgar u otro dedo. Con su otra mano, el practicante apunta con el rayo del cristal hacia el cuerpo del paciente desde diferentes direcciones, a fin de determinar el eje de cristal del campo áurico del cliente, la localización de los chakras, y la dirección de giro de los siete chakras mayores. En un ser equilibrado, los siete chakras mayores giran en la misma dirección. Cuando la señal del pulso indica que uno, o más chakras, está girando fuera de sincronía con los otros, se determina que este chakra se halla desequilibrado. Cada chakra reacciona normalmente ante una luz radiante coloreada específica u otra energía sutil (*Figura 3*). Cuando un chakra está desequilibrado, suele ser devuelto al equilibrio por medio de luz coloreada radiante o por la influencia de una gema, lo cual atrae al chakra más próximo. Es como si la energía del cuerpo necesitase ser atraída hacia abajo o empujada hacia arriba, hasta la región de un chakra bloqueado. La *SAV* indicará qué energía es la equilibrante. Cuando la energía equilibrante se coloca sobre un chakra desequilibrado, normalizará el giro y lo pondrá en sincronía con los otros.

Me interesé por estos métodos de estudiar el campo áurico pocos años después de graduarme en la Escuela Médica de Yale. Mis estudios en acupuntura a comienzos de 1970 me enseñaron que el funcionamiento del cuerpo físico puede ser alterado por métodos energéticos utilizando agujas metálicas de acupuntura y electricidad. Sin embargo, no me sentía cómodo con las aplicaciones tradicionales de estos métodos, que enseñaban que ciertas fórmulas de emplazamiento de las agujas se utilizaban para ciertos diagnósticos (tanto orientales como occidentales). Me sentía más atraído por los métodos no dependientes de los nombres y etiquetas de los diagnósticos, que trabajaban con el problema en tiempo real, y que podían medir el modelo energético único del problema. En verdad, no hay dos seres humanos que presenten exacto desequilibrio, y cada paciente tiene una perturbación o forma de energía específica y única.

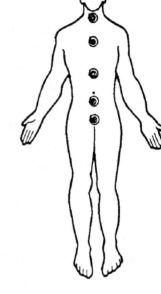

Número	Nombre	Color	Sonido	Glándula
7	Corona	Púrpura	Sol	Pineal
6	Entrecejo	Indigo	Fa	Pituitaria
5	Garganta	Azul	Mi	Tiroides
4	Corazón	Verde	Re	Timo
3	Plexo Solar	Amarillo	Do	Pancreática
2	Bazo	Naranja/Rosa	Si	Suprarrenal
1	Raíz	Rojo	La	Gónadas

Figura 3

Figura 3. Localización aproximada y sección de los campos en vórtice de los siete chakras principales, por donde cruzan la envuelta de la piel. Cada chakra tiene una resonancia característica de energía y se relaciona con una glándula endocrina anatómica.

Mis estudios en las técnicas de la energía me condujeron a las obras de los Dres. Abrams, White y Nogier. Las investigaciones de estos tres médicos revelaron un método de medida del campo energético del cuerpo basado en la técnica de monitorizar un reflejo automático que tiene lugar en el sistema muscular liso del cuerpo. La musculatura lisa constituye la vaina de las arterias y el intestino delgado, y su tensión cambia instantáneamente como resultado de una sutil estimulación energética del cuerpo y su campo. La cadena fisiológica de sucesos conducentes a estos cambios del músculo liso ocurren en el sistema nervioso autónomo, y están relativamente aislados del sistema nervioso voluntario y del funcionamiento mental consciente. Como tal, este reflejo es más digno de confianza y más preciso que los reflejos de la kinesiología.

Hace unos años, observé que el rayo del cristal de cuarzo podía evocar el reflejo del músculo liso, y que este cambio podía ser sentido en la arteria de la muñeca como la señal autonómica vascular, o *SAV*. Como el pulso está latiendo constantemente (es decir, corriendo como un contador), es posible utilizar este método de monitorización del pulso arterial en conjunción con sondas de energía sutil para hacer medidas espaciales. A fin de hacer estas medidas espaciales del campo áurico, se necesita un contador que corra con el tiempo de modo que, conforme la sonda de estimulación barre las regiones en el interior y alrededor del cuerpo, el contador pueda indicar dónde se encuentran los contornos del campo.

Mis estudios en las técnicas de Medicina Energética utilizando el cristal de cuarzo me han enseñado la importante relación que el cuerpo sutil de energía tiene con nuestro cuerpo físico. La evidencia indica que los tejidos del cuerpo físico están en comunicación directa y constante con el campo sutil del cuerpo, y que el funcionamiento del tejido muscular puede ser alterado por energías sutiles. El aura humana es la red de comunicación entre las energías sutiles del entorno y las antenas del sistema nervioso en el cuerpo físico. Estas relaciones no son inesperadas. El cuerpo físico está constituido por trillones de células. Cada célula contiene millones de moléculas y cientos de miles de reacciones químicas, que están ocurriendo simultáneamente. Parte del sistema está degenerando y muriendo al mismo tiempo en que otras partes están siendo reemplazadas y re-creadas. Se sabe que el sistema entero tiene la capacidad de autocurarse.

La inmensa complejidad del sistema completo del cuerpo físico nos permite inferir la influencia y control de un campo omnipenetrante, el CAMPO VITAL UNIVERSAL. *El campo del aura comunica las energías del campo universal con el cuerpo físico a través del sistema nervioso y el sistema glandular que, a su vez, regulan el funcionamiento de los tejidos musculares.*

A comienzos de siglo, Walter Kilner, investigador de un hospital de Londres, utilizó pantallas especiales para demostrar que era posible observar visualmente el aura. Estas pantallas estaban construidas de vidrio transparente, haciendo como un sandwich alrededor de un tinte químico de color azul llamado dicianina, que había sido desarrollado hacía poco por la industria alemana de teñido con anilinas. Kilner demostró que la configuración del campo del aura variaba con los diferentes estados fisiológicos y los diferentes estados de enfermedad. Demostró asimismo que una persona corriente podía observar visualmente los contornos del aura de otra persona mirando a través de la pantalla de vidrio.

En investigaciones del campo de energía del aura por medio de la *SAV* y los rayos de los cristales, he observado que los chakras son vórtices de intensa energía (*Figura 4*).

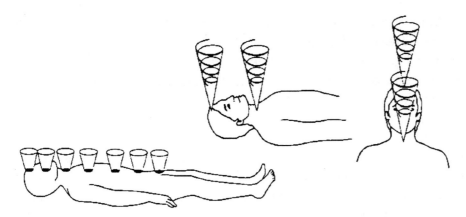

Figura 4. Los ejes longitudinales de los vórtices de los chakras son siempre paralelos a un radio terrestre, independientemente de la postura del cuerpo del cliente en el campo terrestre.

Asimismo, alrededor de los desórdenes de los tejidos, existe una disposición espacial tridimensional de energía en remolino que tiene la forma de un vórtice (*Figura 5*).

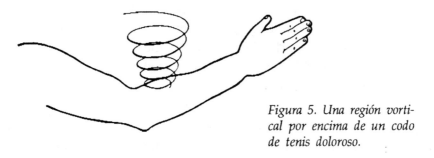

Figura 5. Una región vortical por encima de un codo de tenis doloroso.

Cuando el rayo lateral del cristal golpea estos vórtices desde cierta orientación, la *SAV* es estimulada. Esta propiedad permite al practicante barrer los campos del cuerpo de los clientes para localizar vórtices anormales, con el fin de equilibrarlos. Los cristales de metales como el oro y la plata, pueden usarse para identificar la fuerza general del campo áurico. Un cuerpo con un campo NORMAL, suele responder con la *SAV* a un estímulo de oro colocado en su aura. Un cuerpo con un campo débil, responde con la *SAV* cuando se coloca plata en su aura.

Localizar los desórdenes de los chakras es valioso para el practicante de psicología. Cada chakra tiene relaciones psicológicas individuales, que han sido bien descritas. Identificando el chakra, o los chakras que no están equilibrados, el terapeuta consigue conocer posibles áreas problema en la constitución mental, emocional y espiritual del paciente. Por consiguiente, el cristal se convierte en una útil herramienta de las investigaciones psicológicas, y puede acelerar el desarrollo de este proceso.

En mi libro *Medicina Energética*, enseño al practicante de terapias naturales a usar los cristales y la señal arterial, para localizar y medir los chakras así como los campos desordenados y anormales. Asimismo, se instruye sobre modos de utilizar las influencias de las energías adecuadas de la luz radiante coloreada, el magnetismo y los remedios homeopáticos, con el fin de equilibrar campos desordenados. La influencia correcta se escoge por medio de herramientas energéticas simples, como el cristal natural de cuarzo, las esencias, los imanes y los filtros de colores, utilizadas conjuntamente con medidas de la *SAV*. Cuando el campo del aura está equilibrado, las medidas dadas por el rayo del cristal de cuarzo confirmarán el equilibrio. Por estos métodos, las medidas del rayo del cristal pueden ser utilizadas para identificar energías sutiles que puedan resultar benéficas. Un kit denominado "*Chakra-Chrome*" contiene una cinta de instrucciones y las herramientas de energía natural necesarias para hacer las medidas del aura y de los chakras.

Los campos del cuerpo desequilibrados pueden asimismo ser puestos en equilibrio, por estimulación directa del campo del aura a través de la onda de irradiación intermitente del cristal. Esta técnica es denominada "curación por el cristal". Tras localizar el área problemática, el practicante enfoca el rayo rotante de un cristal sobre ella, y pide al paciente que visualice las cuestiones emocionales relacionadas con su problema. Al mismo tiempo que hace vibrar el cristal (rotando y presionando suavemente), el practicante dirige el rayo a la región que se pretende curar. Para problemas de tipo general, el chakra del corazón puede ser utilizado como *área testigo* (*Figura 6*). Por medio del rayo del cristal, el practicante vincula su propio campo con el del paciente en una conexión de amor incondicional. A continuación, ambos utilizan técnicas respiratorias básicas del yoga para intensificar sus campos. A la altura de la conexión y de la contemplación por parte del paciente de las relaciones del problema, los campos conjuntos son desconectados por el practicante, apartando repentinamente el rayo del cristal. A menudo, el paciente experimenta una liberación emocional curativa en el momento de desconexión de los campos.

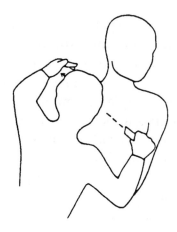

Figura 6. El rayo del cristal puede ser dirigido a través de la región del cuerpo que se pretende tratar, y puede sentirse cómo el rayo vibra y se intensifica en la mano que sirve de antena sostenida por detrás del cliente.

Durante la curación con cristales, es como si el rayo del cristal tuviera la capacidad de aclarar viejos recuerdos almacenados, lo que muchos sanadores relacionan con una salud pobre. Quizá el campo desorganizado del sufrido paciente sea reorganizado por el rayo del cristal del sanador, actuando a modo de escalpelo. Quizá recuerdos almacenados en alguna parte de la mente sean borrados por el rayo del cristal del sanador. En el momento de la desconexión, la persona tratada podría replegarse sobre sí misma y recristalizar un modelo de salud, bajo la influencia de su propia intención de liberar pensamientos negativos y verse curado. De hecho, los clarividentes han observado una regularidad de tipo cristalino en el campo del aura que rodea a las personas. Los campos de fuerza de la electricidad y el magnetismo dentro del campo áurico general del cuerpo, están a 90 grados el uno del otro, y la confluencia de sus líneas de fuerza posiblemente sean los *nadi* observados por los clarividentes de la India, de quienes han recibido su nombre.

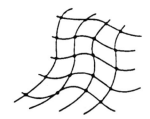 

Figura 7. El patrón de tipo cristalino de la energía electromagnética del campo áurico humano. Un campo áurico equilibrado (izquierda) y un campo áurico desordenado (derecha). Las líneas de fuerza electromagnéticas forman un retículo y los puntos son las intersecciones llamadas nadi.

Una vez que una región del cuerpo ha sido curada, el rayo del cristal y la *SAV* pueden ser utilizados para ver si se ha disipado el vórtice alrededor de esa región del cuerpo, y si los giros de los chakras se han normalizado. Estas medidas son una guía sobre la necesidad de posteriores sesiones de terapia. Intimamente relacionada con cualquier cambio en los campos aúricos, está la calidad de las actitudes mantenidas por el cliente. Actitudes impropias pueden interferir con el proceso de sanación. Las actitudes negativas necesitan ser aclaradas, junto con otros estallidos emocionales, si es que el proceso de sanación ha de ser substancial.

En conclusión, el cuerpo tiene el campo sutil e invisible de energía del aura, que sirve para coordinar la forma y función del cuerpo físico. El curso de la enfermedad puede ser alterado si el aura es llevada al equilibrio. Los campos del aura funcionan de acuerdo a leyes naturales metafísicas, y el pensamiento es una energía propia del campo del aura. El cristal de cuarzo enfoca la energía curativa y puede ayudar a aclarar el desorden áurico. Las energías de los cristales pueden servir para estimular al cuerpo a que se cure a sí mismo.

LA VIDA FLORECE EN CAMPOS ARMÓNICOS

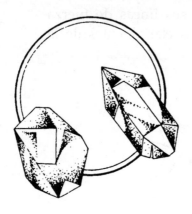

Referencias

1. Badgley, L.E., M.D., *Chakra Chrome*, (Human Energy Press, Suite D, 370 West San Bruno Ave., San Bruno, California, 94066, 1984).
2. White, G.S., M.D., *A Lecture Course to Physicians on Natural Methods in Diagnosis and Treatment*, Los Angeles, 1.918.
3. Nogier, P., M.D., "De la Auriculoterapia a la Auriculomedicina", Maisonneuve, Francia, 1.983.
4. Badgley, L.E., M.D., *Energy Medicine*, (Human Energy Press, Suite D, 370 West San Bruno Ave., San Bruno, California, 94066, 1985).
5. Badgley, L.E., M.D., A New Method for Locating Acupuncture Points and Body Field Distortions, "American Journal of Acupuncture", Vol. 12, No. 3, Julio de 1984.
6. Badgley, L.E., M.D., A New Method for Identifiying Therapeutically-Beneficial Homeopathic Remedies, "Journal of the American Institute of Homeopathy", Vol. 78, No. 3, Septiembre de 1985.
7. Abrams, A., M.D., *New Concepts in Diagnosis and Treatment* (Physicoclinical Company, San Francisco, 1922).
8. Kilner, W.J., *The Human Atmosphere, The Aura Made Visible by the Aid of Chemical Screens*, (Rebman Company, New York, 1911).
9. Leadbeater, C.W., *The Chakras* (The Theosophical Publishing House, Wheaton, Illinois, 1927).
10. Schwarz, J., *Human Energy Systems*, (E.P. Dutton, New York, 1980).
11. Badgley, L.E., M.D., *Chakra Chrome*, op. cit.

Laurence E. Badgley, doctor en Medicina

El Dr. Badgley estudió medicina en la Escuela Médica de Yale, y tras su graduación sirvió como oficial médico y Cirujano de Vuelo en el Ejército de los Estados Unidos. Desde 1973, ha estado estudiando el uso de las energías sutiles de la luz radiante coloreada, la electricidad, el magnetismo, y las energías en la acupuntura y la homeopatía, para medir y equilibrar el campo energético humano.

En 1986, recibió una patente de los Estados Unidos por un instrumento que aplica al cuerpo humano, con fines terapéuticos, campos electromagnéticos enfocados y pulsados con precisión. Los dos primeros libros del Dr. Badgley fueron *Chakra-Chrome* y *Medicina Energética*, que es una introducción para los practicantes de la Medicina Energética.

En años recientes, el Dr. Badgley ha estado cuidando pacientes de SIDA,

Medicina energética

por John J. Adams, doctor en Medicina

La interacción de los cristales con la energía universal (energía orgona) es la base para la medicina energética. Se cree que los cristales, en manos de un facultativo experimentado, operan con la energía universal para ampliarla en el cuerpo de emociones y recuerdos, llevándolos a la superficie de la conciencia. Esto sucede cuando se establece un vínculo afectivo entre el doctor y el paciente, utilizando el cristal curativo. Con este vínculo de energía, recuerdos profundamente ocultos pueden ser rememorados y examinados tanto por el paciente como por el doctor, y luego descargados y aclarados del cuerpo.

En la mayoría de los casos, resultan ser la causa raíz de la enfermedad presente, y su eliminación permite al cuerpo quedar libre de curarse a sí mismo. En este capítulo, hay muchos ejemplos de cómo se usan los cristales para encontrar, sacar hacia fuera, examinar y liberar estas causas raíz de las enfermedades.

USOS MÉDICOS DE LOS CRISTALES

Los cristales han sido utilizados para acelerar la curación de las heridas. Una vez colocados los puntos, el cristal es utilizado para tejer el débil campo de energía por encima y por debajo de la herida. ¿Puedes creerte ser capaz de quitar los puntos en cuatro días en vez de en siete o diez días? También es bastante sorprendente ver que la gente no utiliza medicina del dolor, *porque no hay dolor "en" el área de los puntos*.

Imaginad mi sorpresa cuando un Hombre Medico de descen-

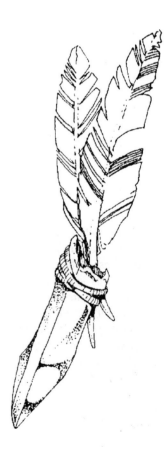

dencia Apache me mostró su "pincho de cirujano" — un cristal unido a una pluma, utilizado para curar por laceración. No hay nada como estar mil años por detrás de los que equivocadamente llamamos "primitivos".

Este conocimiento de la curación rápida de cortes, quemaduras, magulladuras, picaduras de insectos, etc., se sabe que ocurre por inmposición de las manos. Una de las cosas que hace un cristal es enfocar en un rayo esas energías sutiles. Así se consigue la mayor de ésta por unidad de superficie.

El siguiente salto en la comprensión de esta técnica parte de la existencia de la memoria en los sistemas biológicos. Las hojas cortadas por la mitad muestran, bajo la fotografía Kirlian, la forma de la hoja entera. Sistemas más complejos retienen la información mucho más eficientemente; los seres humanos probablemente sean los mejores en esto. Es bien sabido que todas nuestras experiencias son almacenadas. No se sabe cómo lo hacemos, pero ello no invalida el hecho del almacenamiento de la información humana.

Todos los sistemas biológicos influyen u oscilan/vibran a frecuencias características. Todo lo que tiene forma actúa así, desde la roca hasta el planeta, el átomo y el ser humano.

Seres humanos dotados de intuición pueden sentir el "estado" de otro ser humano, su unicidad física, emocional y mental. Aprendiendo a "usar" un cristal, muchos otros pueden mostrar también esta capacidad. El cristal nos ayuda a utilizar nuestros propios sentidos para "observar" la "frecuencia" de los demás.

RADIÓNICA*

* La práctica de estudiar y alterar las radiaciones electrónicas de las vibraciones biológicas emitidas por sistemas vivientes para normalizar formas sutiles inadecuados por medio de instrumentos que envían y reciben vibraciones.

Alrededor de la Primera Guerra Mundial, el catedrático de Neurología en la Universidad de Stanford, Albert Abrams, doctor en Medicina, descubrió que los sistemas vivos emitían vibraciones biológicas muy débiles. Llamadas al principio "Radiaciones Electrónicas de Abrams" (E.R.A.), estas vibraciones, aparentemente, no eran del todo como la electricidad común. La vibración de una enfermedad podía ser reconocida. Esa vibración de la enfermedad podía entonces ser corregida por medio de vibraciones normalizadoras, con o sin contacto físico, retroalimentando el sistema enfermo. A esto finalmente se le llamó Radionics (Radio-Sonics), Radiónica en castellano.

Es ilegal el uso *comercial* de la Radiónica en el Estado de California. Se permite como "investigación". Se demostró claramente, hace ya muchas décadas, que las plagas de insectos eran erradicadas de las granjas. La radiónica funcionó *demasiado* bien, y creo que ésa es la razón por la que hoy en día es ilegal comercialmente.

PRÁCTICA DE LOS CRISTALES E HISTORIAL DE LOS CASOS

Mi trabajo empezó a enseñarme la importancia de nuestra condición de seres humanos; nuestra necesidad de pertenecer, ser amados y considerados como formas de vida individuales dignas de respeto. Lo que me resultó evidente es el grado extremo de "presión" que soportamos, y cómo la "vejación psíquica" literalmente moldea nuestros sistemas nerviosos para producir disfunciones y enfermedades.

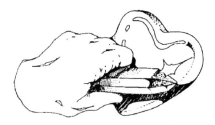

Buscar la causa raíz de las disfunciones es una cuestión de envergadura. Sin embargo, utilizando un modelo holográfico de almacenamiento de información, un cristal especialmente cortado para emitir un rayo consistente (esto es, el Cristal de Cirugía de Marcel Vogel), y un modelo de curación basado en la instrucción de Cristo, procedí durante tres años a hacer justamente eso. El proceso de este trabajo de curación es simple. El usuario del cristal y el paciente se aúnan y establecen una comunicación de frecuencias a través del cristal.

Con el cristal en la mano del usuario, apuntando hacia el área testigo del paciente (el centro cardíaco), se instruye al paciente a que mentalmente "vaya a la fuente raíz de su enfermedad/disfunción". Esto tiene lugar en el contexto de la presencia del *Gran Espíritu*. Tras un período que va de tres segundos a cuatro minutos, el paciente comienza a informar de la causa de su disfunción. He aquí algunos historiales de casos:

Una mujer, profesional, de edad madura, vino a mi consulta a causa de una aguda angustia y de una disforia ("baja estima") de tres años de duración. Se le había diagnósticado una enfermedad ambiental (severos problemas metabólicos con productos petroquímicos); este síndrome está adscrito en parte a una oculta infección por levaduras. El doctor C. Orion Truss es su descubridor; y el 98% de los médicos creen que este síndrome no existe. La causa raíz apareció: su madre intentó abortarla cuando era un feto.

Otro ejemplo de síndrome similar, con el mismo diagnóstico, era el de una mujer de edad madura. Recordó un fuego en un apartamento en el que solía vivir hacia sus veinte años. Fue levantada de la cama por los vociferantes vecinos y sobrevivió sin quemaduras, sin inhalación de humo, etc.

Dije de nuevo: "Ve a la causa raíz". Ella continuó explorando lo que significaba el asunto del fuego. De repente, se encontraba de vuelta a sus tres años de edad viendo a su madre que le gritaba, diciéndola que se iba a "quemar en el infierno" por ser una niña mala. A estas alturas de la sesión la paciente sollozaba. Cuando acabamos, la paciente descubrió que como niña siempre había tenido horribles pesadillas de quemarse hasta la muerte en el Fuego del Infierno.

Wilheim Reich describió las "armaduras" de los humanos victimizados emocionalmente. Afirmó que nuestros músculos, tanto voluntarios como involuntarios, pierden su capacidad de relajarse plenamente y se vuelven "fijos", con tensiones en áreas clave de nuestro cuerpo, especialmente en el diafragma. Si respiramos pobremente, no sentimos tan intensamente. Una respiración inadecuada disminuye también la vitalidad de nuestro sistema general. Esto impide la demencia total en los jóvenes, pero causa enfermedades de todo tipo en décadas posteriores.

En mi opinión, los sistemas nerviosos autónomos de ambas pacientes se vieron severamente afectados por sus experiencias. Muchas décadas más tarde, tuvo lugar un síndrome que, de muchas maneras, era como vivir en el infierno. El pensamiento, intención y emoción de su trauma fue incorporado a su sistema biológico. Este "programa" (una serie específica de información codificada, cargada de energía) fue transportado por ellas a lo largo de su vida, aunque inconscientemente.

A través del uso de un cristal, podemos ahora encontrar, y luego curar, nuestras fuentes raíces de enfermedad.

Otro ejemplo era el de una "yuppie" muy brillante y atractiva de 30 años, y que buscó consulta por "encontrarse en el lado de los perdedores", tanto con los hombres como en las situaciones de negocios. Su raíz: cuando volvió a la edad de cuatro años, pudo observar numerosas escenas de sus padres antes de que se divorciaran, *especialmente ver a su padre abandonándola* —abandono paterno. Comenzó a llorar amargamente. El divorcio de los padres causa un enorme impacto en los jóvenes.

Otro caso, una mujer de unos 40 años, estaba enferma crónicamente de úlceras intestinales. Estaba incapacitada. Su enfermedad crecía y se calmaba. Su origen: volvió a la edad de once años y se vió a sí misma hablando por teléfono con su amiga. La paciente estaba alegre y risueña, hasta que fue apabullada por su madre que empezó a burlarse de su modo de reírse. Este recuerdo la condujo a una escena en la mesa del comedor con un padre alcohólico, momento en el que la paciente comenzó a sollozar violentamente, y el rayo del cristal fue detenido. El abandono es lo peor para los pequeños. Soportaremos todo tipo de abusos con tal de *no* ser abandonados.

El aspecto verdaderamente asombroso de la utilización de un cristal reside en darse cuenta de que el rayo del cristal usa una frecuencia similar a la de la memoria, y como en la Radiónica de Abrams, una vez localizados, los recuerdos traumáticos pueden ser neutralizados neurológicamente; dejan de emitir el fuerte recuerdo de *horror*; el horror *puede* ser borrado.

Para emprender la psico-bioterapia* curativa es, pues, extremadamente importante saber de qué forma es capaz la gente de amarse a sí misma y a los demás, mientras retienen y alimentan su propia singularidad. De qué manera la gente equilibrada es capaz de hablar con los demás. Cómo forma relaciones. Cómo se relacionan con el planeta, etc. Proporcionar un ambiente adecuado para esta curación del ser humano es muy crucial. Obviamente, para encontrar una solución con éxito y equilibrada, serán necesarios los terapeutas.

En una hora, una sesión curativa con cristales propociona más datos biológicos vivos que cualquier otro sistema de recogida de información conocido hasta la fecha. Es una evolución de grandes dimensiones. Podemos ahora hacer cirugía de la "información psicobiológica" para mucha gente. ¡Podemos hacer cirugía con los cristales! Pero no podemos hacerla para todo el mundo. *Aproximadamente una tercera parte de mis experiencias de muestra fueron incapaces de obtener información.* Eso es algo que debe tenerse en cuenta.

Un hombre de 65 años me consultó por un problema de ciática prolongado durante largo tiempo, causado por una afección de los discos intervertebrales en la parte inferior de su espalda. Se encontraba crónicamente tenso, muy delgado, y era

* *Práctica de la medicina energética que supone una activa participación de paciente y practicante para comprender la información personal del paciente y eliminar la causa de la disfunción física. A menudo se hace con la presencia y ayuda de los cristales.*

un defensor de la paz religiosa. Había recibido los cuidados médicos corrientes, y pasado por un entrenamiento de bioretroalimentación. **Su origen**: cuando comenzó a temblar involuntariamente como si estuviese en un congelador, todo lo que pudo decir es que se trataba de miedo acumulado. Continuamos, y nos mantuvimos firmes en nuestra tarea de encontrar su causa raíz. Comenzó a llorar. Habló de que cuando niño no se le había tocado; ningún contacto táctil humano. Recordó el constante abuso verbal por parte de su padre, que se reía de él diariamente. Entonces le vino un dolor en el lado izquierdo del cuerpo, y el recuerdo de ser severamente golpeado por su padre en cierto lugar de su casa. La imagen final que recordaba era a la edad de nueve años. Era "atropellado" por un automóvil Modelo A. Era capaz de volver andando a casa, y *entonces le regañaban por haber sido atropellado.*

Lo siguiente describe la extrema importancia y potencia de nuestros "campos débiles", que son los transportadores energéticos de nuestros pensamientos e intenciones. Sabemos que los seres humanos criados en ambientes humanos amorosos y "enriquecidos", son los que mayores probabilidades tienen de madurar como adultos autorealizados, contribuyendo, por tanto, grandemente a la comunidad. También sabemos razonablemente bien que los condenados a muerte recibieron un entrenamiento temprano —uno que, en gran parte, pronosticaba su "resultado". Considerad el efecto de un programa psicobiológico introducido en la concepción. Considerad la información almacenada en una matriz celular; información que permea cada célula.

Una mujer de unos 30 años me consultó a causa de una depresión que le duraba desde hacía largo tiempo. Había sido tratada por un importante psiquiatra de la universidad, y otros privados, todos ellos buenos profesionales. Su diagnóstico era depresión Unipolar oscilando a Bipolar. Había intentado suicidarse dos veces, había sido hospitalizada tres veces, y estaba muy disconforme con la medicina moderna. La causa raíz de su enfermedad: se vio a sí misma en el útero, aproximadamente a los seis meses de gestación. Dialogando con la niña nonata, me dijo que "estar en la matriz era como vivir en el infierno". La paciente "vio" entonces a su padre borracho violar a su madre en un arrebato. La paciente comenzó a gemir, "Fuí concebida con odio".

Finalmente, la descripción de una alcohólica adicta a las anfetaminas que se había recuperado, y que había estado en Anónimos Alcohólicos durante más de quince años. Al consultarme por un estado de enfermedad al que no habían conseguido dar un diagnóstico físico en un Centro Médico Universitario, sus quejas se centraron en la fatiga, deterioros cognitivos menores e intermitentes, y ganancia de peso. Su causa raíz: su madre intentó abortarla, y los repetidos abusos sexuales por parte de su padre cuando era jovencita. La paciente necesitó tres horas de apoyo antes de recuperarse lo suficiente como para abandonar la oficina.

Marcel Vogel ha dicho del cristal que es "un láser mental". Posiblemente ahora, a finales de los 80 y en los 90, los psicólogos y psiquiatras puedan comenzar a utilizar el don del cristal en sus prácticas diarias. El cristal curativo es una herramienta ideal para curar corazones y espíritus rotos.

John J. Adams, doctor en Medicina
15022 Mulberry Drive, #H
Whittier, CA 90604

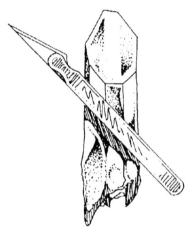

Curar animales con los cristales

por Laurie Jelgersma

Múltiples cualidades curativas inherentes a los cristales de cuarzo han sido descubiertas, y han tenido lugar "milagros" mientras se utilizaban los cristales en los tratamientos. Los ejemplos de cambios van desde cosas tan pequeñas como molestias y dolores, resfriados y dolores de cabeza, hasta cambios y/o completas inversiones tan grandes como problemas cardíacos, tumores y coma.

Puesto que lo que hacemos no puede ser completamente probado a través de los medios científicos corrientes, debido a la falta de fondos y de una tecnología aceptable, los resultados han sido considerados como un efecto placebo. Las curaciones han sido tomadas por hechos inexplicables y/o cursos naturales del tratamiento. Los que nos encontramos en las artes curativas podemos explicar estos resultados como simplemente un movimiento de la energía para crear equilibrio y salud. El cristal es una herramienta natural en esta modalidad, pues amplifica y dirige la energía electromagnética, nuestra fuerza vital procedente de la tierra.

Es muy importante en este punto comprender que una curación no es siempre lo que nosotros, como individuos, creemos que deba ocurrir en un momento dado. Si el momento es "apropiado" para que alguien o algún animal dejen esta vida, una curación sería una muerte fácil. Curación no significa sanar, sino más bien una transferencia de energía para hacer lo que es necesario para una forma de vida.

REACCION DE LOS ANIMALES A LOS CRISTALES

Los animales no tienen efecto placebo*; lo que nos lleva al asunto del trabajo hecho en este área. Tras aprender y experimentar el efecto de los cristales curándome a mí misma y a otros, decidí utilizarlos con mis animales domésticos. Siendo de naturaleza escéptica, necesitaba ver si mis animales reaccionarían a la energía de los cristales. ¡Los resultados fueron sorprendentes! Los animales se curaron más rápidamente y en mayor proporción que la gente. Su resistencia es muy inferior a la del animal humano. No se requiere la creencia en los cristales, pero querer retornar a la salud es esencial.

Cuando se trabaja con animales, se proyecta un color a través del cristal, bien por "imposición de manos", bien mediante curación a distancia. Los colores naranja, verde y azul han demostrado ser en mi trabajo los más efectivos. Cuanto más pálido sea el color, más sutil será la energía; cuanto más profundo el color, más intensa la energía.

La gama *naranja* es para la supervivencia, la reproducción y la seguridad.
La gama *verde* es para la vitalidad física y material.
La gama *azul* es para enfriar y calmar.

Los métodos y técnicas varían con cada terapeuta y cada cliente (en este caso, el animal).

* *Una meditación inocua prescrita más para el alivio mental que para un verdadero efecto sobre el desorden del paciente. También utilizada en experimentos controlados.*

TÉCNICAS

He aquí algunas técnicas utilizadas con buenos resultados:

El trabajo de **imposición de manos** puede hacerse sosteniendo un cristal en cada mano. Colocad las manos y los cristales sobre el área afectada. Imaginad el color que se necesita, y ved con el ojo mental el color moviéndose a través de la parte superior de vuestra cabeza, bajando por vuestro brazo derecho, pasando a través del animal, y subiendo por vuestro brazo izquierdo, reciclándose de vuelta a través de vuestro brazo derecho. Ahora habéis creado un círculo o bucle continuo de energía y color en movimiento. Los cristales actúan como directores y amplificadores del color. Haced esto durante tanto tiempo como creáis necesario (usualmente de cinco a quince minutos). En caso de enfermedades difíciles, no os sorprenda si se requiere tratamiento diario durante un tiempo. Advertiréis un cambio cada vez que lo llevéis a cabo.

El **masaje** es otro método en el que el área puede ser tocada suavemente con el cristal (es preferible un extremo redondeado), mientras se imagina mentalmente el color yendo a través del cristal hacia el interior del área afectada.

Imaginación Mental: Este método de curación a distancia requiere la práctica de entrar en el cristal con vuestra mente. Tras ir al interior del cristal, imaginad al sujeto ante vosotros y repetid las técnicas anteriores. Si no sabéis qué color utilizar en la curación, lo mejor es usar un arcoiris. El cuerpo absorberá automáticamente el color necesario para la corrección.

Luces: Una técnica que añadir al trabajo a distancia, creando un efecto exaltador. Requiere una fuente de luz como, por ejemplo, una caja de luz, acetatos de colores como los que se encuentran en las tiendas de suministros para teatro, y un gran cristal (de 3 onzas o mayor). Cortad la base del cristal de modo que pueda mantenerse en pie. Entre los acetatos, escoged el color o los colores utilizados en la curación, y colocadlos en la caja de luz, posicionando el cristal encima de los geles. Con la luz encendida, el color brillará a través del cristal, y el cristal emitirá continuamente el color. Al poner una imagen, nombre, o *testigo* contra el cristal, resultará una proyección continua de esos colores sobre el sujeto para su curación.

Hemos descubierto que si se pone un cristal en agua, comenzará a cargarla con su energía. Al consumir este agua, aumentará vuestra energía.

Se ha dicho que se puede controlar las moscas utilizando la amatista como piedra para cargar el agua. He podido ver en mi casa que esto realmente funciona. Al usar en el agua un cristal claro, o ningún cristal en absoluto, las moscas volvieron. De ahí en adelante he utilizado una amatista. ¡Intentadlo!

Tenía un loro que se picaba los pies hasta que le empezaron a sangrar, y siguió picándoselos. Sabiendo que el citrino era bueno para equilibrar el chakra inferior, y sintiendo que lo que hacía provenía de un desequilibrio de este chakra, puse un citrino en su recipiente del agua. Mientras el citrino cargó el agua que bebía el pájaro, éste no picó más sus pies. Lo quité a veces. En aquellas ocasiones reanudó la mutilación.

Cuando mi caballo se rompió un tendón, el veterinario prescribió el tratamiento usual de DMSO, y seis meses de reposo sin ejercicio. Hice una curación por los colores, verde y azul, con cristales, utilizando la "imposición de manos" y una técnica de curación a distancia. *Seis semanas*, no meses, después, el sorprendido veterinario dio su visto bueno para que comenzara los ejercicios. No ha habido más problemas.

Mi perro se mareaba cuando viajaba en coche. ¡El pobre perro quedó hecho un guiñapo! Proyectándole un color azul mientras conducía, y acariciándolo, toda la salivación se detuvo y se tumbó para dormir. Si detenía la proyección de color, comenzaba a salivar de nuevo hasta que iniciaba otra vez mi proyección de azul.

He trabajado en casos en los que se ponían pastos enteros en una malla cristalina de modelos específicos para crear un campo de energía para caballos enfermos. En un caso, un caballo se curó mucho más rapidamente de la complicada operación de un problema crónico. En otro caso, el caballo fue revitalizado tras caer en un serio agotamiento. Incluso las estériles gallinas de esta particular hacienda comenzaron a poner a diario huevos de mejor sabor que nunca. Se ha visto que los cristales puestos sobre los caballos mejoran y corrigen su galopar.

Estos no son sino unos pocos ejemplos de lo que se ha hecho por nuestros leales amigos los animales, demostrando que verdaderamente hay algo que tomar en consideración acerca de los cristales y la curación.

Los animales no pueden usar la imaginación para ponerse bien. No se les puede engañar y hacerles creer que se ponen bien. Sólo saben que están recibiendo una curación para sus cuerpos.

Laurie Jelgersma
#110 2nd Ave. So.
A-13
Pacheco, CA 94553

Laurie Jelgersma

Laurie Jelgersma es instructora, conferenciante e investigadora en el campo de los cristales y las ciencias metafísicas. Desde su introducción a los cristales en 1979, ha visto los nuevos avances y ha participado en ellos. Ha estudiado con algunos de los mejores hoy en día en el campo de los cristales, y también les ha enseñado. Dedicada a ayudar a otros a ayudarse a sí mismos a través del Amor y la Luz, Laurie está extendiendo los esfuerzos de su investigación y de su práctica tanto a la gente como al reino animal.

APLICACIONES ESPECIALES
DE LOS CRISTALES

Secretos ocultos de las joyas

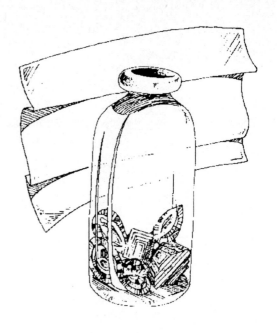

por Brett Bravo

En 1980, conocí la filosofía de las gemas cuando un grupo de amigos decidieron hacer un experimento de energía psíquica. Ninguno de nosotros sabía conscientemente qué dirección tomaría este experimento. Estábamos de acuerdo, sin embargo, en que la energía emitida hacia el Universo, con intención correcta y con amor, retorna a la *Fuente de Amor* y es devuelta a quien la envía con beneficios positivos.

En el primer envío, recibí una película de mí misma, en un lugar desconocido, muy avanzado tecnológicamente. Me daban un frasco alto de boticario lleno de gemas talladas, cubierto con una simple tela. Me dijeron que llevase una a cada miembro del grupo. Cada jarra contenía una gema diferente.

A cada persona le fue dada un recipiente diferente. Debíamos mantenerlos tapados, excepto durante nuestras meditaciones privadas. Al finalizar el experimento aquella tarde, me preguntaba: "¿Por qué yo?", pues yo era la menos experimentada del grupo. La respuesta se hizo clara cuando todos los demás mostraron su falta de interés en las piedras preciosas.

Yo no me daba cuenta conscientemente por aquel tiempo, de la preparación que había seguido en mi vida para este experimento. No sabía qué gemas especiales se designan como piedras de nacimiento. No las tenía memorizadas, ni sabía el cumpleaños de ninguno de los del grupo. Las gemas de mi visión, que debían ser pasadas a los individuos, no eran sus piedras de nacimiento. Me encontraba totalmente perpleja.

Uno del grupo fue a la Biblioteca Filosófica a buscar literatura para investigar. Había entrado un libro recientemente publicado. El libro era *El Valor Espiritual de las Gemas*. Había sido canalizado por Lenora Hewitt, autora de otros dos libros. Este libro se convirtió en nuestra primera referencia.

Posteriormente, utilizamos este libro para traducir los significados simbólicos de nuestras visiones. A propósito, no leí el libro ni traté de memorizar nada, a fin de garantizar que mi mente consciente no influenciase mis visiones meditativas. Los demás miembros del grupo pudieron interpretar otros símbolos conectados con las joyas.

Varios meses después, la Biblioteca Filosófica me pidió que presentara una conferencia sobre las gemas. Comencé a estudiar con diligencia. Las meditaciones semanales del grupo continuaban, mientras yo me preparaba para relatar en una conferencia todo lo que había recibido. Todos nuestros encuentros semanales fueron transcritos. Un año más tarde, estaba claro que yo era la receptora de la energía psíquica retornada a nosotros desde la fuente. *Mi vida cambió*.

La Biblioteca Filosófica no era una institución favorita del editor del periódico local. Estaba obligado a imprimir su programa de actos mensual, pero raramente aceptaba su publicidad. Ese mes, al leer el programa, supo de mi conferencia sobre las gemas, y me llamó. Estaba interesado en el tema y deseaba enviar a un fotógrafo y a un reportero en busca de una entrevista. El artículo, de media página y con una gran foto, salió en el periódico del Domingo, el día antes de la conferencia.

La entrevista del periódico estaba escrita en un estilo de sensacionalismo que imitaba al National Enquirer. Me desmayé ante los titulares en grandes letras: *PSIQUICA DE OCEANSIDE RECURRE A LAS PIEDRAS EN BUSCA DE APOYO EMOCIONAL*. No era el tipo de cosa que una orgullosamente recorta y se la envía a mamá.

Sabiendo que hubiera preferido algo más digno o científico, me mantuve en calma y seguí afirmando: "Todo se mantiene dentro del Orden Divino". Lo estaba. Hubo una multitud desacostumbrada en la conferencia del Lunes noche, gracias a la publicidad.

Un servicio nacional de noticias recortó el artículo, y lo envió a ciertas emisoras de radio de las principales ciudades de Estados Unidos y Canadá. Empecé a recibir llamadas de programas que me entrevistaron sobre la curacion psíquica por medio de las gemas. Sus oyentes llamaban y hacían preguntas.

Durante los seis meses siguientes, tomé parte en programas en Oklahoma City, Denver, Kansas City, Altanta, Portland, Los Angeles,

Seattle, Salt Lake City, Phoenix, San Diego, Toronto, Nueva York, Edmonton y Vancouver, B.C. Los oyentes parecían estar muy interesados en utilizar las gemas para curar dolencias físicas. Me hicieron numerosas preguntas, y descubrí que podía captar sus vibraciones a través de su voz en el teléfono.

Empezaron a pedirme que escribiera. Imprimí y envié folletos por correo, corriendo yo misma con los gastos. ¡Junto con las lecturas psíquicas de tipo físico y emocional, me encontré tan ocupada que tuve que dejar mi trabajo! Pronto descubrí que debía cobrar por estos servicios. Luego, comencé a experimentar haciendo lecturas por correo en vez de por el teléfono. Tras numerosos e insatisfactorios intentos con la psicometría, utilizando recortes de uñas y mechones de pelo — (funcionaba, pero era demasiado extravagante para mis clientes y completamente fastidioso para esta pesada Virgo) — me establecí en un método investigado por la Dra. Ruth Drown, de Inglaterra. La Dra. descubrió que bastaba con una sola gota de sangre en una probeta, ya que ésta contenía la vibración característica y total de una persona, pasado cualquier periodo de tiempo y a cualquier distancia.

Utilicé el contorno dibujado por la mano sobre un trozo absorbente de papel blanco. Hay un flujo liberado por la palma que contiene la química total del cuerpo. El dibujo de línea contiene la vibración psicológica del cerebro derecho, el subconsciente intuitivo. He hecho cientos de lecturas para gente con la que nunca me he encontrado, con alentadoras respuestas en cuanto a la exactitud y utilidad de la lectura. Sugiero siempre que el paciente utilice una gema, en bruto o tallada, para la meditación y para llevarla puesta. He impreso meditaciones para cada gema, con el fin de ayudar a la gente a comenzar la práctica. Nunca he obtenido una respuesta pobre de nadie que siguiera el procedimiento.

Los testimonios más espectaculares suelen provenir de los hombres. Es asombroso cómo la polaridad masculina puede experimentar un cambio absoluto cuando algo se presenta de modo claro. El varón, orientado por la parte izquierda de su cerebro, por la lógica, toma decisiones importantes y persistentes cuando el cerebro derecho está de acuerdo. Esto parece funcionar al revés para las mujeres, con resultados similares.

Las gemas juegan un papel equilibrador para cada sexo. En el caso de una mujer, se despierta su "hombre interior", su parte lógica y responsable. En el caso de un hombre, se despierta su "mujer interior", y se vuelve más intuitivo y atento. Así pues, un acuerdo creativo, pero lógico, entre los cerebros derecho e izquierdo, aumenta nuestra comprensión.

Esta cadena de acontecimientos, y las transformaciones personales que yo y cientos de otros hemos experimentado, no fueron coincidencias. En metafísica no hay coincidencias. A todo lo largo del camino he obtenido alientos y recompensas que no pueden ser explicados por el mundo físico. Cuando me he mantenido en el curso, he gozado de una buena fortuna inexplicable e inesperada. Cuando me he desviado de la verdad, o he dejado que mi propio ego o personalidad falsa tomasen el control, las cosas han ido mal en los modos más sorprendentes.

Estoy convencida de que he tenido ayuda procedente de otro plano de existencia, en el que hay almas expertas en asuntos terrenales de modo permanente. He encontrado a tres de ellas. Cuando mi vida personal llega a estar tan fragmentada y ajetreada que me distraigo de mis meditaciones, me hablan a través de las voces de mis amigos o incluso de extraños. Si necesito escuchar un mensaje que he estado ignorando telepáticamente*, varias personas diferentes, en diferentes lugares, sin relación la una con la otra, me repetirán frases o ideas idénticas. Esto puede ser a lo largo de un periodo de varios días o de varias semanas.

* Comunicación aparente de una mente a otra conseguida normalmente por otros sentidos.

Estudiando e investigando, he obtenido información de la sabiduría antigua de técnicas utilizadas espiritualmente en avanzadas civilizaciones anteriores. De algún modo, se corrompió y perdió. Mi meta es la de explorar y canalizar este conocimiento, para introducirlo en nuestra conciencia contemporánea. Y algo muy importante, es que deseo fomentar la curiosidad hacia el experimento personal.

Muchos de nosotros estamos escribiendo cosas contradictorias. En alguna parte, hay un serpenteante camino hacia la verdad. No estáis obligados a creeros cada palabra que se dice. Sólo pido que consideréis el mundo metafísico y apreciéis las fuerzas invisibles que nos afectan, lo creamos o no.

LAS GEMAS Y LOS PLANETAS

Es importante ahora comprender cómo la *Fuerza Vital* del Universo nos afecta directamente. En los antiguos manuscritos religiosos de las más antiguas religiones de la Tierra, los astrólogos escribieron sobre los movimientos de planetas que ni siquiera eran visibles a simple vista. (Que nosotros sepamos, no tenían telescopios.) Hoy en día, con toda nuestra tecnología, sabemos que sus cálculos eran exactos hasta un grado asombroso.

La astrología enseña que los ciclos de los planetas móviles producen en la Tierra las estaciones, y otros ciclos. La astrología afirma también que los planetas liberan invisibles oleadas de energía que afectan a la Tierra —desde las mareas hasta nuestras personalidades.

Los Antiguos establecieron una conexión definida entre estas oleadas de energía y las gemas. Las gemas, en cierto momento, fueron realmente usadas por diversas culturas tecnológicamente avanzadas, para transmitir y recibir energía proviniente del espacio. Los mitos de la Atlántida persisten y, de hecho, son revividos por misterios como el *Triángulo de las Bermudas*.

Nos encontramos una vez más en el umbral técnico de nuestra capacidad de crear. Ha sido en este siglo tan sólo que el rápido avance de la civilización en todas las áreas de la Tierra, ha cambiado la vida por todas partes. En este momento, cuando las mentes técnicas de la humanidad están diseñando modos de examinar físicamente nuestra propia galaxia, los sensitivos, psíquicos y escritores del mundo están de nuevo comenzando a recibir información sobre los cristales y las gemas. Se están publicando libros de todo tipo. Mentes tanto profesionales como no profesionales, están recibiendo transmisiones concernientes a los efectos de las gemas sobre la humanidad.

No hay duda de que los cristales minerales tienen utilidades científicas que escapan a la imaginación. Esta discusión, sin embargo, se confina al uso personal de los cristales y las gemas, y al modo en que las oleadas de energías planetarias son conducidas y adaptadas a nuestras frecuencias humanas. Toda gema contiene elementos que refractan o absorben las ondas de luz. Las ondas de luz son vibraciones que llegan a la tierra procedentes de numerosas fuentes. Sabemos que el Sol es nuestra fuente principal de luz. Todos los planetas están tan alejados, que no podemos imaginar que sus ondas de energía sean lo bastante fuertes para llegar hasta la Tierra con cierta intensidad. Aunque la exploración del espacio ha probado que los planetas transmiten impulsos, no conocemos el poder científico de la mayoría de estos (la medida de estas emanaciones).

La corteza terrestre está compuesta de unos 2.000 minerales identificados. Con toda probabilidad, los principales planetas contienen estos mismos minerales. Si la onda de energía de un cierto planeta es recibida por la Tierra, es posible que el mineral básico de ese planeta, que en la tierra tiene la forma de un cristal, capte y retransmita la vibración. Si somos influenciados física y psíquicamente por las emisiones planetarias, entonces, tener un cristal relacionado con el planeta, o los planetas, amplificará el proceso. Esta es una explicación simplista de cómo las gemas pueden ayudarnos en nuestra vida diaria. Es aquí donde el lector debe escuchar a su propio conocimiento supraconsciente.

Hay aproximadamente doce listas auténticas que relacionan las gemas con los planetas, empezando por la de los Sacerdotes Astrólogos Hindúes (10.000 a. de C.). La lista más reciente, publicada en los Estados Unidos, fue inventada por los joyeros, por razones estrictamente comerciales, con el fin de vender anillos de "piedras de nacimiento".

La lista que he incluido dentro de este capítulo es el resultado de meditar, a lo largo de un periodo de más de cuatro años, con el cristal de cada gema por separado. En el lenguaje metafísico, este tipo de información se llama "canalización" o, a veces, "escritura automática". Significa que una persona con una glándula pineal altamente desarrollada, la abre para recibir cualquier información relevante que pueda atraer de la *Conciencia Universal*. Se requiere de disciplina y sumisión para eliminar el constante bombardeo de "cotilleo mental" que interfiere con la recepción.

Muchos escritores de los diez últimos años se han sentido obligados a canalizar información sobre los cristales y las gemas. No hemos recibido todos idéntica información. De hecho, existen unas pocas contradicciones. No obstante, a partir de la gama completa de la información total recibida, el lector será capaz de extraer la verdad.

A cada uno de los Signos del Zodíaco se le asigna un Planeta regente. Cada persona recibe vibraciones de un planeta específico por razones específicas. Cada planeta emite asimismo a través de una gema-cristal específicos o grupos de gemas de color similar.

Cuando se hicieron las antiguas listas, sólo había siete planetas conocidos. Ahora reconocemos diez, incluyendo al sol y la luna. Puesto que hay doce signos Zodiacales, debe haber dos planetas más destinados a entrar en nuestra área de la galaxia (como lo hicieron Urano, Plutón y Neptuno en los últimos 200 años). Los dos signos Zodiacales que aguardan nuevos regentes son Virgo y Libra. En este momento comparten regente con Tauro y Géminis.

En la enseñanza esotérica, siempre se predice el futuro que se siente en la Tiera con 100 a 500 años de adelanto. Las escrituras ocultas predicen que el nuevo regente de Virgo está al caer.

El nombre del planeta aún no visto, es Vulcano. Se predice que grandes cambios tendrán lugar con el descubrimiento de este planeta. Los años venideros irán sintiendo las distantes oleadas de energía de Vulcano conforme se aproxima.

Cuando Plutón "entró" en nuestra galaxia en 1930, había sido precedido por doscientos años de revoluciones en busca de la libertad personal, en medio de la opresión por parte de la monarquía y de la Iglesia. La oleada de energía de Plutón empezó a causar la transfiguración de la conciencia varios siglos antes de que estuviera lo bastante cerca para ser visible.

En el lenguaje planetario, la descripción de los efectos de Plutón sobre la humanidad, es: reorganiza, provoca transiciones, fuerzas secretas de la naturaleza, sensibilidad oculta, regeneración, energía sexual, transformación a través de la crucifixión y resurrección. Al revisar la historia a lo largo de los cincuenta años pasados, podemos ciertamente ver los efectos de la transmisión de Plutón sobre las sociedades de nuestro mundo.

Hay antiguas escrituras, llamadas mitos, transmitidas por las dos civilizaciones más intelectuales y avanzadas de nuestra era presente. Los mitos griego y romano contienen, en forma esotérica y mística, el arquetipo de nuestro futuro. También las escrituras sagradas de todas las religiones del mundo están escritas en este doble lenguaje de metáfora.

Si podemos abrirnos a las ondas de energía de Mercurio, podremos extraer la comunicación pasada, a través de la amatista, a los escritores de estas sabidurías. (La amatista es la gema que utilizan las ondas de energía de Mercurio para afectar a nuestro pensamiento, lógica, aprendizaje y comunicación. Usar un cristal de amatista mientras estudiáis aumentará vuestra comprensión.)

Para poder predecir el futuro, es preciso que la glándula pineal se halle en un estado evolucionado. Los autores de los mitos y escrituras fueron obviamente iniciados y en contacto directo, a través de su glándula pineal, con el *Conocimiento Universal*. Escribieron en símbolos y metáforas. El inconsciente los aceptará como cuentos imaginativos. La persona despierta se verá influenciada y fascinada por las ondas de energía de Mercurio, que la llevarán a explorar, analizar y descubrir el significado oculto de estos escritos.

EL UNDÉCIMO PLANETA

EL SOL ESTA OCULTANDO OTRO PLANETA
"*La otra hipótesis prevaleciente apoya la largo tiempo reconocida posibilidad de que el Sol tenga un pequeño pero fiel compañero, con una masa de alrededor del 7% la del Sol. Esta estrella hermana existe en las partes visibles o invisible (infrarrojo) del espectro de la luz.*"

SCIENCE NEWS, VOLUMEN #125
MAYO DE 1984

El nuevo planeta que está transitando hacia el interior de nuestra malla, recibe su nombre (como todos los otros planetas) de nuestra comprensión de los mitos. En los mitos griegos, este Dios es masculino y se denomina Hefaestus. En los mitos romanos, su nombre es Vulcano. Vulcano, más moderno y aceptable para el lenguaje occidental, es el nombre ya establecido para nuestro nuevo planeta. Se dice que Vulcano es el Dios del Fuego. Se le describe como un Dios que calienta el metal en una forja ígnea, y lo moldea con su yunque.

La venida de Vulcano a nuestro ciclo es precedida por el fuego. Vulcano es la llama transformadora que suele acompañar a la explosión violenta. La explosión rompe con los viejos patrones de pensamiento que se hallan cristalizados. El fuego limpia y transforma los viejos elementos desgastados, dándoles una forma y una vibración totalmente diferentes. El fuego y la explosión fuerzan el cambio. Al comienzo, parece ser un desastre negativo.

A fin de comprender la naturaleza de Vulcano, resulta bastante simple observar el cambio progresivo y revitalizador que ha tenido lugar en dos áreas explosivas de la conciencia humana sobre el planeta Tierra. En Europa, es Alemania. En Asia, Japón. El efecto de Vulcano sobre nuestra conciencia ha estado activo desde comienzos de siglo. La "conciencia racial" de los alemanes, como la de los japoneses, ha sido volada, explosionada y quemada a una nueva y dinámica contribución a la familia del hombre.

Nada menor que un estallido atómico podría haber zarandeado hasta soltarse las vibraciones cristalizadas, atrapadas en los éteres que rodeaban a esas dos naciones. Vulcano machacó Europa y especialmente Alemania con su gran yunque, para reformar el patrón arquetípico. En el caso de Japón, fue la transformación del fuego, que quemó por completo no sólo los patrones arquetípicos, sino también sus manifestaciones terrestres. Los fuegos purificadores de la guerra han liberado el talento y el intelecto magníficos de unos pueblos brillantes.

Seguirá habiendo explosiones, fuegos y reestructuraciones dentro de las naciones raciales, hasta que la vieja conciencia de la raza se transforme en conciencia global. Vulcano se está acercando. Su influencia se hará sentir con anterioridad a su llegada. La "Nueva Era", la "Era de Acuario", está cerca.

Debemos aceptar el fuego y las explosiones aterradoras, necesarios para despertarnos de nuestro sopor indiferente e indolente. Esto ocurrirá tanto a nivel personal e interno como a nivel global, político y galáctico. Es una evolución simultánea.

Al nivel personal, hay ciertas almas que han decidido estar en este momento en la Escuela Tierra, y que estarán aquí en los años venideros. Serán las más afectadas por las transmisiones de Vulcano. Todas las personas que vengan a la vida bajo la constelación y el signo Zodiacal de Virgo, han sido y serán transformados personalmente. Sus cuerpos físicos pueden no cambiar, pero sus cuerpos emocional y mental serán liberados para responder al poder del fuego.

La gema que está recibiendo y conduciendo las transmisiones procedentes de Vulcano, es una piedra tricolor, de aceptación bastante reciente: la Turmalina, un peculiar cristal de la familia Hexagonal (trigonal). Esta gema ha sido conocida desde la antigüedad en el área mediterránea, y fue importada de Sri Lanka por los holandeses alrededor del 1700. La rareza de esta gema ha sido recientemente superada por los vastos hallazgos en Sudáfrica, Brasil y Estados Unidos.

En el Sur de California, la gema está siendo introducida a la sociedad en general. Esta magnífica área de vacaciones es el hogar natural de la más bella Turmalina. Los colores triples, que a menudo encontramos en un cristal de Turmalina, están trayendo el mensaje del cuerpo, la mente y el espíritu a muchas almas a lo ancho del mundo. En todas las partes de la Tierra se están reuniendo "extraños" que se "conocen" entre sí. El Movimiento de Salud Holística puede ser extendido a doctores, dentistas, profesores, quiroprácticos y enfermeras de todas las partes del mundo, que han venido al país de la Turmalina. Nombres punteros de la investigación científica han venido a la Costa Oeste de California.

El acercamiento de Vulcano, regente planetario de los Virgo, pondrá en acción las verdaderas lecciones y desafíos que los Virgo de todas partes han escogido: servir, trabajando por la salud —la salud de la sociedad y del planeta Tierra.

La vibración trigonal de la Turmalina conducirá y amplificará el mensaje de Vulcano.

EL DUODÉCIMO PLANETA

¿Y qué hay del otro planeta esperado, el que se asocia con Libra?

La gema Peridoto, que da una doble refracción de la luz, está conduciendo en este momento las vibraciones de dos planetas. Los mensajes dobles recibidos por todos los Librianos simplificarán la explicación. Libra es un signo de juicio. El símbolo utilizado para indicar Libra es el de una balanza de platillos o una mujer sosteniéndola. Este mismo signo, con los ojos vendados, se utiliza en la profesión de la ley para indicar la Justicia.

El Peridoto refracta tanto el verde como el amarillo. La refracción verde del Peridoto amplifica la onda energética de Saturno. La refracción amarilla de la luz conduce la onda de energía procedente de Júpiter. La persona nacida con su sol en Libra se halla constantemente en un estado de elección o decisión. El mensaje de Saturno es: "Aguarda, ten cuidado, espera, asegúrate". El mensaje de Júpiter dice: "¡Adelante, es grandioso, todo es ideal, puedes tenerlo todo!"

Obviamente, ésta ha sido una gran lucha interna y una gran tensión de todo Libriano de la historia. La lucha y la tensión promueven el crecimiento. El problema es la indecisión. El deseo desesperado de tomar una decisión perfectamente equilibrada, es la disciplina que todos los Libra escogen para sí mismos antes de nacer. Cuando la Nueva Era de Acuario comience su ciclo, habrá alivio para todos los Libra. Otro planeta habrá enviado, por fin, su luz a través de los millones de millas necesarios para alcanzar la Tierra, y Libra tendrá un nuevo regente. Libra será el último signo en tener su propio planeta.

Esto es muy significativo para nuestra comprensión actual. Libra es el signo de la pareja, la cooperación, de la gente orientada hacia los demás, estéticamente desarrollada, creativa y juiciosa. Cuando este planeta que llega envíe sus rayos sobre la Tierra, y la rueda esté completa, tendremos otra edad de oro. La humanidad habrá alcanzado un estado muy elevado en su evolución.

Cuando la nueva onda de energía alcance la Tierra, habrá una perfecta gema cristalina para conducir sus vibraciones. Debemos conocer ya esta gema, pues lo inevitable siempre se predice con cien a quinientos años de antelación. (Hay muy pocos descubrimientos de nuevos minerales o sistemas de cristales.)

En el futuro, cuando el ciclo se haya cumplido, se revelarán nuevos depósitos de este cristal.

LAS GEMAS Y NUESTROS CUERPOS

Las descripciones que siguen establecen las conexiones fisiológicas y psicológicas de nuestro cuerpo. El concepto de la interconexión mente-cuerpo-espíritu se basa en siglos de estudio en ambos mundos, por parte de mentes avanzadas.

Muchas de estas conexiones pueden encontrarse ya en Sigmund Freud, Carl Jung, Phineas Quimby, Mary Baker Eddy (fundadora de la Christian Science), Charles y Myrtle Fillmore (fundadores de Unidad), y Max Heindel (fundador de la Fraternidad Rosacruz). La comunidad médica y científica, en general, contribuye en los aspectos fisiológicos.

DESCUBIERTOS RAYOS DE ALTA ENERGÍA PROCEDENTES DEL ESPACIO EXTERIOR

"En un bunker profundo, en Minnesota, los científicos están observando rayos cósmicos que atraviesan la atmósfera con 10 voltios de energía —200.000 veces más energía de la que haya sido producida nunca en un laboratorio, y mucho mayor que los niveles de energía de la mayoría de los rayos cósmicos.

Los rayos cósmicos de alta energía fueron detectados por investigadores que dirigían los experimentos en un laboratorio enterrado a 700 metros por debajo de la roca sólida. Los rayos recién descubiertos siguen un camino recto atravesando la corteza terrestre.

El físico de la Universidad de Minnesota, Marvin Marshak, miembro del equipo de investigación, dijo a la Geosphere Magazine que "él y sus colegas no saben dónde se originan los rayos cósmicos o qué los produce"."

Geosphere Magazine, Volumen #5
Septiembre de 1983.

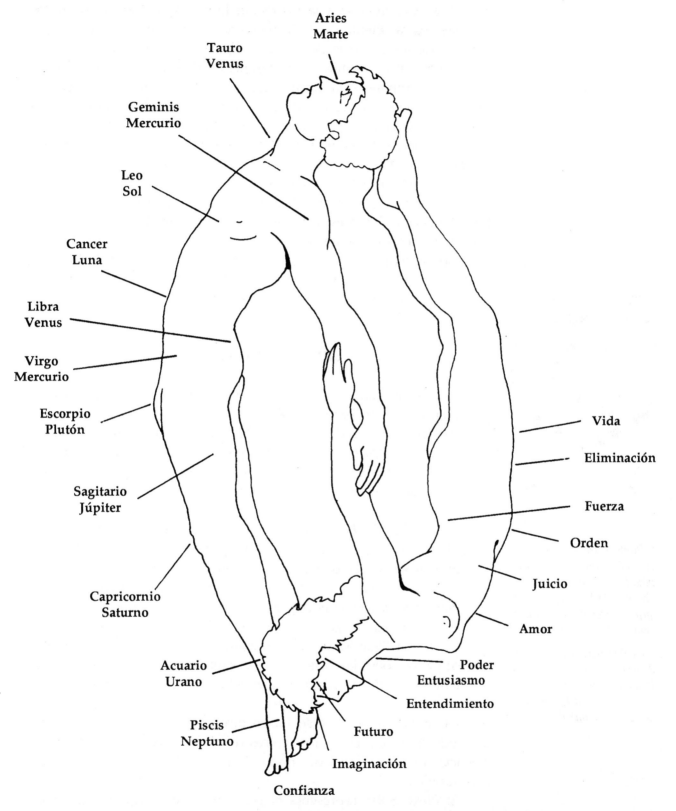

La CONEXIÓN GEMA-RAYO postula que el Universo está establecido para ayudar a la evolución humana en todos los modos posibles: física, mental y espiritualmente. Los rayos de energía que emanan de los planetas de nuestra galaxia, y de "orígenes desconocidos", afectan a los minerales, cristales, gemas y rocas de la Tierra. El cuerpo humano está compuesto de estos mismos componentes. Los rayos tienen un efecto de crecimiento y salud; su movimiento natural es hacia arriba y hacia delante.

Hay ciertas leyes universales que se hallan en funcionamiento permanente —tanto si nos damos cuenta o lo creemos, como si no. Ciertos rayos cósmicos tienen efecto sobre la "vida" en sus formas animal, vegetal o humana. Describiré de qué modo estos rayos afectan al cuerpo-mente-espíritu. Muchas de estas descripciones son aceptadas científicamente en el momento presente; otras están todavía bajo observación por parte de la comunidad científica. Individuos evolucionados, que ya conocen lo que la ciencia aún ha de "descubrir", han dado a ésta algunas pistas intuitivas que contemplar.

CENTROS DE PODER

Se cree que hay al menos doce, y posiblemente más centros de poder en el cuerpo humano. Se trata de áreas en las que los rayos cósmicos pueden ser dirigidos por la actividad cerebral o el pensamiento mental. De estas áreas, tres parecen ser las más poderosas. Desde los tiempos más antiguos hasta el presente, se los ha descrito como si poseyeran un poder pensante especial e independiente.

* Punto entre las cejas, relacionado con la glándula pineal en el cerebro anterior, "hogar" de la inspiración, la supraconsciencia, la intuición o el conocimiento.

+ Centro nervioso en el abdomen situado detrás del estómago, también llamado mente instintiva, agallas o cerebro abdominal.

A. La *glándula Pineal*, en el cerebro anterior, conocida en la filosofía oriental como el "Tercer ojo"*, la Intuición, o el conocimiento sin pruebas físicas; la visión del futuro.

B. El *Corazón*, que toma sus propias decisiones con independencia de la mente; el *corazón de la cuestión, el corazón de la verdad, en lo profundo de mi corazón lo sé.*

C. El *Plexo Solar*+ tiene también una mente instintiva que hace juicios sobre las personas y las situaciones con que nos enfrentamos; "Lo puedo sentir en mis entrañas; mi instinto me lo dice".

Las meditaciones que se suelen ofrecer, se dirigen generalmente, de modo directo, a estos tres centros de poder. Esto se hace así en la creencia de que hacerlo de modo simple y directo dará resultados más rápidos.

El Plexo Solar representa el *poder divino* expresándose a través del funcionamiento del cuerpo. Ha sido descrito como el *cerebro abdominal*. El Plexo Solar (también llamado Plexo Celíaco), es una colección de formas entrecruzadas de fibras nerviosas simpáticas y parasimpáticas, situada detrás del estómago, por debajo del diafragma. Está relacionado con el bienestar de la vida física, la función de las glándulas y los órganos digestivos, la asimilación y eliminación, y el aparato genital. Se conecta directamente con la parte inferior del cerebro, o bulbo raquídeo, que une todas las diferentes estructuras del cerebro con la médula espinal. El Plexo Solar es la supervivencia en la forma física (Cuerpo Vital).

El Corazón transporta el espíritu o alma. En las enseñanzas de la filosofía Rosacruz* de Max Heindel, la chispa misma arrojada por el Creador como alma en el universo físico, es un átomo, llamado "átomo simiente". Este átomo simiente reside en el ventrículo derecho del corazón. Cuando ese átomo se activa al nacer un bebé humano, el alma, o espíritu, entra de nuevo en la forma física.

En todas y cada una de las encarnaciones, tanto si el cuerpo físico es masculino como si es femenino, el átomo simiente del corazón es la misma alma original. Es un espíritu que experimenta la evolución de vuelta a la fuente. El corazón, por lo tanto, porta en dicho átomo simiente el recuerdo de todas las encarnaciones. Toda la experiencia de causa y efecto a lo largo de miles de vidas, está registrada en ese átomo del corazón. El átomo simiente es el micro-chip de memoria del ordenador original.

Es bien sabido, que la verdadera muerte no tiene lugar hasta que el espíritu abandona el cuerpo, y se desconecta el cordón plateado invisible, que une el espíritu con el cuerpo a través del átomo simiente del corazón. No es necesario que expliquemos las funciones fisiológicas del corazón, que controlan la vida y la muerte manteniendo la circulación de la sangre.

La glándula pineal es nuestra conexión con la mente creativa del Creador. La glándula pineal se parece a un pequeño órgano masculino. Su tamaño en un individuo viene determinado por el estado mental-espiritual de dicha persona. Se ha descubierto, por medio de la autopsia, que la glándula pineal se halla subdesarrollada en los retrasados mentales. La glándula pineal se halla localizada en la pirámide médula-pineal-pituitaria. La mayor parte de los efectos de la médula y la pituitaria son conocidos, pero los científicos están todavía investigando la glándula pineal. Entre los instructores y estudiantes esotéricos, se acepta que la glándula pineal es el "supraconsciente", la receptora de todo conocimiento cósmico. Es la entrada de datos de vuestro fichero, el lugar por donde los rayos cósmicos nos alimentan directamente de información. La glándula pineal

* *Rosa Cruz: orden filosófica del siglo quince dedicada a la sabiduría esotérica con énfasis en la iluminación espiritual.*

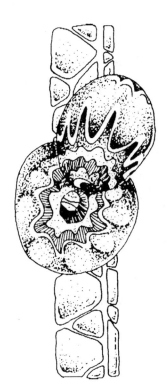

CONEXION GEMA-RAYO

Cristal (Gema)	Cualidades Psíquicas	Factor de salud	Rayo de Color y Planeta
Agata	aceptación, cooperación	fortalece el sistema inmunitario	Rayo Plateado, Luna
Amatista	purificación y clarificación de los pensamientos	protege garganta, pulmones y sistema respiratorio, curación de otros	Rayo Violeta, Mercurio
Aguamarina	alivio de la ansiedad, paz de la mente	glándula pineal, cerebro derecho, riñones	Rayo Azul-Violeta, Venus
Coral	autosacrificio, voluntad de servir al "Todo"	eliminación de la vejiga, intestinos	Rayo Rojo, Plutón
Cornalina	equilibramiento de la tiroides, energía para superar la inercia	estimulación de las glándulas adrenales, pereza	Rayo Rojo, Marte
Crisoprasa	adicciones, excesos	control de la tiroides y de la dieta	Rayo Verde, Saturno
Cuarzo	despertar a las fuerzas cósmicas	"sistemas" cardíaco y medular, equilibrio	Rayo múltiple, Sol
Cuarzo Rosa	gentileza	estimulante cardíaco muy suave y diurético	Rayo Rojo, Marte
Diamante	abundancia, prosperidad (material y espiritual)	purificación total del cuerpo, amplificación de otras gemas	Rayo Múltiple, Sol
Esmeralda	honestidad, amor a los demás, autodescubrimiento	esqueleto, huesos, columna vertebral, dientes	Rayo Verde, Saturno
Espodumena (Kunzita)	amor incondicional	ojos, oídos	Rayo Violeta, Mercurio, Venus
Granate	misterio, aflicciones de una vida pasada	memoria	Rayo Rojo, Plutón
Jade	solventación y detección de los problemas	rodillas	Rayo Verde, Saturno
Lapislázuli	coraje, protección ante los ataques psíquicos, seguridad, autoprotección	cerebro derecho, equilibrio hormonal, formas de pensamiento negativas, Kundalini	Rayo Azul, Urano
Malaquita	paciencia	dientes	Rayo Verde, Saturno
Ojo de Tigre	concentración, energía de enfoque	bulbo raquídeo (cerebro), alivio del dolor de cabeza	Rayo Pardo-Amarillento, Júpiter

Onice	recogida de información	pies	Rayo Plateado, Luna
Opalo	cerebro izquierdo, percepción psíquica	glándula pineal	Rayo Blanco, Neptuno
Opalo de Fuego	respuesta física, pasión, percepción física	genitales y sistema reproductor	Rayo Rojo, Plutón
Peridoto	crecimiento espiritual	parte inferior de la espalda, fuerza, eliminación	Rayo Verde-Amarillento, Júpiter
Perla	perdón, sosegamiento de una irritación	estómago	Rayo Plateado, Luna
Rubí	amor propio, voluntad de vivir	fuerza cardíaca, presión sanguínea	Rayo Rojo, Marte
Topacio	gozo, percepción del ahora, optimismo	central pituitaria, equilibrio hormonal y vitamínico	Rayo Amarillo, Júpiter
Topacio Azul	calma, hipertensión, alivio	equilibramiento (desactivador) de la tiroides	Rayo Azul, Urano
Turmalina	equilibrio de los 3 cuerpos (físico, mental, emocional y espiritual)	tracto intestinal	Rayo Múltiple, Vulcano
Turquesa	sabiduría antigua, creatividad, imaginación, coraje para decir la verdad	posibilidad de ver en las partes del cuerpo	Rayo Azul, Urano
Zafiro	estado de alerta, superación de la tristeza	circulación de la sangre, equilibrio pituitario	Rayo Azul-Indigo, Urano

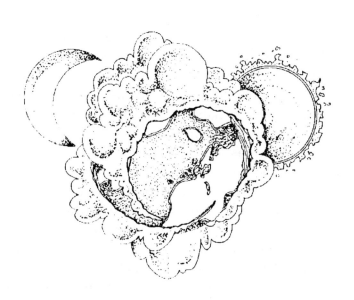

representa toda intuición, inspiración y clarividencia, y toda recepción inexplicable de un poder sobrenatural.

Ciertos cristales de la Tierra contienen importantes características de refracción de la luz. Estos cristales pueden ser tallados en forma de poderosos diseños geométricos. Si dichos cristales son tocados o mantenidos sobre los tres centros de poder del cuerpo mientras meditamos, se acelerará nuestra transformación.

LAS GEMAS Y LOS ADORNOS PERSONALES

¿Por qué suponéis que nuestros antepasados comenzaron a vestir brazaletes, collares, y otras formas de adorno corporal?

¿Podéis imaginar a la Mujer de Neanderthal, uniendo las primeras piezas de hueso, madera y semillas? ¿Cuál era su inspiración? ¿Era su instinto primitivo tan desarrollado que conocía las vibraciones de los espíritus de la naturaleza, cuya tarea es la de poblar toda la naturaleza y dirigirla? En su infantil creatividad, quizá hubiera un conocimiento subconsciente, una comprensión del Reino Vegetal.

Cuando la curiosidad del hombre dio origen a la experimentación, aquél descubrió usos para las pieles de los animales que se comía. Pronto fueron utilizadas cuerdas, tiras y bandas de cuero, que portaban las vibraciones de la fuerza vital del animal. Las piedras y ciertas rocas comenzaron a aparecer en las creaciones. El descubrimiento de los metales provocó un salto en el diseño de ornamentos.

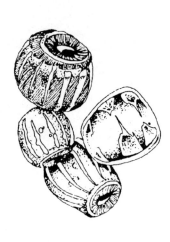

El hecho maravilloso y excitante de esta discusión sobre el adorno personal no es el progreso de la humanidad en aprender a hacer cosas, sino lo opuesto. El **homo sapiens** *sabía*, **que manteniendo estos espíritus próximos a su cuerpo, la vibración del adorno aumentaría su capacidad para aprender y hacer cosas.** Los hombres primitivos estaban en comunicación directa con las fuerzas Cósmicas que invaden, permean y rodean la Tierra. Su inspiración les provenía directamente del *Supraconsciente Universal*. ¿Hay algún otro modo en que pudieran haber sobrevivido? Entendiendo a los espíritus de la naturaleza y trabajando con ellos, nuestras mentes y cuerpos han alcanzado las etapas presentes de evolución.

La introducción de oro, plata y bronce (cobre y estaño), y latón (cobre y zinc), en los adornos del cuerpo, fue pareja a un definido aumento en el intelecto técnico de nuestros antepasados. La mayor parte de los historiadores afirman que el desarrollo del cerebro precedió a la fundición de los minerales. Esta discusión alega que las vibraciones recibidas del metal, incrementaron el conocimiento de quien lo vestía a través de su propio conocimiento.

¿Material inerte? No, nada carece de vida, y todo es vibración, causada por una fórmula geométrica de cristales, cuyas moléculas están dispuestas en una configuración específica y moviéndose a cierta velocidad. Por ejemplo, el oro vibra a frecuencia constante. El oro crece en la Tierra en forma de cristal. Dentro del cristal existe una inmutable medida geométrica. Dicha vibración es un mensaje. Dios habla directamente a nuestro intelecto a través de los sensores de nuestra piel. Lo mismo ocurre con cada metal, y con cada cristal.

En el tiempo en que nuestros ancestros comenzaron a utilizar las gemas de la Tierra alrededor del cuello y los brazos, hubo otro notable aumento en el uso de la tecnología. Hallazgos de antiguos enterramientos, muestran el uso de cristales, gemas y metales como adornos de garganta y pecho. Estos se encuentran, desde luego, en las civilizaciones más avanzadas de aquel momento. Cronológicamente, los hallazgos corresponden a los encontrados en Egipto, China, Sudamérica y, en un pequeño grado, en los indios norteamericanos.

Las gemas y los metales preciosos no son tales sólo por su precio. Son caros porque son deseables. Son deseables porque contienen mensajes dentro de sus vibraciones, a modo de código, mensajes que se mueven sobre y dentro de nuestras propias vibraciones corporales. Triste, pero cierto: cuanto más evolucionado intelectualmente sea el ser humano, más evolucionados serán sus cristales. Por injusto que parezca, no es así. La gran Ley espiritual de Atracción es la de que atraemos lo que somos.

Los lugares de adorno sobre el cuerpo han cambiado muchísimo en los últimos 200 años, correspondiéndose con el cambio de conciencia necesario para la Era de Acuario. Los grandes jefes de la historia antigua, incluyendo las tribus primitivas, utilizaron originalmente la cabeza como lugar de adorno. Podemos seguir este hábito a través de las coronas prehistóricas de cabezas de animales, las coronas de madera tallada y de paja en Africa, los tocados de oro de los Faraones de Egipto, hasta la corona enjoyada de la Reina de Inglaterra del presente día.

Hasta este siglo, las mujeres vestían diademas (pequeñas coronas). Las mujeres, hoy en día, todavía llevan pendientes. Esto ha sido necesario, a fin de que los mensajes vibracionales, importantes para la evolución de las mujeres, puedan estar cerca del cerebro. Es evidente que esto ha cambiado a las mujeres. En las sociedades primitivas de hoy en día, el hombre más sabio y respetado de la tribu todavía lleva corona y pendientes. Responde a los espíritus de la naturaleza presentes en el cuero, el hueso y la madera, lo que le sitúa por delante de sus contemporáneos.

Hoy en día, hombres y mujeres tienen tres áreas básicas del

cuerpo que son adornadas instintivamente con oro, plata y gemas. La garganta, que en el conocimiento oculto es el centro de poder de la persona, es la más favorecida, y así lo ha sido durante al menos 5.000 años. Como resultado de ello, la comunicación ha llegado hasta el espacio exterior.

Un reciente brote de popularidad de las cadenas de oro, ha hecho que sea muy común ver a los hombres de nuestra sociedad occidental vistiendo adornos de garganta y cuello. Puesto que el oro es un metal masculino, y las mujeres están vistiendo las mismas cadenas en la misma área, es fácil ver la necesidad que tienen ambos de aumentar su comprensión del principio masculino.

¿Qué es lo que hace del oro un metal masculino? En los escritos de la sabiduría oculta, el color del metal se corresponde con el sol, que es la Fuerza Yang, Vital y Masculina. El color de la plata se corresponde con la luna emocional, suave, nutriente e intuitiva, que es la Fuerza Yin*, Espiritual y Femenina.

La segunda área de adorno más popular hoy en día es el chakra del corazón. Los hombres visten alfileres de solapa sobre el área del corazón para indicar su pertenencia a un club. Las mujeres visten broches, alfileres y collares más largos sobre este área. Los hombres portan plumas estilográficas de plata u oro en el bolsillo del pecho, a veces gafas, o un reloj de bolsillo.

El tercer área es la muñeca izquierda. En el conocimiento esotérico de este área, la mano que recibe es la izquierda y la mano que da es la derecha. Vistiendo oro, plata y gemas en la muñeca izquierda, los mensajes vibracionales son llevados a través de la arteria del pulso directamente hasta el corazón. ¿Podéis ver la importancia para nuestra evolución espiritual, al cambiar las áreas de influencia, de la cabeza a la garganta y al corazón?

La Era de Piscis, que fue puesta en marcha con el nacimiento de Jesús de Nazaret, ha sido un tiempo de gran evolución mental para la humanidad. La mente rige el cuerpo físico. La perfección del cuerpo ha aumentado, se ha ampliado, y el periodo de vida ha crecido. La Era de Piscis ha sido el tiempo del desarrollo individual e interno. Los gobiernos del mundo han cambiado de las monarquías y dictaduras a las democracias y repúblicas. Hay varias naciones rezagadas, pero podemos ver que incluso las más rezagadas están abrazando el capitalismo y la libertad día a día.

El aumento en la capacidad del individuo común para vestir metales preciosos y gemas, ha revolucionado el mundo occidental. En los países donde no ha ocurrido esto, su progreso se ha visto frenado, tanto física (libertad de movimiento sobre la Tierra) como espiritualmente (libertad de culto o aprendizaje religioso).

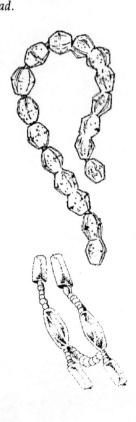

* *Yin/Yang*
Dos polaridades interactuantes como opuestos complementarios y que forman un todo. Una se convierte en la otra en su extremo; noche/día; invierno/verano; macho/hembra; receptividad/actividad.

Al cambiar ahora el énfasis de la cabeza al cuello, al corazón y a la mano receptora, estamos abriendo las áreas de los sensores dérmicos para recibir el nuevo mensaje de la Era de Acuario. Ese mensaje es cooperación, acuerdo y compañerismo entre las naciones, los planetas y las galaxias.

La piel tiene ojos, oídos y otras percepciones sensorias que han sido muy poco estudiadas. Los ciegos pueden atestiguar esto. Ellos se encuentrán forzados a desarrollar sus sentidos no visuales, y a apoyarse en ellos. La vibración de ciertos cristales metálicos (todas las gemas contienen substancias minerales y metálicas de algún tipo) sobre o cerca de la piel, marca realmente una diferencia en el equilibrio químico de cerebro y cuerpo.

La mano izquierda, receptora, ha sido tradicionalmente para el anillo matrimonial. El reloj de pulsera siempre ha sido llevado sobre el punto izquierdo del pulso en todas las personas diestras. El metal más comúnmente usado es el oro. La energía masculina y activa ha sido imperativa para estimular rápidos avances. La vibración del oro es la de moverse hacia delante agresivamente con energía y voluntad. Ha convertido al mundo occidental en predominante en cuanto a beneficios para las clases trabajadoras, y ha elevado a la mayor parte de la humanidad por encima del sistema de clases.

Los receptores de la garganta han creado comunicadores incluso a partir de los nativos más primitivos de Africa. Los lenguajes del mundo occidental han devenido el lenguaje del mundo entero. En primer lugar, los franceses colonizaron el Oriente Medio y Lejano, y Africa, haciendo del francés la lengua internacional. (Los franceses han utilizado mucho las gemas durante siglos.) Luego los ingleses colonizaron la India, el Oriente Medio y Africa, introduciendo un lenguaje nuevo y diferente. (Los ingleses también han tenido muchas gemas a su disposición.) Las dos guerras mundiales de este siglo han introducido a los Estados Unidos en todos los rincones del globo, y han establecido la lengua inglesa como lengua mundial. Ahora puede comenzar la era de la cooperación. Podemos hablar juntos.

LA GEOMETRÍA CÓSMICA DE LAS GEMAS

Científicamente, todo en el universo tiene un aspecto positivo y otro negativo. La vibración de la geometría de un cristal tiene una influencia positiva para llenar una carencia nuestra. También detecta nuestras vibraciones negativas por similitud. El conocimiento de la negatividad de la gema puede corregir nuestras propias vibraciones negativas.

Por ejemplo, cuando carecemos de pureza de pensamiento la amatista puede vibrar en nuestra propia vibración y llenar el hueco. Cuando se detecta una rigidez de pensamiento, la amatista puede ablandar nuestro "esquema mental" para ser más compasivos, más comprensivos, menos críticos y, en definitiva, más amorosos. Creemos que amamos cuando, en realidad, deseamos dar forma o controlar. El verdadero amor nunca aguarda expectante algo procedente de los demás. El ánimo que damos a los otros para que produzcan su propia clase de fruto es pensamiento puro, y por lo tanto amor puro. Esta es la vibración de la amatista.

Los secretos de la luz, y la energía de la luz fría invisible (fotoluminiscencia), están muy inteligentemente escondidos dentro de la amatista. El cristal de cuarzo ya se utiliza produciendo energía. La amatista es un cuarzo —pero tras varios miles de años de investigación, los científicos todavía son incapaces de identificar el verdadero elemento que produce el color de la amatista. El hecho de que estemos utilizando ahora luz fría en los tubos de luz fluorescente, significa que nos encontramos a escasas pulgadas del nuevo descubrimiento. La amatista ha sido tenida en gran consideración por todas las civilizaciones, pero a causa de su abundancia nunca ha alcanzado el valor de otras gemas transparentes. El día de la amatista se acerca.

La *tribo-luminiscencia*, que es el producto de la luz por fricción o abrasión, se halla también presente en el cuarzo. La concentración de electrones alcanza suficiente impulso como para hacerles saltar a través de un hueco, creando luz. Hay dentro de la amatista un ángulo crítico donde la luz experimenta una reflexión total. En este ángulo, será descubierta la nueva energía.

Que el cuarzo es conductor se conoce desde hace mucho tiempo. La bola de cristal como conductora de formas de pensamiento ha sido utilizada durante siglos. Pronto el misterioso color de la amatista (una forma de cuarzo) contará sus secretos a los científicos, y nacerá la asombrosa energía de nuestro futuro. La amatista tendrá entonces el verdadero valor que nuestros instintos han previsto.

Todo lo concerniente a nuestro pasado, presente y futuro, se encuentra en la Sagrada Geometría de las Gemas.

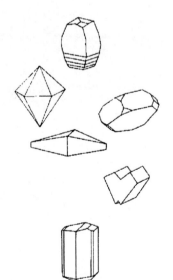

La ciencia moderna está descubriendo una buena razón para coincidir en nuestra obsesión con las cualidades de ciertos rayos de luz. Hemos oído hablar del valor terapéutico de los rayos ultravioleta. Esta indicación de un color específico coincide con los antiguos atributos de pureza dados a la amatista. Quizá comprendieron, incluso entonces, que este color tiene una función sanadora.

El efecto del color sobre los nervios ha sido advertido por numerosos hipnotizadores y científicos del color. El azul-violeta, por ser el más relajante, se utiliza para decorar habitaciones en las que un ambiente pacífico resulta deseable.

Las más antiguas fórmulas relativas a las gemas fueron conservadas, para que las pudiéramos leer, en las tablas sumerias de la civilización de Babilonia. Los cristianos hicieron mucho en el 355 d. de J.C. por desacreditar las numerosas creencias sobre los poderes de las gemas. El Concilio de Laodicea decretó que los hombres de iglesia debían abandonar toda utilización de la astrología y los amuletos (gemas). Su propósito, en aquel momento, fue el de desalentar las supersticiones "paganas". Cualquiera que fuese hallado utilizándolas, sería expulsado de la Iglesia.

En la tradición judía del *Talmud* (hacia el 400-500 d. de J.C.), una gema o amuleto se consideraba con más poder si era ocultado a la vista. A menudo se llevaban envueltos en tela o escondidos dentro de un bastón.

En varios viejos tratados de los siglos XII y XIII, el Clero decidió que era necesario limpiar las gemas de cualquier mácula de pecado, y restaurar sus pristinas virtudes originales por medio de un ritual santificador. Las joyas habían de ser envueltas en una tela limpia de hilo, y colocadas sobre el altar. El sacerdote tenía que portar su vestimenta sagrada y hacer esta oración:

El Señor sea con nosotros y con nuestro espíritu. Puesto que Dios ordenó a Moisés su servidor que colocara entre las vestiduras sagradas doce piedras preciosas, dígnate bendecir y santificar estas piedras por la invocación de tu nombre. Bendice los efectos de la virtud que les has dado, cada una de acuerdo a su especie, de modo que cualquiera que las lleve puestas, pueda sentir la presencia de su poder, y sea digno de recibir la protección de su poder. Gracias sean dadas a Dios.

Somos creaciones perfectas. El milagroso mecanismo de nuestros cuerpos físicos es tan maravilloso que nunca hemos sido capaces de construir ninguna otra máquina tan intrincada o digna de confiar en su resistencia. Nuestro cerebro es tan asombroso que incluso las grandes mentes del mundo no han sido capaces de hacer un ordenador que pueda acercarse a los complicados procesos de razonamiento que producimos a cada minuto. El espíritu humano y la capacidad para las emociones de simpatía, amor y cooperación, son fácilmente reconocidas como totalmente superiores a cualquier otra cosa que haya sobre la Tierra.

Algo, en el hecho de vivir sobre el plano terrestre, tiene tendencia a hacernos olvidar dicho aspecto de nuestro ser. Somos injustos unos con otros. Hacemos leyes morales para gobernarnos y decirnos a nosotros mismos que somos malos.

Durante siglos, nos hemos reunido en templos e iglesias a todo alrededor de la Tierra para decirnos unos a otros que somos malos, y para pedir colectivamente que nuestro Dios Madre-Padre nos haga de nuevo buenos y perfectos. Una y otra vez, decimos, "Aliméntanos, vístenos, protégenos en la batalla mientras matamos algunas de tus otras criaturas".

Nos enfermamos con pensamientos erróneos, y cuando alguno de nosotros muere demasiado joven, maldecimos a nuestro Dios Madre-Padre, y decimos: "¿Cómo puede nuestro Creador permitir que muera alguien bueno?" Parecemos estar convencidos de que no somos perfectos, no somos amados, y no estamos equipados para tener una buena vida.

¿Por qué razón negamos nuestra perfección, nuestras capacidades, nuestros Padres Celestiales, y a nuestros hermanos y hermanas como parientes? ¿Por qué *insistimos* en sentirnos aislados, solitarios, húerfanos en el Universo, flotando sobre un mar inacabable, en una simple barca de madera carente de remos?

Todo esto son mentiras que alguien nos ha contado. Hemos aprendido el temor. El temor no nos vino de nuestros Padres Celestiales. Nuestros padres terrenales, abuelos, bisabuelos y así sucesivamente, nos han enseñado, sin pensarlo y erróneamente, que somos extraños, solitarios, y debemos estar atemorizados.

Los niños creen a sus padres terrenales. Hemos hablado tanto con nuestras bocas desde que estamos sobre este plano terrestre, que hemos descuidado nuestra capacidad de comunicarnos telepáticamente con nuestros Padres Celestiales y con los demás. Las palabras se han entrometido.

Los que estamos buscando nuestro camino de vuelta a nuestro Tao Padre-Madre Celestial y escuchamos sus consoladoras palabras de amor y aliento, sabemos que debe hacerse en silencio y escuchar. La conversación telepática puede llevarse a cabo en cualquier momento y lugar, pero hemos olvidado el modo de estar tranquilos y escuchar.

¿¡Qué maravillas y milagros se necesitarán para convencernos de que somos hijos maravillosos!? Nuestros cuerpos son perfectos, nuestras mentes son perfectas, nuestro espíritu es perfecto; tenemos padres Celestiales perfectos que nos aman tiernamente. Amémonos unos a los otros, y a nosotros mismos, de igual manera. Una de las ayudas que hemos recibido para mantenernos en contacto con nuestros Padres Universales son los Cristales Elementales. Como la electricidad, su fórmula siempre ha estado en existencia.

Los Terrestres nos hallamos en un estado constante de juego. ¡Nuestras vidas son una tremenda búsqueda del huevo de Pascua! Todos nosotros estamos buscando, buscando, buscando el huevo del premio o la mayoría de los huevos. Nuestra evolución ha sido el resultado de esta búsqueda. El descubrimiento de modos tremendos de aprovechar los fenómenos de la naturaleza, ha sido algo que ha estado en orden. Toda invención y teoría utilizables han sido el resultado de nuestras mentes activas y en búsqueda constante. Benjamin Franklin encontró un premio en la electricidad. Cien años más tarde, Thomas Edison descubrió el huevo de oro de la luz incandescente. Sólo estaban respondiendo a la impelente curiosidad y ansia de crear, de descubrir los premios ocultos que han sido colocados a todo nuestro alrededor por nuestro Padre-Madre Celestial.

El juego todavía está en marcha. Estoy jugando el juego con gran excitación. Soy una de las muchas personas que han sido retadas a encontrar los premios, a descubrir los verdaderos usos de los fenómenos naturales a los que llamamos cristales-gemas. Sé que existe en los cristales un poder fabuloso y milagroso. No soy científica, y aunque conozco las fórmulas de la geometría dentro de los cristales, no puedo ser la que haga el descubrimiento final.

La investigación que estoy haciendo será la de unir el campo de fuerza eléctrico de todo ser humano, con el campo de fuerza eléctrico de un cristal. De algún modo, en alguna parte, en esta unión, creo yo, existe una clave para la milagrosa transformación de la psique y el cuerpo.

En el lenguaje esotérico, hablo de nosotros y de nuestras ondas eléctricas cerebrales como el microcosmos del macrocosmos del universo eléctrico. Tenemos una fuerza emanante que medimos como vibración. Esa vibración puede ser elevada, lo que a su vez aumentará la fuerza emanante de nuestro cerebro. ¡Seremos capaces de mover montañas! (Mateo 18:20-21).

Al mencionar la constitución positivo-negativo de los cristales y las gemas, permitidme aclararos que ni el negativo ni el positivo pueden actuar solos sobre la psique o el cuerpo. La naturaleza está siempre perfectamente equilibrada. Nunca creáis a nadie que dé una definición totalmente negativa de una gema. Toda gema tiene su efecto positivo sobre nuestro ser total. A causa de los ángulos interiores de construcción molecular, la vibración de ciertas gemas no nos beneficiará tanto como lo haría la gema exacta. En ciertos casos, la frecuencia vibracional es demasiado elevada, y sentimos una tensión al intentar elevar nuestra vibración hasta su nivel.

Esto no es negativo, pero es innecesario. Basta con que escuchemos a nuestros centros de comunicación, para comprender si la tensión es mayor de lo que podemos acomodar con facilidad. Una cierta cantidad de tensión es absolutamente imperativa para crecer.

Al comienzo de vuestra educación con las gemas, especialmente durante la primera semana de meditación, tendréis que hacer un considerable esfuerzo para sincronizaros. Esto producirá tensiones de diversos tipos. Reiteradamente, la frecuencia de esta nueva gema tendrá tendencia a romper gran parte de los viejos esquemas mentales cristalizados. Esto dará lugar a notables tensiones.

Será también una limpieza de la basura vieja, que puede incluso tomar la forma de una pequeña enfermedad, tal como un resfriado o un trastorno estomacal. El cuerpo se libera a veces realmente de substancias viles mientras experimenta esta integración vibracional. Esto debería aceptarse con una actitud positiva. Es una prueba física de que la verdadera fórmula geométrica está operando. Dado que nuestros cuerpos almacenan recuerdos en cada músculo y tejido (no sólo en el cerebro), liberarse de creencias inadecuadas es el primer paso esencial para la salud.

Cuando comenzamos a controlar las enfermedades por medio de la vacunación, fue porque entendimos el modo de utlizar el germen de la enfermedad misma. Hay formas de envenenamiento que pueden ser curadas por dosis diminutas del mismo veneno.

De la misma manera, cuando hemos almacenado recuerdos negativos en un músculo o área nerviosa durante un periodo extenso, dicha área se cristaliza. Bloqueamos el flujo de energía y sangre a dicha área. A fin de desbloquear y romper la estructura cristalizada, utilizamos un cristal para explosionar un cristal. La fórmula geométrica de vibración de la gema cristalina es más altamente evolucionada y poderosa que los cristales minerales inferiores del bloqueo, y se produce la limpieza. Tomad nota de esta reacción física y psicológica durante la primera o segunda semana en que utilicéis vuestra gema para la meditación. No os desaniméis ni os sintáis tentados a detener vuestro buen trabajo por causa de molestias temporales.

Mi madre solía curar mis muchas heridas y cortes con tintura de yodo. La medicina quemaba como el fuego —causando a menudo más dolor que la lesión. Siempre me aseguró que el dolor demostraba que el producto iba realmente a funcionar sobre la herida. Sólo dolía durante un rato y, ciertamente, mi curación era rápida. Era un desinfectante drástico, hoy en día fuera de uso, pero la lección sigue siendo válida. A veces, la cura hace daño temporalmente. Sed valientes ... persistid ... y ved cómo os curáis.

UTILIZANDO LA CONEXIÓN GEMA-RAYO

Utilizar la capacidad natural de una gema cristalina para transmitir los rayos cósmicos, con vistas a la sintonización personal, es sencillo. En primer lugar, decidid la gema que corresponde con vuestra vibración personal. El método más efectivo es el de permitir a vuestro supraconsciente que examine todos los cristales y escoja el que más os atrae. Id a una joyería o a alguien que trabaje con *todo* tipo de cristales. Podéis asímismo visitar las muestras de cristales en un museo.

Procuraos el cristal de una gema de vuestro tipo, y utilizadlo diariamente con la siguiente meditación de siete minutos. La gema puede tener cualquier forma, ser en bruto o tallada, montada o al natural. No necesitáis ir y comprar una costosa gema, tallada y en montura de oro.

Podéis llevar el cristal con vosotros para sacar provecho de su influencia positiva. No tenéis por qué vestir el cristal como si fuese una pieza de joyería. Podéis guardarlo en vuestro bolsillo, cartera o bolso, o unirlo a vuestra ropa como un broche, cerca de la piel. Durante los veintiocho primeros días, mantened el cristal cerca de vosotros mientras dormís. Ponedlo bajo la almohada, sobre vuestra mesilla de noche, o llevadlo puesto cuando os vayáis a la cama. Al despertaros cada mañana, llevad a cabo el siguiente proceso. Necesitaréis vuestra gema, un cuaderno de notas y un bolígrafo. Este proceso utiliza una meditación particular que repetiréis. Cada gema tiene su propia meditación. Ved un ejemplo más adelante. Podéis ver la lista al final de este capítulo y escribir vuestra afirmación.

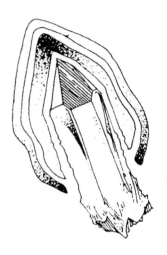

Si vuestro cristal es una amatista, por ejemplo, sostened la amatista contra el plexo solar y repetid durante dos minutos la siguiente afirmación: *"Esta amatista está vibrando para purificar y clarificar mis pensamientos"*. Luego, sosteniéndola contra el corazón: "Esta amatista está vibrando para purificar y clarificar mi comunicación". Luego la frente: *"Esta amatista está vibrando para proteger mi tracto respiratorio"*. (Si para el tracto respiratorio identificáis más claramente el sostener la amatista contra el pecho, es otra opción que podéis escoger.)

He aquí los pasos del ritual de meditación diario.

1. Levantaos de la cama y sentaos en el suelo.
2. Sostened la gema en la palma de vuestra mano y mirad dentro de ella durante un minuto completo. Tratad de ver en su interior. Estáis sintonizando vuestra vibración con la del cristal. Esto preparará vuestro subconsciente para la meditación.
3. Tumbaos sobre la espalda. Colocad el cristal entre vues-

tras costillas inferiores y vuestro ombligo (el área del plexo solar). Cubrid la gema con vuestra palma, y repetid la frase que corresponde a vuestro cristal específico. Haced esto siete veces, o durante dos minutos. (A saber: "Esta amatista está vibrando para clarificar mis pensamientos".)

4. Repetid esto, durante otros dos minutos, mientras sostenéis el cristal sobre vuestro corazón. (A saber: "Esta amatista está vibrando para purificar y clarificar mi comunicación".)

5. Repetid esto de nuevo, sosteniendo el cristal sobre vuestra frente (el área pineal), durante otros dos minutos. (A saber: "Esta amatista está vibrando para proteger mi tracto respiratorio".)

6. Tan pronto como la tercera meditación ha acabado, escribid vuestros pensamientos en un cuaderno de notas.

Después de veintiocho días, revisad vuestro cuaderno de notas y vuestros sentimientos, y descubrid los cambios y mejoras que han tenido lugar. Continuad este ritual diario con la misma gema hasta que vuestro supraconsciente escoja otro cristal. Para referencia vuestra, he incluido una tabla que muestra cada cristal, junto con su planeta, color y propósito.

Brett Bravo

Como resultado de recomendar cristales especiales a sus clientes, Brett pronto se encontró diseñándoles joyas que les permitieran vestir sus gemas. Así se formó Diseños Bravo, con el fin de incorporar los efectos vibracionales de los cristales en joyas atractivas para hombres y mujeres. Cada pieza de joyería es un diseño único creado por Brett, quien a menudo crea también diseños bajo pedido, siguiendo las especificaciones del cliente.

Como psíquica, y como sanadora e instructora holística, Brett goza de reconocimiento a nivel nacional, y ha aparecido en los medios de comunicación por sus seminarios y cursillos acerca de los Cristales y la Vibración de los Colores. El libro de Brett, *La Conexión Gema-Rayo*, examina las cualidades de 28 gemas y sus usos en la curación.

Y como si esta superactiva y multifacética mujer no tuviese ninguna otra cosa que hacer, Brett es la principal organizadora de *Ciudad Esmeralda*, un balneario Espiritual. Está siguiendo el sueño de crear una combinación de ciudad de descanso, estación de salud, escuela de la *Nueva Era* y centro de aprendizaje metafísico. Tiene reuniones a la hora del té, de la suerte de novilunio y plenilunio dos veces al mes, en los que la gente interesada se reúne en hermandad para compartir y dar forma a su objetivo común de manifestar la Ciudad Esmeralda.

El cráneo de cristal

por Frank Dorland

El mundialmente famoso cráneo de cristal de Mitchell-Hedges, fue tallado a partir de un solo bloque de cristal de cuarzo por nuestros antiguos antepasados, como mensaje a su progenie. Este fantástico descubrimiento arqueológico fue puesto bajo mi custodia para que lo investigara, lo que culminó en seis años de intensos estudios, desde 1964 hasta 1970. Los descubrimientos de este programa cambiaron mi vida entera.

Cuando recibí el cráneo de su propietaria en la ciudad de Nueva York, yo era restaurador de obras de arte. Al aceptar la responsabilidad de cuidar de este extraño objeto, pensé que sólo era una importante rareza procedente del pasado. No estaba preparado en absoluto para los asombrosos descubrimientos y las increíbles experiencias a que dio lugar el cráneo en nuestros estudios de investigación. Digo "nuestros", pues mi esposa Mabel fue mi compañera constante y mi colaboradora de trabajo desde el principio mismo. Ella es una excelente clarividente natural, y sus extrañas capacidades paranormales añadieron al proyecto una guía y una comprensión inestimables.

Trajimos el cráneo directamente a nuestros estudios en las faldas del Monte Tamalpais, justo encima de los Bosques Muir, cruzando el puente de Golden Gate, en San Francisco. Nuestro taller se encontraba en una cómoda granja convertida de distribución irregular, desde la que se veía la mayor parte de la Bahía de San Francisco. Por encima de nosotros, hacia la cima de la montaña, se encontraba el gran complejo de una estación de radar del gobierno. Al otro lado de la montaña, a orillas del Océano Pacífico, se encontraba el sistema de una red de comunicaciones telefónicas de ultramar. Menciono esto porque algunos científicos han teorizado que las ondas de energía del tipo de la radio emitidas en este área, podrían haber disparado a la actividad la masa electrónica del cristal de cuarzo del cráneo, ocasionando así gran parte de sus actividades supuestamente "sobrenaturales" que tan bien han sido publicadas. Explicaré más tarde, en este escrito, nuestros propios descubrimientos.

Ya en el primer año de nuestra investigación, el cráneo exhibió un comportamiento anormal, como era el de perfumar el aire y ocasionar audioactividad, de tal forma que se podían escuchar perfectamente campanas de plata tintineantes y cánticos de voces. También operó su magia haciendo que la gente supiera dónde se encontraba y lo que estaba sucediendo. No había pasado mucho tiempo cuando una pequeña pero continua corriente de visitantes procedentes de numerosos paises, vinieron a ver el cráneo. Nos dijeron que era un signo, un símbolo, un heraldo de la Era de Acuario.

Mabel tuvo que hacer de anfitriona para literalmente docenas de buscadores. Se nos dio bastante bien deshacernos de los peligrosos y los meramente curiosos, pero muchos parecían ser líderes religiosos, científicos, chamanes, doctores de la brujería, hombres médico, brujos y semejantes, de *bona fide*: a éstos no pudimos rehusarlos. De esta actividad surgió una sutil intuición y fuimos capaces de detectar los buscadores honestos para el bien, distinguiéndolos de quienes simplemente pensaban o imaginaban que lo eran. Los reales eran siempre moderados pero positivos, y obviamente con pleno dominio de sí mismos en todo momento. Tenían buenas maneras, eran bien educados, y generalmente iban bien vestidos. Era una experiencia fascinante sentarse con el cráneo, y hacer *Charla sobre los Cristales* con un Hombre Médico Mongol vestido en un traje de Brooks Brothers, que hablaba un inglés excelente, y que poseía títulos de licenciatura y postlicenciatura de diversas universidades, de aquí y del extranjero. Nos sentimos agradecidos por las cortesías que nos extendieron estos visitantes de lejos, pues los principales descubrimientos de nuestra investigación vinieron de su adoctrinamiento y explicaciones orales. Empleamos, con éxito limitado, muchos cientos de horas en diversas bibliotecas y universidades intentando corroborar estas enseñanzas orales. Creemos ahora que, con muy pocas excepciones, casi todo lo que se ha impreso sobre la utilización psíquica de los cristales está, por desgracia, distorsionado.

Las páginas siguientes son el resultado de nuestra ininterrumpida investigación sobre los verdaderos hechos concernientes a los cristales, y sobre su efecto entrelazado con la historia del mundo, pues han jugado un papel conductor en el sendero de la humanidad.

Esta ha sido una labor ardua y sincera en busca de la luz. Ahora os pido que si creéis que en este texto hay cosas inadecuadas, por favor las completéis. Si creéis que falta información, por favor llenad el espacio en blanco y completad la información a vuestra entera satisfacción. No dejéis este trabajo de lado, sino tomar de él todo aquello que pueda fortalecer vuestra comprensión. Marchad sólidamente hacia un objetivo de paz y plenitud, pues hoy es el ahora de la eternidad.

*La escalera en espiral se refiere al crecimiento en espiral de un cristal perfecto y a las energías mentales y universales que están proyectadas en cada tramo de la espiral.

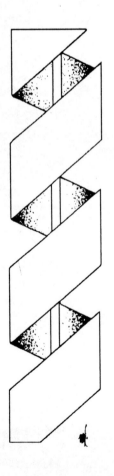

LA ESCALERA EN ESPIRAL*

*La escalera en espiral reluce
Bajo nuestros pies.
Desciende dando vueltas
Al oscuro y perdido pasado
Del que venimos.*

*Ascenderemos a cada elevación
Que se encuentra ante nosotros.
No hay vuelta atrás
Sobre estos escalones cristalinos de la vida.*

*No importa
Los años que se puedan tardar
En alcanzar cada meta que nos atrae.
Pensar en zancadas gigantes
Para acortar el tiempo carece de valor.*

*Ascendamos juntos a
Estas alturas cristalinas que se alzan ante nosotros.
La constante luz de arriba
Ilumina nuestro camino.*

*¡Un brillante día dorado
Nos elevaremos por encima de las estrellas mismas
Y encontraremos el otro lado
Donde moran los Dioses
Y todas sus creaciones!*

FRANK DORLAND

EL CRÁNEO DE CRISTAL

En 1950, este autor y su esposa, Frank y Mabel Dorland, eran restauradores de arte en La Jolla, California. Debido a nuestro trabajo, pudimos escuchar historias acerca de una curiosidad arqueológica que se encontraba en Inglaterra, y a la que se conocía como "El Cráneo de Cristal". Dado que nuestra especialidad era la investigación del arte religioso, la existencia de un cráneo de cristal nos resultó de gran interés. Nuestros estudios, desde la distancia, indicaban que el cráneo probablemente era auténtico, y ello por dos razones principales.

Las imitaciones de obras de arte se hacen para satisfacer una demanda y sacar un buen beneficio. Decididamente no sería lucrativo tallar un cráneo humano a partir de un cristal de cuarzo, dado su elevadísimo coste. Otro hecho importante era que el cráneo no se ajustaba perfectamente a ninguna norma aceptada. Se destacaba igual que un pulgar dolorido. Los marchantes y especuladores de arte no gustan de artículos raros que plantean un montón de preguntas. Prefieren los bienes estándares que están bajo demanda, y que se venden con facilidad. Nos pareció obvio que el Cráneo de Cristal tenía excelentes posibilidades de ser un espécimen religioso muy raro.

Catorce años más tarde, en Otoño de 1964, la Feria Mundial de Nueva York estaba preparándose para cerrar su primer año. Mabel y yo éramos los responsables del cuidado y seguridad de una de las atracciones principales, el Icono de Nuestra Señora de Kazán, comúnmente conocida como La Virgen Negra de Kazán. El Libro oficial y encuadernado de la Feria Mundial mostraba una foto en color del Santo Icono en la página 58, frente a la Piedad de Miguel Angel en la página 59.

Volamos a Nueva York para cuidar del Icono, al mismo tiempo que Anna Mitchell-Hedges, propietaria del Cráneo de Cristal, llegaba a Nueva York procedente de su hogar en Inglaterra. Nos entusiasmó la oportunidad de encontrarnos con ella.

Era un fresco día de otoño cuando los tres, Anna Mitchell-Hedges, Mabel y yo, nos encontramos y visitamos el Museo del Indio Americano (Fundación Heye) en Nueva York. Sammy (sobrenombre de Anna) había traído consigo El Cráneo de Cristal para mostrárselo al director del museo, quien por aquel tiempo era el muy erudito Frederick Dockstader. Pasamos una tarde maravillosa.

Varios días más tarde nos encontramos de nuevo, y esta vez Sammy nos acompañó al aeropuerto donde habíamos de tomar un avión a San Francisco. Teníamos con nosotros el Icono Ruso, envuelto a salvo entre el equipaje, de incógnito. Sammy nos pidió entonces

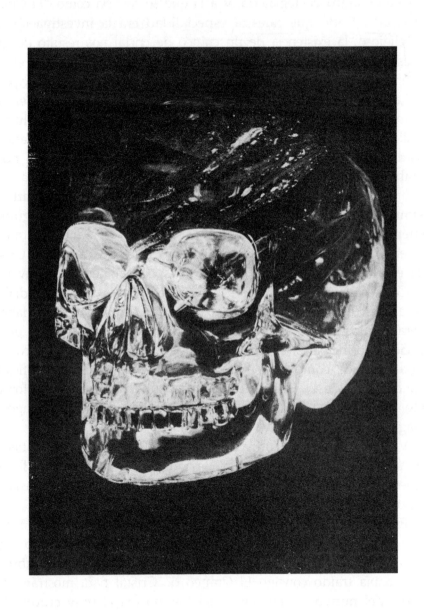

EL CRANEO DE CRISTAL

que cogiéramos El Cráneo de Cristal para investigarlo. Subimos las dos piezas al avión como equipaje de mano.

En el avión, el icono permaneció a nuestro lado, mientras que el cráneo iba en el asiento de enfrente. Se encontraba oculto en una robusta caja negra casi cuadrada, con tiras dobles vertical y horizontalmente envueltas a su alrededor. Aseguramos la caja al asiento con el cinturón de pasajeros. La azafata no nos dijo nada, pero miró la caja negra con grandes sospechas durante todo el trayecto de Nueva York a San Francisco.

Poco comprendíamos que estábamos transportando dos tesoros muy relacionados. Ni siquiera sospechábamos que El Cráneo de Cristal estaba volviendo a casa, a la tierra donde El Cristal mismo se originó muchos millones de años atrás.

El aterrizaje en San Francisco fue suave como el satén y poco después, el servicio de equipajes puso el freno a su vehículo transportador. Cargamos el equipaje, lo almohadillamos, cubrimos la pintura y la caja negra en mantas resistentes al fuego que siempre guardábamos en la parte de atrás de la furgoneta, y tomamos la autopista.

Pronto estábamos conduciendo a través del Puente de Golden Gate hacia nuestro estudio en Marin, cuando Mabel mencionó que deberíamos encontrar algún lugar muy seguro para guardar estos dos extraordinariamente valiosos objetos. Aunque nuestra casa y estudio tenía un elaborado sistema de alarma de tres vías contra el crimen y para la detección de incendios, habría sido atolondrado dejar allí esos tesoros, excepto en los momentos de tratamiento e investigación.

En pocos días, descubrimos que la sucursal del Banco de América en Mill Valley tenía una enorme cámara en su sección de depósitos. Al inspeccionarla, descubrimos que había sido utilizada en los viejos tiempos para almacenar lingotes de oro y dólares de plata, pero poco servían ya para eso en 1964. Nos invitaron a alquilarla durante un año por una modesta suma, así que las guardamos juntas, la caja negra que contenía el cráneo y la pintura religiosa.

Nos sentimos exultantes por nuestra buena fortuna, ya que el banco se encontraba a menos de diez minutos de nuestro hogar-estudio en la montaña de arriba. Poco comprendíamos entonces de cuánto nos iba a servir este acuerdo. Esperábamos, quizá, un año de estudios, pero esta previsión creció hasta seis años de investigación y cuidados intensivos, con el añadido de algunas inesperadas intrigas y peligros.

No transcurrió mucho tiempo antes de que comenzaran a ocurrir cosas peculiares siempre que el cráneo se hallaba fuera de la cámara. Y en nuestro hogar, advertimos que cuando tomábamos notas o estábamos muy quietos, se oían de alguna parte voces y música suaves. A veces había un aroma, una huidiza fragancia agridulce que me recordaba a los capullos y el vinagre de las manzanas mezclados con el inconfundible olor del torrente de una elevada montaña helada. Si poníamos nuestras manos cerca del cráneo, podíamos sentir un hormigueo semejante a una corriente eléctrica, y hubieron otros momentos en los que claramente vimos formas y sombras que se movían en su interior.

Aquí se encontraba un objeto inanimado sobre una mesa de investigación en nuestro estudio, que nos cantaba, nos hablaba, nos llenaba el aire con un huidizo perfume agridulce, nos hacía cosquillas en los dedos con energía eléctrica, y empezábamos a ver cosas. Estaba desconcertado, y poniéndome un poco nervioso.

Una noche, era demasiado tarde para llevar el cráneo de vuelta a la cámara. Como afuera hacía frío, encendimos un fuego en nuestra chimenea noruega, que se encontraba en el rincón de la habitación opuesto al lecho. Ante éste teníamos una mesa de café baja con cubierta de ónice. Para mantener el cráneo bien a la vista, lo pusimos sobre la mesa de café.

Después de cenar, me senté en la cama y miré al fuego al otro lado de la habitación. Miré hacia abajo al cráneo que se hallaba directamente enfrente de mí, y me asombró ver un fuego danzante en cada oquedad de los ojos. Los ojos estaban encendidos de llamas. Saltaban y retozaban. Tan pronto como recuperé mi compostura, grité a Mabel que viniera corriendo. Juntos contemplamos y ponderamos esta exhibición. Era un efecto extremadamente hipnótico. Inmediatamente vi, igual que lo hizo Mabel, que ésta era una hazaña de la óptica científica, supuestamente desconocida para las razas antiguas.

Después de algunos experimentos adicionales, descubrimos que el cráneo había sido tallado intencionadamente para llevar a cabo una serie completa de ilusiones ópticas, reflejando las luces de fuegos cercanos en diversas localizaciones. Dicha experiencia fue nuestro primer gran descubrimiento de lo importante que podría ser El Cráneo de Cristal.

Los siguientes días y semanas estuvieron llenos de excitantes pistas que cuidadosamente exploramos. Todo resultado era probado, o abandonado por ser inútil de proseguir. Las semanas se convirtieron en meses y los meses en años. Entonces nos dimos cuenta definitivamente que era imposible ir más lejos sin tener algunas auténticas bolas electrónicas de cristal de cuarzo, y piezas de cuarzo con las que experimentar.

Había un gran número de, supuestas, bolas de cristal y piezas de cristal en las tiendas. Por desgracia, todas eran imitaciones. Estaban hechas de vidrio, plástico o cristal de plomo, que es un bonito tipo de vidrio con un alto contenido en óxido de plomo. El plomo hace que sea más fácil de cortar y tallar, y confiere un bonito brillo, pero no deja de ser vidrio, y el vidrio es un aislante.

Nuestras mentes nos dijeron que deberíamos seguir, así que decidimos abandonar nuestra carrera de restauradores de arte, y convertirnos en biocristalógrafos completos. Acuñamos la palabra con el significado del estudio del intercambio de energías entre la mente humana y el cristal electrónico de cuarzo.

Inmediatamente vendimos y convertimos nuestro material de laboratorio especializado de restauradores de arte, en herramientas selectas de lapidario para cortar, tallar y dar el acabado al cristal de cuarzo. No pasó mucho tiempo antes de que nuestras labores produjeran algunas bolas de cristal reales, y algunos cristales reales para el trabajo psíquico. Podíamos ya experimentar y hacer ensayos con la autenticidad necesaria para seguir adelante.

Muy útil fue también el hecho de que no tuviéramos problema alguno para colocar muchos de nuestros cristales, tallados a mano, con varios excelentes psíquicos de San Francisco y Marin. Lo hicimos para conseguir sus reacciones al utilizar los auténticos.

Una tarde de 1970, sonó el teléfono. Contesté, y tuve la agradable sorpresa de escuchar la voz de Sammy. Dijo que se encontraba en San Francisco, echaba de menos su Cráneo de Cristal, y había venido a llevárselo a casa con ella. Al día siguiente tuvimos una agradable visita, Sammy cogió su Cráneo de Cristal y nos dejó, camino de Canadá. Nuestro trabajo no había concluido. Realmente, sólo había hecho que empezar. La información sobre los cristales y nuestro trabajo con El Cráneo se había extendido a cientos de ciudades y docenas de países.

En 1973, Doubleday publicó la edición encuadernada de *The Crystal Skull* (El Cráneo de Cristal), de Richard Garvin. El material fue tomado de mis archivos, mi laboratorio fotográfico, y mis explicaciones escritas y verbales. La versión en rústica fue publicada por Simon and Schuster, y también hubo una edición japonesa.

Suministramos miles de copias de un folleto azul escrito por nosotros y al que titulamos "El Cristal de Roca, la Piedra Santa de la Naturaleza". También enviamos cientos de nuestras herramientas de cristal talladas a mano a psíquicos de Australia, Canadá, Alemania, Suiza, Francia, Inglaterra y otros países. El Cráneo de Cristal había hecho funcionar su misteriosa magia; el interés por los cristales se había extendido casi por todas partes.

Tuvimos un apretado programa de conferencias y apariciones

en programas televisivos locales y nacionales, incluyendo "Eso es Increíble", y "Gente Real". Pronto se hizo una película, pero era tan mala que no tardó en morir. Se hizo una película documental titulada "El Cráneo de Cristal". Esta consiguió algunos premios, pero no fue exhibida suficientemente.

En Enero de 1978, la Ciudad de Montreal nos encargó que talláramos una serie de diversos talismanes de cristal y de cristales de trabajo. Se mostraron en el Pabellón Canadiense sobre la Isla de Notre Dame en Quebec, durante una popular presentación denominada "El Hombre y Su Mundo".

Hemos tenido muy pocas apariciones desde finales de los setenta pues descubrimos que estábamos creando para nuestros cristales una demanda que no podíamos satisfacer. Todo el trabajo que se necesita para crear un cristal a partir del material en bruto, es llevado a cabo por un sólo individuo —yo. Sólo puedo tallar un número dado de cristales al año.

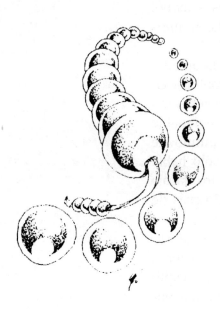

LA RED DE INDRA

Hay una interminable red de hilos
A todo lo largo del universo.
Los hilos horizontales están en el espacio
Los hilos verticales están en el tiempo.

En cada cruce de los hilos
Aparece un individuo,
Y todo individuo
Es una cuenta de cristal.

La gran luz del ser absoluto
Ilumina y penetra
Cada cuenta de cristal, y asimismo,

Cada cuenta de cristal refleja
No sólo la luz
De todos los demás cristales de la red,
Sino también cada reflejo
De cada reflejo
A todo lo largo del universo.

En los *Vedas*, los Cánones Sagrados Hindúes, Indra era El Rey de los Dioses y el Señor de las tormentas, la lluvia, el trueno y el relámpago. Los *Vedas* fueron recopilados formalmente a partir de relatos orales hacia el 1500 a. de J.C.

TAMAÑO Y PESO DEL CRÁNEO DE CRISTAL

El Cráneo de Cristal fue creado a lo largo de un extenso período de tiempo, a partir de una sola y voluminosa pieza de cristal que originalmente debió pesar al menos veinte libras o más. El cráneo acabado pesa aproximadamente once libras siete onzas (*N. del Tr.*: 5.188 gr. 1 onza = 28,3495 gr.). Hay pruebas evidentes de que fue tallado a mano por el método clásico de desportillar y mellar, y luego pacientemente pulido con arena y a mano.

Mide 4 7/8 pulgadas de ancho por 5 13/16 pulgadas de alto, y es 7 7/8 pulgadas de largo (*N. del Tr.*: 12,4 x 14,8 x 20 cm). Estas dimensiones no son del todo diferentes de las de muchos cráneos humanos verdaderos. Para quienes deseen medidas craneales más científicas, aparecen en un artículo publicado en Julio de 1936 en "Man", la revista mensual de Ciencia Antropológica (Real Instituto Antropológico de Gran Bretaña e Irlanda). El artículo compara el Cráneo de Cristal del British Museum con el Cráneo de Cristal de Mitchell-Hedges. La mayor parte de los colegios universitarios y de las facultades universitarias deben de tener una copia de esta publicación en su Biblioteca Antropológica. El artículo va de la página 105 a la página 109.

En el artículo, se dice que El Cráneo se encuentra en posesión del Sr. Sydney Burney. La familia Mitchell-Hedges ha explicado que El Cráneo estaba sirviendo como aval de un crédito concedido por Mr. Burney. El préstamo fue posteriormente reembolsado, y El Cráneo fue recuperado por F.A. Mitchell-Hedges.

Este artículo es de considerable interés, y merece la pena ser leído por quienes desean considerar los misterios del Cráneo bajo todos los ángulos posibles. El artículo afirma que es un cráneo femenino, mientras que para coincidir con el patrón normal debería haber sido un cráneo masculino, en tributo a un gran guerrero o a algún heroico conquistador.

SESIONES PSÍQUICAS CON EL CRÁNEO

Las noticias acerca del Cráneo de Cristal crearon más interés del que sospechábamos. Recibimos un aluvión de peticiones para ver El Cráneo. Estas procedían en su mayoría de psiquiatras, psicólogos, hipnotizadores, médicos, abogados, y una amplia variedad de psíquicos.

Una y otra vez nos dijeron que El Cráneo estaba cargado de información vital sobre el pasado y el futuro, información que era capaz de hacer añicos la tierra. Por añadidura, se susurró que había sin duda grandes secretos encerrados dentro del cráneo, los cuales sólo podrían ser sacados a la luz en la más estricta intimidad, pues "el mundo no estaba aún preparado para recibir estas grandes verdades". En respuesta a estas fascinantes proposiciones, seleccionamos varias docenas de individuos para que se sentaran delante del cráneo e "hiciesen lo suyo".

Al observar de cerca cada sesión, pronto nos sentimos decepcionados ante el continuo individualismo, no emergiendo ninguna línea común ni mensajes mutuamente coincidentes de cierta importancia. Finalmente descubrimos que había una completa consistencia en la inconsistencia de estos experimentos. Lo que entonces comprendimos fue que cada psíquico estaba siendo estimulado por energías que eran amplificadas por el cristal, energías que ellos mismos habían emitido originalmente de sus propias mentes consciente y subconsciente. En vez de los secretos del Cráneo, estábamos siendo testigos de una especie de psicoanálisis personal a lo "háztelo tú mismo", más que de cualquier otra cosa. Ninguno de ellos parecía comprender que eran sus propios gustos, odios y temores lo que estaban dragando de sus profundidades internas.

Tratando de corregir esta desviación de la meta deseada, nuestros experimentos nos condujeron a una serie de sesiones de meditación con el cráneo. Pronto descubrimos que el mero hecho de meditar en presencia del cráneo de poco nos servía. Resultaba necesario prepararse para cada meditación escribiendo preguntas breves, simples y lógicas, que deseábamos fueran contestadas. Si queríamos resultados, teníamos que poner de nuestra parte. El tema debía ser preparado inteligentemente, de forma que pudiera ser llevado al estado de meditación de manera no confusa. Utilizando este método, obtuvimos sesiones controladas y repetidas que produjeron casi siempre resultados positivos.

Todos nuestros descubrimientos indican que el control y la claridad de la mente humana resultan de vital importancia en todos los aspectos de utilización de los cristales. *El cristal es un aparato electrónico muy provechoso, la primera herramienta mundial de estado sólido, pero es la mente humana la que controla el cristal. La mente es la que suministra la energía, el cristal es el amplificador reflectante.*

Si pudiéramos repetir nuestros primeros experimentos con los psíquicos que invitamos, los resultados serían muy diferentes. Ahora sabemos que les deberíamos haber explicado las reglas básicas. Deberíamos haberlas resumido en cómo funciona el cráneo o cualquier cristal electrónico. Les permitimos que operaran en una atmósfera incontrolada de "Veamos qué obtenemos", y eso no era una prueba justa de sus capacidades. No es sorprendente si muchos de los resultados no fueron concluyentes.

LO QUE EL CRÁNEO DE CRISTAL ES, Y NO ES

Desde 1950, hemos explorado docenas de teorías concernientes al origen e historia del Cráneo. La más estúpida es la creencia de que El Cráneo fue hecho con un molde maestro utilizando cuarzo líquido, por la fusión de docenas de pequeños cristales. Podéis estar seguros de que el Cráneo de Cristal de Mitchell-Hedges fue tallado a partir de un bloque sólido de cristal de cuarzo natural izquierdo. (El cuarzo puede crecer hacia la izquierda o hacia la derecha.)

El cristal de cuarzo pierde su estructura cuando lo fundimos. Se convierte en un líquido, y al enfriarse se convierte en un montón solidificado de vidrio de cuarzo. El vidrio no es cristal. Aunque el vidrio ha sido llamado cristal durante dos mil años, no deja de ser una imitación de lo real.

Otra historia fue expuesta por un prominente profesor de universidad quien, a pesar de no haber visto o examinado nunca El Cráneo, insiste en que fue hecho en Japón a finales del siglo diecinueve. Ningún estudioso serio creerá semejante afirmación por múltiples razones.

Otra es la de que El Cráneo de Cristal es un modelo anatómico que puede ser comprado en el catálogo de una gran casa alemana de suministros médicos. Esta sorprendente revelación provino de un oficial de alto rango de un importante museo tras cinco minutos de examen visual.

Otra teoría, sin embargo, es la de que el cráneo fue saqueado de Tierra Santa, durante las Cruzadas, por los Caballeros Templarios. Fue llevado a sus Cuarteles Centrales de Londres, y guardado allí como una Cabeza Divina. Llegados tiempos de dificultades, el Cráneo y otros tesoros fueron ocultados en un escondite secreto en Londres. Se ha sugerido que F.A. Mitchell-Hedges se tropezó con estos tesoros secretos y prontó presentó El Cráneo como de origen Indio Maya, de modo que pudiese alegar legítimamente su propiedad. Este fascinante cuento es considerado una posibilidad por parte de un puñado de estudiosos del tema.

Otra sugerencia provino de quienes conocieron a Mitchell-Hedges. El Cráneo de Cristal fue enviado fuera de Méjico por los Sumos Sacerdotes durante la Conquista Española. Los Sacerdotes ocultaron El Cráneo, el oro y otros tesoros mejicanos en las islas Bahía del continente. Mitchell-Hedges supuestamente descubrió una porción de este secreto, hallada durante una de sus expediciones pesqueras por el Mar Caribe, lo que le reportó oro a la vez que El Cráneo de Cristal.

La última teoría que consideraremos en este momento parece tener menos fallos y más lógica que las demás. Esta teoría postula que el cráneo fue tallado a lo largo de un extenso periodo de tiempo. Una especie de proceso evolutivo que tuvo lugar en diversas áreas de Méjico y Sudamérica. La pieza bruta y original de cristal, a partir de la cual fue tallado el cráneo, se encontró en lo que hoy es Calaveras County en California. Otros grandes cristales de naturaleza similar, comparables con El Cráneo, se hallaron en este área. Y la historia es ésta:

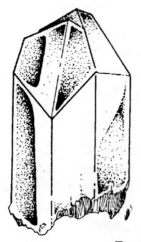

Hace unos doce mil años, una pequeña tribu nómada halló un gran cristal de cuarzo arrojado por un torrente, en el lecho de un río en la Costa Oeste de Norteamérica. Cuando un joven miembro de la tribu vio que la luz del sol atravesaba directamente el cristal, éste se convirtió inmediatamente en un signo de Dios, un mensaje del Espíritu Divino. ¡Esta no era como cualquier otra roca del mundo!

El adoquín de cristal tamaño calabaza fue transportado con los viajes de la tribu, pues aquel poder celestial ciertamente debía garantizar su seguridad.

En fechas muy posteriores, el gran cristal tuvo su residencia semipermanente en una gran cueva que se había convertido en el centro principal de la tribu. A medida que pasaban los años, se descubrieron otras pequeñas piedras transparentes, las cuales fueron llevadas como regalo ante el gran cristal. Finalmente, ocurrieron algunos accidentes con los pequeños cristales, dando como resultado que los guardianes asignados descubrieran que podían hacer saltar diminutos trozos de cristal golpeando las piezas entre sí. Esto les permitió hacer toscas formas a partir de los cristales. Con paciencia y práctica, hicieron cuchillos ceremoniales, puntas de lanza, puntas de flecha, anzuelos de pesca y otros artículos.

Tras muchísimo tiempo, uno de los artistas más dotados talló cuidadosamente dos toscos ojos en el gran cristal, haciendo el cristal más importante todavía, ya que ahora era la figura de una cabeza.

Pasaron generación tras generación, mientras el Gran Cristal permanecía a salvo, como un protector de su pueblo enviado por el cielo. Los rumores sobre un misterioso cristal mágico con ojos viajaron a todas las otras tribus, a todo lo largo del continente. Cada sacerdote de cada tribu confiaba en encontrar un cristal con el que llevar la magia al lugar donde gobernaba.

Con el tiempo, los sacerdotes se volvieron más sofisticados y finalmente razonaron que un Dios era el creador de todas las cosas, y que este Dios debía residir en el Cielo. Puesto que Dios era el Creador, Dios debía ser mujer, pues es la mujer la que crea todas las cosas, el bebé pez, el bebé cordero, el bebé pájaro. Todo era creado por Ella, así que ella debía de ser Dios. Puesto que todo esto es cierto, Dios es La Gran Madre, la Reina del Cielo.

Todas las madres tienen un padre, así que naturalmente la tierra era padre, puesto que el cielo, era madre. Padre Tierra y Madre Cielo crearon todas las cosas que hay en todas partes. Cuán simple es entender el Cosmos.

A medida que Sacerdotes y guardianes afinaban sus habilidades para el trabajo del cristal, El Gran Cristal fue finalmente tallado como un bello cráneo de mujer, un símbolo universal de Dios, la Gran Madre, la Reina de los Cielos. Sabiamente se abstuvieron de ponerle una piel al cráneo, pues sabían que La Gran Madre era para todos. Si le ponían una piel, la gente podría llegar a pensar que Ella era esquimal, mejicana o china.

Muchos miles de años más tarde, en una civilización diferente, el Sacerdocio que controlaba El Cráneo de Cristal razonó que si pudieran cortar la mandíbula sólida separándola del cráneo, podrían animarlo de modo que Dios hablase. Esto ocurrió quizá hace sólo novecientos años. Cortaron cuidadosamente la mandíbula con muy poca pérdida de material, y la pulimentaron bellamente. El Cráneo fue diestramente montado sobre dos ejes pivotantes, de modo que pudiera oscilar de lado a lado y arriba y abajo. Igual que una marioneta, manipulándola desde abajo con palos para mover el cristal, la mandíbula podría ser dirigida arriba y abajo como si Dios estuviese hablando.

Esta figura de Dios, animada y controlable, fue colocada en un templo de piedra con altares de fuego estratégicamente colocados para iluminar el centelleante cristal. La visión resultaba excitante de contemplar: un bello cráneo femenino de cristal, con ojos relampagueantes, que lanzaba su mirada de un lado al otro del templo, y cuya mandíbula se movía en una orquestación sincronizada con las órdenes Divinas cantadas por el sacerdocio.

El postulado anterior en cuanto al origen y evolución del Cráneo de Cristal, resultó de reunir en una sola imagen las miles de piezas del rompecabezas.

Hay muchos mitos del pasado que tienen que ver con antiguos Dioses y oráculos mecanizados, pero carecemos de pruebas. El Cráneo de Cristal es el único ejemplo existente de una cabeza de Dios altamente sofisticada, controlada mecánicamente, animada y parlante. Es una poderosa figura femenina de carácter hipnótico, que se posesiona de la mente.

Numerosos informes afirman que El Cráneo de Cristal fue descubierto en las ruinas de una Ciudad Maya llamada Lubaantun, en Honduras Británica (hoy Belize). Las fechas que se dan son 1924 ó 1927. Los archivos arqueológicos revelan que el descubrimiento y exploración de Lubaantum fue hecho por la expedición de Thomas Gann. Parece ser que F. A. Mitchell-Hedges era un destacado participante de esta expedición, o al menos un invitado de honor por aquel tiempo.

Sammy, hija adoptiva de Mitchell-Hedges, afirma que encontró ella personalmente El Cráneo de Cristal en las ruinas de un templo derrumbado. Dijo: "Lo encontré en mi diecisiete cumpleaños". Hay varios reportajes publicados en los que se afirma que Mitchell-Hedges rehusó divulgar la procedencia del Cráneo. "Por buenas razones", dijo.

Nuestras investigaciones indican que no es de suprema importancia conocer cuándo o dónde fue encontrado, sino el hecho de que fue encontrado. Su mensaje tiene un alcance atemporal y universal, sin consideraciones de geografía o de raza. Mabel y yo hemos considerado El Cráneo como un telegrama entregado en mano. Estudiamos el telegrama una y otra vez hasta comprenderlo por completo. El telegrama físico nos ha sido arrebatado, pero lo importante es que pudimos captar su significado completo, en voz alta y clara.

El mensaje proviene de nuestros antiguos antepasados, los cuales dieron forma al Cráneo como símbolo de un garage, de un lugar de aparcamiento, de una morada para el intelecto, la personalidad y el alma. Querían que supiéramos que consideraban a la mente humana como la creación más asombrosa y maravillosa del universo. Es el poder más bello que existe; sin embargo, cuando se descarría, es el más espantoso y temible monstruo en existencia.

El Cráneo, por ser femenino, transmite el mensaje de que originalmente se consideraba al Creador como La Gran Madre de todas las cosas, la Madre que alimentaba y protegía a todas sus creaciones y a todos sus niños. Cuando el papel del Creador fue finalmente cambiado por el hombre de La Gran Madre a un Dios masculino, este sustituto fue descrito como un poderoso Dios de cólera, un Dios de juicio y condena, un Dios envidioso. El péndulo había oscilado demasiado lejos del concepto de La Gran Madre, y ello había traído consigo las fuerzas destructivas del estado de guerra premeditado, el odio y la venganza.

Tras muchos años de sincera investigación en las raíces de la humanidad, puede claramente verse que casi toda la historia del mundo entero a la que podemos tener acceso hoy en día, ha sido escrita únicamente por hombres, para la gloria y consumo del hombre. Es tremendamente lamentable que nuestras tradiciones pasadas y nuestra estructura de poder defensivo haya denegado a las mujeres la posibilidad de contribuir con su propio punto de vista a los acontecimientos mundiales. Muchos de nosotros tenemos la impresión de que se nos ha impedido entender la mitad o más de la mitad de las verdades relativas a nuestro pasado.

Un pensamiento inspirado procedente del Cráneo es que los poderes del mundo deben estar equilibrados por igual entre las energías femenina y masculina, si es que alguna vez hemos de alcanzar una coexistencia pacífica y productiva en el aquí y ahora. Este, ciertamente, no es un pensamiento nuevo y singular, pues ha tenido validez en numerosas enseñanzas religiosas durante miles de años.

En los Estados Unidos, asistimos a un tremular de esperanza para el futuro. Por fin, abogadas están ejerciendo la ley en mayor número. Algunas de ellas han conseguido alcanzar el cargo de jueces. Confiamos en su florecimiento y posterior pavimentación de un camino hacia el equilibrio en el poder..

Nada de esto debe interpretarse como un esfuerzo por eliminar los derechos del varón. Simplemente se trata de obtener el equilibrio de la humanidad haciendo avanzar el lado femenino hasta su posición de plena igualdad, inclusive en los estamentos gubernamentales, especialmente los concernientes a la Ley, prensa y medios de comunicación, y en el campo educacional religioso, artístico y científico.

La última frontera que queda por explorar en este mundo es la del funcionamiento y las plenas potencialidades de la mente humana. Nuestras investigaciones sobre El Cráneo de Cristal, que condujeron a nuestro trabajo actual de talla de cristales, nos indican que la raza humana podrá aspirar a la mayor plenitud jamás soñada, la de una realización y una comprensión completas. Será entonces, con el devenir del tiempo, cuando se alcanzará una verdadera paz.

RESUMEN DE DESCUBRIMIENTOS SOBRE LOS CRISTALES

- El cristal electrónico es el instrumento de estado sólido original. Los cristales pueden ser utilizados para desarrollar la mente y sus poderes psíquicos intuitivos.
- Los cristales son herramientas y carecen de poder propio. Pueden ser activados recibiendo su energía de la mente y el cuerpo. El contacto directo con la piel sirve para esto.
- Los cristales emiten ondas de radio que son recibidas por las células del cuerpo y la mente, y que actúan como reflector y amplificador estimulando la conversión de las señales intuitivas y psíquicas en el interior de la conciencia despierta.
- Los buenos cristales operativos son tallados a mano con líneas de flujo suave y sin bordes afilados, puntas o esquinas agudas. Sus superficies cóncavas y convexas, redondeadas y pulimentadas, facilitan la liberación no impedida de energías, mejorando así su eficiencia.
- Los cristales con facetas o las puntas de los cristales naturales hacen rebotar internamente los rayos emitidos, de una superficie plana en ángulo a la otra, de modo que la mayor parte de aquellos rayos se pierde.
- Los cristales reciclados son grandes bloques de cristal puro y sólido que han crecido a partir de diminutas piezas disueltas de cristal natural. Son preferidos por la industria electrónica, los talladores de cristales y muchos trabajadores del cristal, que han descubierto que su calidad es superior a todos los cristales naturales con algunas raras excepciones.
- El crecimiento del alma humana ha sido comparado con el crecimiento de los cristales, pues ambos se esfuerzan por desarrollarse hacia la perfección a base de dejar detrás todas las impurezas.
- El Agua, el cristal, la plata y la luna son conocidos como *Los cuatro fabulosos*. Son unidades inseparables de las prácticas religiosas y psíquicas clásicas. Es por esta razón que la plata es el único metal que puede combinarse adecuadamente con el cristal.

• Dado que la mente humana crea felicidad e infelicidad con su gimnasia mental, la utilización de los cristales puede traer un enriquecimiento a las experiencias diarias así como a los empeños espirituales.

El factor crucial en todas las aplicaciones de los cristales es la mente humana

Frank Dorland
Los Osos, California

Principales Publicaciones concernientes al Cráneo de Cristal y la Investigación de Frank Dorland

Aunque ha habido numerosos artículos en revistas y periódicos, buenos, malos e indiferentes, incluyendo Fate Magazine y Secciones de los Suplementos Dominicales, Grit, etc., ha habido también algunas publicaciones más serias y por añadidura producciones de televisión como "Eso es Increíble", "Gente Real", "El Créelo o No, de Ripley", y "Un vistazo a L.A.".

Las Principales Publicaciones: (Todas agotadas)

The Mystery of Crystal Gazing, Sibley Morrill (San Francisco: Cadleon, 1969).

The World of the Twilight Believers (Garvin and Burger, 1970).

Ambrose Bierce, F.A. Mitchell-Hedges and the Crystal Skull, Sibley Morrill (San Francisco: Cadleon, 1972).

The Crystal Skull, Garvin Richard (y Dorland), (Doubleday, 1973); edición de bolsillo (Simon and Schuster, 1974), y edición japonesa, 1976.

"Der Kristallschadel von Lubaantum", Frank Dorland para *Antique Welt*, Munich, 1975.

Mind Search, Nicholas y June Regush (Berkeley Publishing, 1977).

Ratsel der Vergangenheit, Kurt Benesch (Berlín: Publicaciones Bertelsman, 1977).

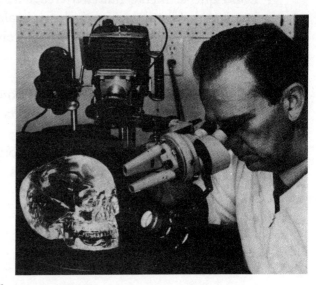

Frank Norton Dorland

Frank Dorland nació en Perú, Nebraska, el 11 de Octubre de 1914, siendo el tercer hijo de F.N. y M. Hope Dorland. La primera educación formal de Frank fue en colegios y universidades de Nebraska, Florida, Colorado y California.

Casado con Mabel Vyvyan Jolliffe en San Diego, California, en 1938, los años de la II Guerra Mundial los pasó principalmente como Artista de Diseño Preliminar de Ingeniería, trabajando para Consolidated Vultee Aircraft Corporation, en Lindberg Field, San Diego. Sus años de postguerra, hasta 1964, los pasó como Restaurador de Arte Profesional, con estudios en San Diego, La Jolla y San Francisco. Durante su carrera en el arte, inventó y desarrolló varios buenos productos para los artistas. Entre ellos se encuentra una cera para artistas, conocida como Cera de Dorland. Esta cera especial para pintar y conservar se puede encontrar en almacenes selectos de suministros artísticos. Fue citado por primera vez en el *Quién es Quién en el Oeste de Marquis*, hace unos veinticinco años.

Sus estudios y experiencias con el Cráneo de Cristal, de 1964 a 1970, hicieron que él y su compañera de trabajo, su esposa Mabel, se embarcaran en la aventura de ser biocristalógrafos pioneros. (La biocristalografía es el estudio del intercambio de energías entre el cristal de cuarzo electrónico y la mente humana.)

Sus actividades presentes están en su mayoría dedicadas a la investigación en las áreas relacionadas del arte, la religión y la biocristalografía, junto con el corte y tallado de cristales de cuarzo para convertirlos en herramientas adecuadas para su uso en el desarrollo mental. Su libro *Hielo Santo*, próximo a publicarse, contendrá abundante y reciente material sobre sus investigaciones.

Los cristales y las claves de Enoch

por Lehmann Hisey

Al examinar muchos de los datos concernientes a la pieza temporal holística conocida como cristal, ¿podríamos haber pasado todavía por alto alguna información pertinente? ¿Hay otras áreas no mencionadas que deberían ser reexaminadas más de cerca? ¡Creemos que la respuesta debería ser un definitivo *sí*! Aquí cabe encontrar una nueva física cuántica que nos permita percibir dimensiones más allá de este plano terrestre. Sólo podemos postular cuál será el papel clave del cristal en esta Era de Acuario que comienza, una era de descubrimientos y de renacimiento.

Razonemos un poco. Si el cristal de cuarzo de dióxido de silicio, en doble punta (un diamante Herkimer), con su cualidad piezoeléctrica*, puede responder a diminutas presiones de la mano y/o el aliento, ¿no constituye esto un reconocimiento incipiente que permita aceptar sus otras capacidades dimensionales? No nos encontramos ante un mineral ordinario, sino ante una antena de características únicas para la luz y las radiaciones energéticas. Dado que la semilla del cristal nunca se desviará de su cualidad prístina, éste permanecerá siempre en su estado primitivo, polarizado de modo único, atómica y estructuralmente. Se cree que por medio de una sintonización apropiada y una relación amorosa, su propietario puede introducirse en su campo de energía y entrar en contacto con alguna realidad superior.

* *Relativo a, caracterizado por, o funcionando por medio de una polaridad eléctrica debida a la presión, especialmente en una substancia cristalina como el cuarzo. Dicho de modo más simple, que deviene eléctricamente polarizado bajo presión.*

EXPERIMENTACIÓN CON LOS CRISTALES

Habiendo intentado muchos experimentos con diferentes tipos y tamaños de cristales, recuerdo un experimento, en particular, que encontré especialmente valioso y de posible beneficio para otros. Coloqué tres cristales de cuarzo bastante claro, de unos tres dedos de tamaño, en un galón (*N. del Tr.*: 1 galón = 4,546 litros) de agua destilada, y lo dejé todo sobre la mesa de mi estudio durante veinticuatro horas. Encima del recipiente abierto dejé descansar un cristal alargado de cuarzo, de tamaño medio y buena calidad, a fin de producir un intercambio de energía. Al día siguiente, me sorprendió encontrar que el agua tenía un gusto y una consistencia diferentes. Unas molestias físicas que me habían estado preocupando desde hacía dos semanas, desaparecieron por entero al día siguiente. El beber cuatro o cinco vasos de agua cargada con cristales, se ha convertido ya en un hábito diario mío.

Si hay algún escéptico que dude de la energía radiante de un cristal, que intente el siguiente experimento sencillo. Que tome un cristal de cuarzo de dos o tres pulgadas con su mano derecha, presionando suavemente la punta durante apenas un momento contra la palma de la mano izquierda abierta, que lo aleje al menos una pulgada, y luego haga rotar lentamente el cristal en el sentido de las agujas del reloj. La sensación resultante será inconfundible.

Si el cristal es golpeado con un objeto duro, se comprimirá momentáneamente emitiendo un relámpago de luz visible así como un estallido de energía electromagnética. No es sorprendente, pues, que se hayan encontrado fragmentos de cristales de cuarzo en viejos lugares indios de acampada, parte sin duda de algún antiguo ritual transmitido de mano en mano. No se sabe a ciencia cierta en qué modo se utilizaban los cristales. ¿Es posible que estos primitivos pueblos, que aún dicen provenir de las estrellas, entendieran lo que la ciencia técnica da ahora por supuesto? ¿Cómo pudieron llegar a entender estos fenómenos piezoeléctricos, si es que lo hicieron?

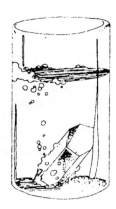

La capacidad de un cristal de cuarzo, grande o pequeño, tanto para radiar como para recibir energía, es algo plenamente reconocido por la ciencia de hoy en día, y el una vez miserable cristal es colocado ahora en una nueva categoría, de descubrimientos y expectativas. En este punto, es necesario descartar el racionalismo, cambiándolo por una mirada más profunda, la mirada a una nueva realidad supralógica, a medida que nuestro planeta va absorbiendo una cantidad creciente de energía y luz Acuarianas planificadas que proceden del Cosmos.

Al carecer de diferencia, un cristal simboliza la unidad de toda vida; sin embargo, como transformador de la energía, convierte el sonido en cierta luminiscencia acústica — una luz fría y pulsante no producida por el calor. La energía se eleva a un estado de exaltación y luego cae sin cambiar su polaridad o radiación luminosa. Del mismo modo, como transformador de la energía del pensamiento, puede por su termoluminiscencia ser utilizado como transformador y almacenador. Y dado que el calor no destruye al cristal, su estructura atómica es un excelente almacén de información escrita en "piedra". Se cree que los pueblos antiguos de este planeta imprimieron los cristales con sus mentes, transfiriendo así el conocimiento de una generación a la otra.

ESTUDIOS KIRLIAN

Cualquiera que esté familiarizado con los resultados de la fotografía Kirlian, es consciente de que existe una figura fantasma que permanece cuando se elimina la contraparte física. El experimento de Clive Baxter con plantas vivas también demostró concluyentemente que existía comunicación del pensamiento entre él y la planta. Se han realizado estudios que dan al cristal de cuarzo su nombre y personalidad, dotado como está de una energía radiante y curativa que puede ser programada como herramienta de diagnóstico para captar las formas individuales de las ondas cerebrales.

Tras estudiar los cristales durante toda una vida, el muy considerado científico Marcel Vogel descubrió un sistema amplificador de la comunicación del pensamiento con un solo cristal de cuarzo, sistema del que dijo que era a la vez "aterrorizador y asombroso" — que incluso tenía "aspectos de batalla intergaláctica". Marcel afirma que con la ayuda de los experimentos de Nicola Tesla, la planta filodendro se había convertido en su instructora y había cambiado su vida. Vogel no sólo se dio cuenta de que toda energía tiene un modelo preciso, sino de que la energía puede ser controlada por la respiración y movida a diversos niveles de conciencia. En su método, la esencia del cristal es penetrada por el aliento, atraída y liberada, pudiendo sentirse una relación armoniosa entre el sanador y el paciente conforme los dos campos se unen. Cuando se da la orden, la armonía es restablecida e incluso el recuerdo de la enfermedad desaparece. Hay archivados numerosos casos bien documentados de estas curaciones.

EL CRÁNEO ESTUDIADO

L.J. La Barre y Asociados, en el laboratorio electrónico de Hewlett-Packard en Palo Alto, California, tuvieron la oportunidad de "diseccionar" el ahora famoso cráneo de cristal de Mitchell-Hedges, descubierto en Honduras hace algunos años. Sorprendentemente, su análisis descubrió tres tipos diferentes de compuestos de frotamiento utilizados en el largo proceso de su fabricación. Afirmaron que el cráneo, con sus oquedades oculares que irradian luz, y dotado de una mandíbula móvil, no sería fácilmente duplicable hoy en día utilizando la más sofisticada tecnología —si es que fuera duplicable.

El cráneo de Mitchell-Hedges, del tamaño de una cabeza humana, está compuesto de tres crecimientos cristalinos, sin embargo, constituye una pieza sólida, cortada o molida con la mandíbula en bisagra e intacta, apuntando hacia arriba y perfectamente equilibrada. De acuerdo a La Barre, sus asociados se asombraron de que durante esta delicada operación el cristal no se rompiese o astillase, quizá debido simplemente a la dureza de este cristal particular, que midiendo de cero a diez daría un siete en la escala de Mohr*, siendo el diamante el que ostenta el máximo de dureza con una clasificación de diez. Se creyó que no podía ser menos que un milagro el que la cabeza no se rompiese o mostrase una grieta, pues este cristal, con tres zonas de crecimiento, estaría sometido a grandes tensiones internas.

¿Podría ser que esta tensión proporcionara la energía responsable de la extraña luz que emana de los ojos y fulge o irradia a través de todas las partes del cráneo? De acuerdo a La Barre, mirando directamente las oquedades de los ojos puede verse la habitación entera, por dentro y por fuera, en el brillo reflejado. Al sacar fotos con un microscopio de cien aumentos enfocado a diferentes profundidades, se hizo visible un asombroso despliegue psicodélico de imágenes de colores. Con concentración fija y a través de poderosas lentes, se descubrieron dos inexplicables placas sin igual, que parecían estar polarizadas y asemejar un completo campo de energía.

Hay todavía mucha especulación en cuanto a este enigma, lo que podría llamarse un "milagro en piedra", dejado en la Península del Yucatán. Hasta donde se sabe, ningún psíquico ha llegado todavía con una respuesta aceptable. Un fenómeno en sí mismo, el cráneo fue frotado o tallado en contra de sus vetas, violando todas las reglas de la física. Este legendario artefacto ha sido cuidadosamente analizado en el Instituto de Tecnología de California, en IBM, en los Laboratorios de la Universidad de Oxford, y en otras partes, no dando por resultado, según se cree, nuevos descubrimientos o conclusiones.

* *Una escala de dureza mineral que va de uno a diez, y fue establecida por Mohr en 1820. Los minerales blandos como el talco tienen un valor de uno, mientras que minerales como el diamante tienen un valor de diez.*

Los sonidos emitidos por el cráneo y su capacidad de mantener una temperatura constante de 70 grados (*N. del Tr.*: grados Fahrenheit, equivalentes a 21 grados centígrados), han sido cuestionados por algunos de quienes lo han estudiado. Sin embargo, de acuerdo a La Barre, sombras que recuerdan a un templo astrofísico han sido vistas en una o ambas de las oquedades de los ojos, lo que sugiere alguna forma de almacenamiento o sistema de memoria tipo ordenador. Puestos a especular, ¿podría éste haber sido el vínculo perdido que conectase la historia de un anterior tipo de civilización de la Atlántida con los sucesos cósmicos que originaron su destrucción?

Los investigadores han advertido detalles dentro de las delicadamente veteadas fisuras del cráneo, que podrían corresponderse con el mapa enoquiano-metatrónico encontrado por James Hurtak, Dr. en Filosofía (Los Gatos: Academia de la Ciencia Futura) en la página 315 de *Las Claves de Enoch*, mostrando los doce centros vórtice sobre el planeta en los que en un determinado momento tuvo lugar la comunicación total. O bien, ¿pudo el cráneo de cristal haber sido, en tiempos antiguos, un modelo del planeta tierra en el que una oquedad ocular recalca la visión óptica de un hemisferio, la del nuevo mundo, y la otra oquedad ocular representa el templo creado en el viejo mundo, un panel de mandos de otra dimensión o control central de TODOS los sistemas pulsantes?

POSTERIORES ESPECULACIONES

Que a lo largo de nuestro planeta existen inmensos depósitos cristalinos es sabido de todos. Si las supuestas propiedades holísticas del cristal existen, entonces los depósitos de la superficie y en lo más profundo de la tierra deben tener algún valor para coordinar los campos magnéticos y la malla de líneas ley* del planeta, así como jugar un importante papel en la elevación y educación del reino terrestre. Debe recordarse que las energías elementales de los reinos mineral, vegetal y animal, son energías de ondas lumínicas perfectamente equilibradas que sólo pueden ser utilizadas constructivamente de acuerdo al Plan Divino.

Dado que los cristales parecen "crecer" con un campo de energía Norte y Sur, pueden ser útiles de muchas maneras. Se cree que los primeros escandinavos ingeniaron un modo de utilizar parte de esta energía polarizada para ayudarse en sus primitivos sistemas de navegación. Dicho simplemente, cuando un cristal es girado o rotado ligeramente de modo que los polos se alinean, aparece una pulsación. Cuando el cristal está desalineado, la pulsación cesa. El mismo prin-

* *Líneas magnéticas planetarias equivalentes al sistema de meridianos de acupuntura del cuerpo humano.*

cipio se utiliza hoy en día en los hidrómetros*. Al dejarlos caer en el agua, su frecuencia cambia, reflejando la profundidad del agua con un error máximo de 1 pie (*N. del Tr.*: 30,48 cm.). Estos instrumentos son ahora manufacturados y vendidos en la mayor parte del mundo. Asimismo, como barómetro o delicada antena, el cristal se utiliza para medir ondas de choque que pasan a través del agua así como para indicar la dirección en que se originan las olas marinas y los seísmos.

Hasta hace poco tiempo no fue posible enfocar los rayos-X en los experimentos de laboratorio, excepto cortando un cristal a lo largo de sus dos planos axiales, lo que permite eliminar un grosor de 1/2.000 de pulgada. Una vez ya con esa dimensión, el cristal puede ser doblado, haciendolo parecer una lente. Entonces es capaz de reflejar los rayos-X en un punto focal que puede ser utilizado como espectrómetro, con la capacidad de analizar cualquier cosa hecha de metal. Colocado en un punto focal en el vacío, refleja las ondas de energía de un multiplicador de electrones, un método sensible de analizar el elemento básico fundamental y natural de un material. Muchos de estos instrumentos son también utilizados comercialmente. Podemos ahora entender cómo es que la tecnología sofisticada ha aceptado y utilizado las capacidades de los cristales en otras dimensiones, con fines utilitarios.

Igual que el transistor y la radio de mano han traído consigo el explosivo desarrollo de los ordenadores, nuevos descubrimientos han hecho posible el "IC" o circuito integrado, que ha revolucionado la tecnología tanto electrónica como atómica. Por ejemplo, nuestro último submarino Trident y armamento Minuteman son guiados por esta nueva generación de circuitos integrados, formados por minúsculos chips de obleas sintéticas que transportan cientos de componentes electrónicos tan pequeños que podrían atravesar el ojo de una aguja ordinaria de coser. Más aún, esta unidad es tan duradera que sobrevivirá a los otros elementos que la rodean.

Es posible ahora convertir un cristal de rubí en un rayo láser, que no sólo amplificará la luz sino que proporcionará un foco radiante de enorme brillantez utilizable con fines médicos u ópticos. Como se informó en el *New York Times* del 21 de Mayo de 1985, un pequeño cristal rojo rubí hecho crecer a bordo de la lanzadera espacial Challenger tiene menos imperfecciones que cualquier cristal que se haya hecho crecer en la tierra, lo que debería dar por resultado una detección de las radiaciones muy mejorada. El artículo afirmaba más adelante que los miembros de la tripulación hicieron crecer el cristal de yoduro de mercurio a partir del vapor, en la falta de gravedad del espacio exterior, con el fin de comprobar la teoría de que la gravedad

* *Un instrumento flotante para determinar gravedades específicas de los líquidos.*

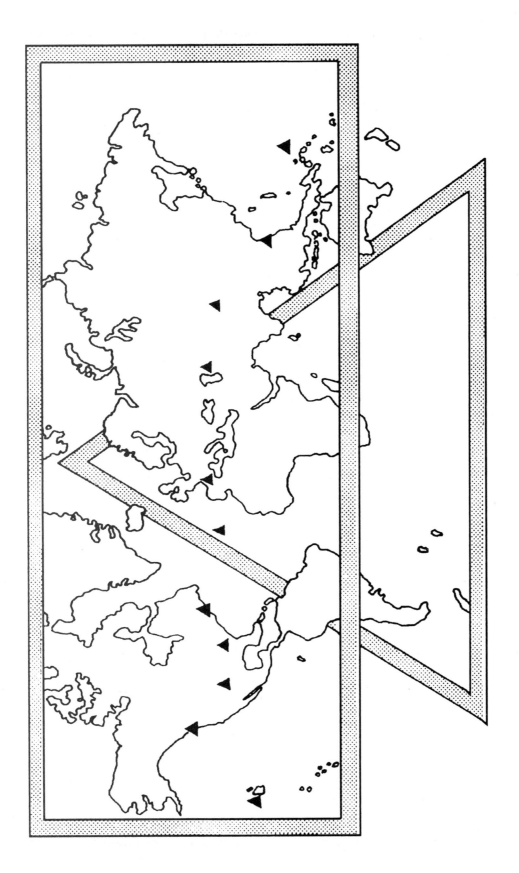

Figura 1. Vórtice central del planeta, según "Las Claves de Enoq".

terrestre ocasiona un crecimiento desigual. El Sr. Yallon que condujo los ensayos comentó que "... finalmente, seremos capaces de hacer crecer cristales en el espacio que serán de mucha mejor calidad de lo que podrían hacerse nunca sobre el suelo." Los investigadores concluyeron que estos cristales mejorados serán indudablemente utilizados para construir un telescopio espacial más agudo.

Aunque la capacidad de que está dotado el cristal para enfocar la energía prevalece en muchas dimensiones, tenemos que ser cautos en cuanto a otorgar a su presencia física poderes mágicos. Sólo programando vuestro cristal con intencionalidad específica, con vuestra energía pulsante mental o espiritual, será de alguna efectividad. Es a la sensibilidad así como a la pureza y polaridad del cristal a las que nos dirigimos de forma casi reverente. Podemos otorgar a nuestro cristal favorito la *naturaleza de Buddha*, la *cosmología de Einstein* o la *conciencia de Cristo*. Contemplando constantemente esas imágenes y viéndonos cobijados por su presencia, resulta un escudo protector ante cualquier negatividad o intención maléfica.

Como uno de los muchos estudiantes de *El Libro del Conocimiento: Las Claves de Enoch*, de James J. Hurtak, Dr. en Filosofía, citaré aquí con su permiso una parte de su conferencia que trata exclusivamente de los cristales de otras dimensiones. Si los antiguos instructores y escribas de esta valorada revelación hubieran creído que la biofísica de la ciencia de los cristales no tenía que ser incluida en las Enseñanzas Superiores, más de ochenta referencias a la misma *no* habrían sido incorporadas *específicamente* en el texto. Ahora estamos en condiciones de entender cómo estas superlongitudes de onda de radiación polarizada penetran toda forma, cruzan las dimensiones espacio-tiempo del punto Omega*, y aceleran la construcción de una nueva realidad superior.

* *Fin de los tiempos antes del cambio, punto de convertirse de nuevo en Alfa.*

LOS MUNDOS DEL CRISTAL

UNA SERIE DE APLICACIONES
Y FUTUROS DE NATURALEZA ÚNICA
(*Encapsulados de una conferencia de J.J. Hurtak, Dr. en Filosofía*)

Estudiaremos ahora el concepto de la comunicación astrofísica por medio de los cristales, en la Clave 2-1-6 que nos dice que los Hermanos de la Luz trabajarán con áreas cristalinas de nuestro planeta a fin de activar de modo rapidísimo la comunicación a través del planeta con el espacio. También nos dice el Verso 12 de *Las Claves de Enoch*:

> *(12) La Evolución Superior activará igualmente 12 campos cristalinos de comunicación dentro del logos planetario de la tierra, de modo que el hombre pueda comunicarse con las galaxias distantes.*
>
> *(13) Estos campos cristalinos se encontrarán a todo lo largo del mundo en 12 canales subterráneos, donde la energía cristalina ha sido previamente utilizada para equipar una tecnología científica.*
>
> *(15) Esto también nos permitirá destapar los mapas de las mallas, y comprender por qué estos centros cristalinos se utilizan como puntos de coordinación para conseguir que muchos campos de comunicación se solapen con la Luz Viva.*
>
> *(16) Estas 12 mallas cristalinas que intersectan la tierra, actúan como puntos focales para la transmisión de partículas más rápidas que la luz. Estas mallas son una combinación de ángulos espaciales de momento (N. del Tr.: momento cinético, un concepto físico que podríamos describir como el potencial impulsor) que controlan el movimiento de partículas más rápidas que la luz y las frecuencias de polarización del cristal.*
>
> *(17) Estas mallas polarizan las rotaciones levógiras y dextrógiras en el campo de energía (super) Gravitacional entre la tierra y el sol. Bajo las condiciones de las partículas más rápidas que la luz que se utilizan en las comunicaciones extraterrestres, los puntos focales cristalinos pueden ser utilizados para hacer que las amplitudes de onda se colapsen y establezcan una hélice de onda para la comunicación entre ondas gravitacionales.*

Consideremos la importancia de utilizar la conciencia superior para estimular la aplicación de la tecnología cristalina. Los astrónomos están trabajando ahora con los cristales para las teorías de comunicación del pensamiento. Los científicos militares han utilizado con éxito los cristales para detonar materiales explosivos dejados en la luna, con el fin de estudiar la actividad sísmica. Los alemanes occidentales han utilizado el efecto cristalino piezoeléctrico para crear nuevas regiones de longitudes de onda de luz con láseres.

Debemos también comprender que uno de los principales objetivos de la Lanzadera será el de comprobar el crecimiento de los cristales en el espacio, de modo que puedan ser utilizados en la nueva generación de superordenadores sobre este planeta. Ahora bien, teniendo esto presente, debemos comprender que la *Orden de Melquisedec* modeló muchas de las técnicas de comunicación ahora puestas a prueba por los científicos actuales al trabajar con las aplicaciones del cristal. Los Sacerdotes de Israel utilizaron los *Urim* y *Thummim* (cristales santificados) por una razón definida. Los cristales pueden ahora ser utilizados para contraequilibrar toda la energía psíquica y científica. Sin embargo, no deberían ser utilizados como cristales capaces de destruir nuestra moderna civilización, como supuestamente sucedió con la anterior civilización de la Atlántida, que se alzaba a lo largo de la misma orilla oceánica.

La Clave 2-1-6 nos cuenta que no debemos pasar el ciclo que va de *Atlántida 1* a *Atlántida 2*. Debemos tener la cristalina capacidad del tercer ojo, en equilibrio con los correctos alineamientos de la ciencia, y de acuerdo con la cosmología espiritual correcta.

Por esta razón, el *Padre* nos ha contado, a través del *Espíritu Santo* y los escritos de *Juan el Evangelista* en las Escrituras del *Apocalipsis* (Capítulo 21), que los cristales tienen verdaderamente un papel que jugar en la elevación del Reino Terrestre, como intermediario directo con la Jerusalén celeste. *Juan el Evangelista* no habría escrito un valioso capítulo hablando de los diversos cristales, la interconexión con las cámaras de la profundidad, o incluso las puertas de contacto, en conjunción con el *Canto de Moisés* y el *Canto del Cordero* (*Apocalipsis*, versículos 2 y 3), si no hubiese una conexión cósmica. Hay una articulación muy cuidadosa, una metáfora de color, música y matemáticas, a todo lo largo del *Apocalipsis*, donde los cristales son vistos como detonadores que disparan las fuerzas positivas, mientras la tierra se va alineando con la *Jerusalén Celeste*.

Simplificando, el cristal tiene dentro de sí el potencial para modelar tanto el *Reino de Dios* como la *Torre de Babel*. Los cristales utilizados de un modo erróneo podrían literalmente destruir la atmósfera de nuestro planeta.

Si leemos en profundidad los antiguos textos de Centroamérica y Sudamérica, comprenderemos que los antiguos pueblos indios hablaban de seres del espacio que utilizaron cristales de fuego o cristales de luz para guiarlos y para crear templos de gran poder, y para mover gigantescas moles de piedra a través del aire. De acuerdo con las antiguas cosmologías y teologías indias, esto se hizo siguiendo ciertos alineamientos o entrelazados de energía preparadas en la tierra. Descubrimos esto también en la naturaleza de *Urim* y *Thummim* (los *Cristales Santificados*) que debían ser utilizados por los Sumos Sacerdotes de Israel, el pueblo elegido, quienes en un momento exacto del año, y de acuerdo con ciertos alineamientos, entonaban palabras sagradas o expresiones orquestadas, en presencia de Dios. Esto activaría un tipo de fotocomunicación directa con las apariciones supraluminales.

La Clave 2-1-6 ha de leerse bajo la comprensión de que existe una verdadera red de energía geomagnética sobre la tierra, con importantes radios cristalinos. El globo entero se halla dentro de una serie de mallas de las llamadas líneas ley, equivalente macrocósmico del sistema de meridianos de acupuntura que tenemos en nuestro cuerpo (y que puede ser aprovechado por las ciencias médicas). Diversos lugares de la tierra, como Lourdes en Francia, Tikal en Guatemala, y muchos otros, son en verdad puntos de poder donde estas líneas ley o puntos cristalinos musicales se intersectan. Estos puntos de poder también transitan la tierra, conectándose con influencias supramagnéticas y supragravitacionales que operan con alineaciones astrofísicas.

Cuando hay energías de vórtice a lo largo de las líneas ley, es decir, generadas por formas geométricas como la pirámide o el cono, estas formas simétricas crean juntas una configuración de enrejado por medio de la cual se pueden saltar las diferentes dimensiones desde un sistema de intensidad de masa a otro. Estas combinaciones de formas geométricas generan y enfocan las energías de vórtice para constituir un centro de poder. La configuración de vórtice, bajo ciertas condiciones singulares de las líneas ley, se convierte, por tanto, en la primera etapa, en la manipulación NATURAL del espectro de la materia.

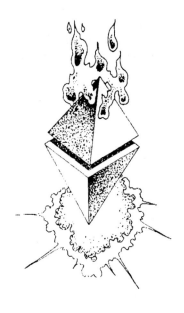

Los antiguos afirmaban que podían utilizar estas redes parafísicas de energía a través del uso de cristales de fuego* o cristales de luz. Sintonizándose con fuentes de otras dimensiones, muchos de los antiguos sacerdotes-científicos decían poder utilizar un cristal para dividir los campos de una substancia biofísica del espacio que los rodea, incluyendo los planos invisibles. Pasando el cristal sobre el sujeto podría, a través de las energías divididas, aumentadas o multiplicadas, ser utilizado para el tratamiento terapéutico de problemas tanto psicológicos como de salud.

Cristales de luz utilizados por los antiguos sacerdotes/científicos para dividir, aumentar o multiplicar las energías para el tratamiento terapéutico de cuerpo y mente; así como para afectar la malla etérica de la tierra o sistema de líneas ley.

Algo tan poderoso como un cristal de fuego (con las apropiadas antenas de la forma y de la arquitectura del sonido) puede también afectar adversamente a la red etérica o zona supermagnética de la tierra, dependiendo de cómo se localice en alineamiento con la malla etérica de la tierra o sistema de líneas ley. El cristal debería orientarse del modo adecuado con sus facetas de cara a las líneas ley, y debería ser colocado en uno de los puntos de poder donde las líneas ley se conectan entre sí, a fin de sintonizarse adecuadamente con el sistema de malla terrestre de la dimensión superior.

Asimismo, debe ser colocado en resonancia y en equilibrio geométrico, a fin de no desequilibrar el sistema de malla o producir líneas de fuerza o armónicos de onda que pudiesen ser inarmoniosos para quienes viven cerca de las líneas ley. Las antiguas enseñanzas nos dicen que los sacerdotes-científicos del pasado hicieron uso de la tecnología del cristal de fuego a gran escala, para transferir información desde todas las partes de la tierra a las constelaciones, y en sentido contrario. Sabemos asimismo, por las cosmologías, que estos cristales fueron usados como transceptores* en los vehículos de los Hermanos de la Luz.

Así, el uso constructivo de herramientas cristalinas puede forjar un vínculo con las civilizaciones extraterrestres capaz de acelerar tremendamente nuestro progreso, y de ayudar a conseguir una seguridad y protección adecuadas en la puesta en práctica del nuevo conocimiento terrestre. Para la evolución superior, el uso de los cristales es ya una tecnología familiar y aceptada. Sin embargo, no está tan claro que todos los contactos extraterrestres sean de la evolución superior, o incluso de naturaleza constructiva, benigna, benéfica, o motivada cósmica y espiritualmente. Esta es la razón por la que las *Claves* hablan de los Hermanos de la Luz, y de las órdenes superiores de Regencia —la *Orden de Melquisedec* y el *Alto Mando de Mikael y Metatron* (*El Shaddai*), que guían la evolución superior y del mismo modo pueden guiarnos a nosotros.

Así, si hemos de calibrar nuestro rápido encaminamiento tecnológico hacia la autodestrucción, puede ser que la conciencia misma sea la clave detrás de los poderes de los cristales para reorientar la totalidad de nuestra realidad científica lejos de la destrucción y el colapso biosféricos. Quizá la naturaleza última de los poderes mecánicos y matemáticos del cristal sea el modo en que la conciencia expansionadora de la mente opera como conducto viviente entre la naturaleza y la supranaturaleza. ¿Podría ser que por esto los antiguos guardasen cuidadosamente el conocimiento del poder de los cristales, codificándolo en el lenguaje de los antiguos textos y ocultándolo en ciertas áreas del planeta? Tenían que ser reservados hasta el momento apropiado, cuando los hijos e hijas de la Luz se renueven adecuadamente con la conciencia necesaria para reactivar los cristales.

Vivimos en un tiempo en que los científicos militar-industriales se acercarán a la tecnología superior para conseguir grandes avances en áreas enteramente nuevas de la tecnología cristalina* (nuevos potenciales láser en los campos de las comunicaciones, la óptica y el viaje espacial), pero carecen en su mayor parte de la conciencia apropiada, y de las prioridades humanísticas y el equilibrio necesarios para impedir la polución, contaminación e incluso destrucción de la Madre Tierra. A los hijos e hijas de la Luz incumbe, pues, trabajar con los meridianos cristalinos de almacenamiento de información que podrían activar las energías de la tierra para aplicaciones pacíficas y para el equilibramiento de las mallas energéticas terrestres.

---

* *Cristal transmisor/receptor que utiliza los mismos componentes tanto para la transmisión como para la recepción.*

* *El uso de cristales en viajes espaciales a través del etérico cósmico, dificulta la conexión entre planetas e hiperespacios*

Más aún, los cristales nos permitirán entrar en áreas enteras y nuevas de conocimiento y consecución, desde nuevos sistemas de propulsión y fuentes de energía renovables, hasta utilizar los cristales para la aerodinámica y las aplicaciones espaciales. Una lista parcial de las aplicaciones presentes en el mercado de la energía, incluye:

   Sistemas y componentes de co-generación
   Fotoquímica, termoquímica y sistemas avanzados
   Sistemas fotovoltaicos
   Conjunto (sistemas solares) y componentes de procesamiento
      del calor

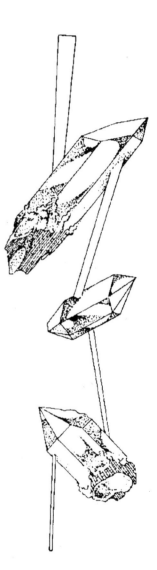

Desde el punto de vista de utilizar los cristales en el espacio, ciertas especies evolutivas utilizan la tecnología cristalina como clave para sus sistemas de navegación. Por ejemplo, hay modelos de flujo de energía o autopistas de flujo de energía en el espacio, que se hallan conectadas con grandes masas gravitacionales. Esta es la autopista de viaje para la tripulación espacial avanzada, que utiliza su tecnología cristalina o su tecnología de las formas de pensamiento para accionar cristales equilibradores de las líneas de fuerza magnéticas y electromagnéticas. Estas autopistas en el cielo forman una *red etérica cósmica* (un sistema de líneas centrales y derivadas) que conecta las principales mallas energéticas de los diversos planetas. Los campos electromagnéticos del cristal son modulados para crear interacciones armónicas con las mallas, lo que proporciona una amplia gama de velocidades en el espacio. Con una fuerza inductiva proporcionada por luz concentrada a través de cristales, un vehículo puede recibir un empuje que le permita el viaje hiperespacial, del mismo modo que si viajara a lo largo de *pistas invisibles*.

Las configuraciones de varios cristales no sólo permitirá el almacenamiento de información, sino la creación de propulsores que utilicen la disposición espacial de los cristales. Si la disposición del modelo es en la forma de un armazón piramidal, a las cavidades conductoras les resultará más sencillo mover rapidísimamente mayores cantidades de energía hasta el ápice o tope de la forma piramidal (a través de bi-pirámides y tri-pirámides, etc.), permitiendo la transferencia masiva de energía. La NASA (Administración Nacional de la Aeronáutica y el Espacio) ha dirigido experimentos utilizando formas piramidales específicas para la transferencia de energía a través de distancias espaciales. Posteriores experimentos deberían probar que la dirección del deslizamiento energético es en la dirección del ápice de la pirámide con la velocidad de tránsito, deteniendo las fuerzas etéricas a través de la base de la pirámide, lo que ocasionaría una concentración todavía mayor y que las fuerzas interactivas (que operan con el campo electromagnético en la disposición de los cristales) fueran catapultadas hacia el ápice de la configuración piramidal.

Para crear alternativas energéticas y conseguir un pulso perpetuo, pueden utilizarse diferentes configuraciones geométricas posibles de las zonas dentro de un solo cristal o la talla de una configuración de varios cristales. *Por la sintonización y desintonización relativa de la actividad cristalina o de las zonas de energía con un solo cristal o de varios cristales menores, podrían conseguirse aplicaciones para el viaje espacial.*

Así, a medida que nos acercamos a las enseñanzas de *El Libro del Conocimiento: Las Claves de Enoch* (especialmente la Clave 2-1-5 y la 2-1-6), debemos entender que los llamados puntos misteriosos sobre el planeta son, en muchos casos, anomalías gravitatorias o túneles del tiempo que existen en ciertos lugares de la tierra para cobijar cristales que transmiten energía de un punto de la creación a otro. Estos campos cristalinos envían y reciben frecuencias vibratorias dentro del campo electromagnético de nuestro planeta en relación con otros campos de energía, aprovechando ciertas actividades ondulatorias vórticas. Muchos de estos puntos operan como áreas deformadoras del tiempo, particularmente sobre los grandes cuerpos oceánicos, y su forma de flujo energético es análogo al enrejado sobre el desagüe abierto de una bañera llena de agua. Al igual que el vórtice presionado de velocidad superior a la luz, el enrejado mantiene los equilibrios de energía. Aquí la energía, como el agua, busca siempre fluir en la línea de menor resistencia o en la dirección de la mayor actividad, cuando se establece dentro del cristal un vórtice de ondas de categoría superior. En efecto, los cristales pueden conectar con amplias áreas de diversificación de energía. Indican asimismo posibles zonas energéticas de comunicación y viaje espacio-temporal.

En conclusión, nuestra tecnología (a través de la conciencia apropiada) debe *aclarar* las mallas reguladoras antes de poder ser utilizada como médium interestelar. Leemos en la Clave 2-1-6: Versos 34, 35 y 37:

(34) En primer lugar, sin embargo, los vínculos gravitacionales apropiados deben ser utilizados para "aclarar" las mallas reguladoras antes de que la tecnología física pueda ser utilizada como medio interestelar para comunicaciones interestelares recíprocas.

(35) A fin de comunicar con dicha inteligencia estelar avanzada, el hombre debe también redefinir sus regiones espaciales en términos de

la interpretación de su espacio vital, que es controlado y utilizado por la evolución superior...

(37) Por consiguiente, la realidad del Espacio Interior (el espacio al otro lado de nuestro umbral de la luz), es utilizado por la inteligencia superior para moverse dentro de nuestra biosfera justo al otro lado de la cortina de nuestra "luz común", y debe ser experimentado por la modulación (o el movimiento) de señales mentales a través de los cristales, los cuales proporcionan interfase con la inteligencia extraterrestre en nuestro propio entorno de conciencia del "Espacio Interior".

En esencia, el cuerpo humano se convierte en transceptor, la *unidad mensajera* básica para trabajar con todos los mensajes dependientes de la tierra, cuando el retículo biocristalino hace de interfase con el entorno del Espacio Interior de la mente. El complejo mente-cuerpo es así unificado, y entra en relación con estados superiores de conciencia, al mismo tiempo que las luces superiores e inferiores se unifican y se convierten en la misma cosa.

La paradoja singular es que el avance de la comunicación de la conciencia se consigue sin el uso de cristales externos cuando el complejo cuerpo-mente-espíritu es dispuesto en vibración similar a la de los estados superiores de conciencia, y el cuerpo mismo se convierte en su propia red cristalina. De un modo muy sublime, la *nueva mente* actúa como un láser microbiológico dentro de la propia red cristalina del cuerpo lo que la conduce, literalmente, a convertirse en el vehículo de la Luz sin ninguna dependencia externa.

Entendamos la relación entre los reinos científico y espiritual en la Era venidera. Nuestro espectro de evolución opera a través de repeticiones rítmicas de una graduación fundamental en la que vamos de la materia —de la Luz atrapada— hasta la más alta expansión de la substancia, o a formas superiores de conciencia divina.

Bajo esta Luz, leamos la Clave 2-1-6, Párrafo 46, que nos dice:

Una nueva diplomacia espacial de los mútiples cielos está rodeando este cielo. Los mensajeros del Cristo vienen a acelerar todos los niveles de conocimiento y comunicación para contemplar una revelación unificada. Esta revelación llega como la estrella matutina "de David" —la malla de los múltiples cielos que armonizan toda comunicación de conciencia, de modo que todos puedan participar de esa unidad con nuestro Padre.

Y por esta razón, nos dicen las Escrituras que las puertas de los fundamentos de la profundidad, serán utilizadas por quienes puedan comprender las formas de onda de la luz que desciende de los cielos superiores (*Shamayyim*). Que la bendición de los Elohim sea con vosotros; que la bendición de Kether como un cristal de energía sea con vosotros; que la bendición de la orden de Mikael sea con vosotros, de modo que vuestra mente opere como el cristal 13º, la *síntesis* de los doce *Urim* y *Thummim*. Seréis parte de la tribu 13ª, el ápice o cima para las doce tribus de energía, los campos de fuerza de energía de la tierra, y participaréis en la gran recapitulación de todas las cosas. Y cuando completéis vuestro trabajo como parte del cristal simiente de Cristo, los fundamentos cristalinos de la vida os serán abiertos —y seréis una joya cristalina en el Reino de la Luz.

Lehmann Hisey

Lehmann Hisey ha sido toda su vida un estudiante del misticismo. Su trabajo incluye la Filosofía en el Occidental College de California, la Sorbona, y Oxford University, así como con sabios del Lejano Oeste y la India. Ha dado charlas en televisión y radio en Nueva York y California, y es autor de varios libros y cintas.

Su útimo libro, *Keys to Inner Space* (Claves al Espacio Interior), Julian Press, Nueva York, y Avon Books, actualmente agotado, abrió camino a su introducción a *Las Claves de Enoch*, una experiencia transmitida, por James J. Hurtak, Dr. en Filosofía, con quien ha estado asociado desde 1978, como estudiante y como instructor.

El primer contacto de Lehmann con los cristales fue en Calcuta en 1923, mientras regateaba con un vendedor callejero que acababa de coger el barco mientras abandonaba el puerto. El vendedor fue obligado a saltar por la cubierta y ganar a nado la orilla. El interés de este investigador por los cristales se intensificó en años posteriores cuando comenzó a experimentar con otras propiedades de los cristales distintas de las físicas, y a aplicar su conocimiento a usos prácticos. Cree que utilizar las propiedades sónicas de los cristales personalizados puede convertirse en un modo de vida.

CRECIMIENTO Y MINERÍA DE LOS CRISTALES

Diamantes Herkimer

por John Vincent Milewski, Dr. en Filosofía

Introducción

Los diamantes Herkimer son gemas naturales y singulares que parecen haber sido cortadas, talladas y pulidas. En realidad, salen del suelo con este alto grado de brillantez y perfección que les ha dado la naturaleza. Son una forma muy especial de cristales de cuarzo, de doble terminación. Esto es, tienen punta en ambos extremos. Son uno de los pocos cristales naturales que pueden ser y son utilizados tal como se les encuentra.

Son relativamennte raros, y sólo se extraen comercialmente en un lugar de la tierra. Ese lugar es Herkimer County, en el Estado de Nueva York (cerca de Utica sobre el río Mohawk).

Nosotros, la gente de la tierra, sentimos una atracción muy fuerte por los cristales de roca de cuarzo, y especialmente por los diamantes Herkimer. Esto es así porque el orden natural de la estructura del cristal de cuarzo representa un grado de coherencia, orden y perfección que buscamos en nuestras vidas. Asimismo, nuestros cuerpos provienen de la tierra y el agua. Somos agua en un 70%, y en consecuencia estamos compuestos en gran parte por átomos de oxígeno. Nuestros cuerpos crecen y evolucionan en las vibraciones naturales asociadas con la corteza terrestre. Esta corteza es casi en su totalidad oxígeno y silicio (79%) en diferentes formas de silicato. Por tanto, nuestro ciclo vital entero está directamente asociado y sintonizado con los modos vibracionales normales de los átomos de oxígeno y silicio de las diversas formas de silicato que se encuentran en la corteza terrestre.

Ahora bien, cuando estos átomos de oxígeno y de silicio se organizan en la estructura altamente organizada de un cristal de roca, de cuarzo o diamante Herkimer, esta orquestación natural de los modos vibracionales de los átomos de oxígeno y silicio, toca en armonía, y realmente nos "conecta el interruptor". Están sintonizados con nuestro canal. Somos, por tanto, excelentes receptores para su mensaje. Esto hace de los cristales de cuarzo excelentes herramientas para atraer a nuestros cuerpos y a nuestros centros psíquicos otros mensajes vibracionales. Dado que su onda portadora está sintonizada con nuestra emisora, la modulación de esta onda portadora con formas de pensamiento puede ser rápidamente dirigida a la conciencia interna que existe en las diversas partes de nuestro cuerpo a la que es dirigida (chakras, glándulas, órganos, etc.). Es por ello que sentimos esa atracción natural hacia los cristales de cuarzo, pues nos conmueven, y sintonizan con nuestro ser interior por medio de sus armoniosas vibraciones.

CRECIMIENTO DEL CRISTAL DE ROCA DE CUARZO

El agua, bajo las condiciones normales de presión y temperatura, no disuelve la sílice (arena). De otro modo, no tendríamos playas cerca de los océanos; pero bajo condiciones hidrotermales (por ejemplo, por encima de los 600°C y muchas toneladas de presión), en lo profundo de la corteza terrestre, esta acción disolvente sí tiene lugar.

Esta solución es el mismo Licor Madre+ que forma ambos tipos de cristales de cuarzo (Herkimers y cristales de roca). La diferencia en las morfologías de crecimiento* entre los Herkimers y el Cuarzo de roca, reside en la composición química de las rocas que forman las cavidades en donde se cimentan estos cristales. Como antes dijimos, la mayor parte de la corteza terrestre es silicio y oxígeno asociados en muy diferentes tipos de formaciones de rocas que contienen cristales de roca de cuarzo o algún tipo de silicato compuesto. Por consiguiente, cuando el Licor Madre conteniendo la sílice viene de las profundidades de la tierra hacia la superficie y se reúne en huecos y cavidades de la roca matriz+, es, en la mayoría de los casos, retenido en rocas que contienen alguna forma de cristales de sílice o de silicatos. Por consiguiente, cuando la solución se enfría y llega a la sobresaturación y posterior cristalización, encuentra muchos puntos químicamente activos de sílice y silicatos en forma microcristalina sobre las paredes de la cavidad en que está contenida. Los nuevos cristales

+ *El líquido que produce un cristal.*

* *Rama de la ciencia que trata de la forma y estructura de un organismo o mineral.*

crecen entonces a partir de estos puntos activos de las paredes, del exterior al centro de la solución. La cristalización comienza con muchos pequeños cristales, y a medida que pasa el tiempo, un grupo selecto de estos numerosos cristales crecen hasta hacerse muy grandes, ocupando la mayor parte del espacio y bloqueando la mayor parte de los cristales menores. Esto conduce a un crecimiento tipo dedo o vela, característico de la mayoría de los grandes cristales de roca de cuarzo.

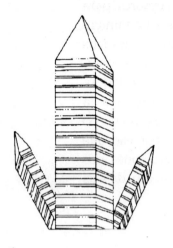

Así pues, los cristales de roca crecen a partir de las paredes, de modo más o menos unidireccional, por apilación de los átomos en planos, uno encima del otro, de modo semejante a una baraja de cartas, o a una pila de cucuruchos de helado vacíos. El resultado de este tipo de crecimiento puede verse claramente cuando se examinan los lados de grandes cristales de roca de cuarzo, y se ven estos estratos en capa, como lo ilustran las figuras 1 y 3.

Figura 1

Cristal de Cuarzo

CRECIMIENTO DE LOS DIAMANTES HERKIMER

El crecimiento de un diamante Herkimer se origina a partir del mismo Licor Madre* que el tipo convencional de cuarzo de Arkansas. La diferencia está en la composición química de la roca huésped, que forma las cavidades en las que crecen los cristales. La roca matriz huésped para un diamante Herkimer no es una roca tipo sílice o silicato, sino bastante diferente del cuarzo, tanto química como cristalográficamente. Esta roca huésped es una dolomita, y su composición es un tipo de carbonato cálcico-magnésico. En el momento y a la temperatura de cristalización, no existe esencialmente ninguna afinidad química entre la solución del Licor Madre y las paredes de la cavidad en la roca huésped. En la terminología del crecimiento de cristales sintéticos, se dice que la solución está contenida en un *crisol que no moja*. Así, a medida que la sobresaturación se desarrolla por enfriamiento, hay muy poca afinidad química entre el cuarzo en solución y las paredes de la cavidad, de aquí que la cristalización se vea forzada a tener lugar dentro de la solución misma. Esto hace que en la solución se formen microcristales, los cuales actúan como puntos activos para el crecimiento continuado de cristales.

A medida que la cristalización continúa, estos pequeños cristalitos libremente suspendidos en la solución, crecen por deposición de nuevas capas de cuarzo sobre todas sus superficies y en todas direcciones a la vez, sin paredes que inhiban su crecimiento. Por consiguiente, la morfología de crecimiento es controlada principalmente por el orden natural en el cristal de cuarzo mismo, lo que produce la doble terminación, típica de los diamantes Herkimer. Cuando el crecimiento continúa y los cristales se hacen cada vez más grandes, muchos crecen uno dentro del otro. Esta asociación estrecha inhibe el crecimiento mutuo en esa dirección en que contactan entre sí. Esto explica los Herkimers incompletos y los crecimientos parcialmente deformados. Asimismo, no todos los microcristales comienzan al mismo tiempo ni crecen a la misma velocidad. Esto explica las diferencias de tamaño.

Otro punto sutil es que siempre habrá dentro de la cavidad de crecimiento ligeras diferencias de temperatura y composición en el Licor Madre* durante el proceso de crecimiento. Estas diferencias explican la anisotropía+ de crecimiento de los Herkimers, explicando por qué cada Herkimer de un cierto tamaño no es siempre de la misma forma.

Sin embargo, estas diferencias de crecimiento y forma no niegan en modo alguno el hecho de que la morfología de crecimiento de un Herkimer sea significativamente diferente a la del cristal de roca de cuarzo convencional de una sola terminación. *Recordad, el cuarzo de una sola terminación crece más o menos unidireccionalmente, siendo el nuevo crecimiento principalmente por apilación, uno encima del otro, en dirección a la terminación del cristal, mientras que los Herkimers crecen en todas direcciones a la vez, tanto ambos extremos como todos los lados al mismo tiempo.* Ver Figura 2, Crecimiento de un Diamante Herkimer, y Figura 3, Crecimiento del Cristal de Cuarzo. Creo que estos diferentes modos de crecimiento tienen un efecto importante sobre el modo en que la energía fluye a través de los cristales, y voy a explicar mi teoría respecto a cómo sucede esto.

EL FLUJO DE ENERGÍA EN EL CRISTAL DE ROCA Y EN LOS DIAMANTES HERKIMER

Mi suposición es que la manera en que los átomos se apilan uno encima del otro durante el proceso de crecimiento, afecta significativamente al modo en que fluyen las energías vibracionales, electromagnéticas y magnetoeléctricas, y el modo en que son amplificadas dentro del cristal. Durante el proceso de crecimiento, los átomos se sueldan a la estructura/retículo del cristal de manera muy ordenada,

* *El material natural en el que se halla incorporado o encerrado un fósil, un cristal, una gema o un metal.*

+ *Que tiene propiedades que varían de acuerdo con la dirección en que son medidas.*

Figura 2

Crecimiento de un Diamante Herkimer

Figura 3

Crecimiento de un Cristal de Cuarzo

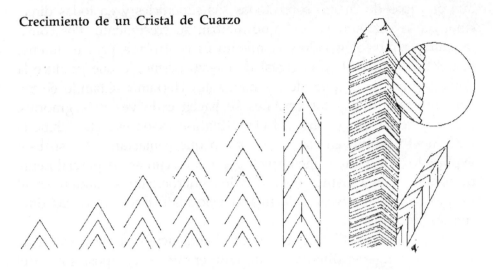

tal como los dirigen las fuerzas naturales de la estructura hexagonal de los cristales de cuarzo.

Nunca se forman cristales perfectos, y todos los cristales contienen fallos en su estructura. Los fallos más comunes son huecos, imperfecciones (átomos extraños) y dislocaciones de los bordes, con sus fallos de apilamiento correspondientes. Los fallos más pequeños son los huecos, y la mayor parte de las veces van asociados con la ausencia de un solo átomo en la estructura reticular, y sólo unas pocas veces son múltiples átomos y espacios los que están implicados.

Las imperfecciones son también faltas muy locales, y generalmente representan la adición o substitución de un átomo extraño en la estructura reticular. En la mayoría de los casos, los átomos extraños no encajan bien en la estructura del cristal, ocasionando una distorsión del retículo que afecta de diez a cincuenta posiciones atómicas. Huecos e imperfecciones son faltas menores comunes a ambos tipos de cristal (cristal de roca y diamantes Herkimer), y no son muy importantes para desequilibrar el flujo y amplificación de energía.

Los dos fallos principales que se pueden encontrar en los cristales son las dislocaciones de los bordes y los fallos de apilamiento. Las dislocaciones de los bordes afectan a toda una superficie del cristal, mientras que los fallos de apilamiento van generalmente a lo largo de todo un plano del cristal, afectando a trillones y trillones de átomos. Ambas faltas son normales, y muy comunes al cristal de roca de cuarzo. La dislocación de bordes es fácil de ver bajo la forma de una superficie áspera y como escalonada, en las caras laterales del cristal de roca. Estos dos fallos mayores atenúan y alteran significativamente el flujo energético y la capacidad de amplificación del cristal de roca de cuarzo.

Como contraste, ambas faltas están visiblemente ausentes de los diamantes Herkimer, lo que se manifiesta en la superficie tipo espejo que se encuentra en todas las caras laterales de los diamantes Herkimer. Este escritor cree que la ausencia de importantes fallos de superficie y plano permite a los diamantes Herkimer su extraordinario poder. Y esto podría explicar por qué un Herkimer, diez veces más pequeño que un cristal de roca, puede ser diez veces más poderoso en su capacidad operativa con las energías del cuerpo.

ESENCIA ESPIRITUAL DEL CRISTAL DE ROCA Y DE LOS DIAMANTES HERKIMER

Quien esté familiarizado con la Historia de Findhorn* entenderá el concepto de que todas las formas u organizaciones de materia, u objetos materiales, trátese de una roca, una planta, un animal, o un conjunto de materia tal como una casa, un coche, o una montaña, tienen su propio espíritu. La esencia de este espíritu se forma y recibe su dirección cuando se crea el objeto, y es hecha para apoyar a ese objeto específico, teniendo conexión directa con el espíritu arquetípico universal de todos los objetos similares. Ahora bien, creo que el cristal de roca y los diamantes Herkimer tienen su espíritu distintivo, y que cada cristal individual tiene su espíritu individual.

Mi interpretación de la importante diferencia entre las esencias espirituales de estas dos formas de cristal de cuarzo, se basa en la manera en que estos cristales crecen y se forman en la tierra. Como los cristales de roca comienzan su crecimiento a partir de simientes tipo silicato adheridas a la tierra, crecen generalmente de manera unidireccional, produciendo un cristal en dedo o vela, que crece en grupos o estructuras familiares firmemente adheridos a la matriz o tierra de la que brotaron. En contraste, los diamantes Herkimer comienzan su crecimiento en una suspensión de libre flotación, en un líquido, no adheridos a la tierra, y crecen más o menos desinhibidos en todas direcciones o en la mayoría de las direcciones al mismo tiempo. Del estudio y análisis de estos diferentes modos de crecimiento, deduzco que sus esencias espirituales serán significativamente diferentes en función de la manera en que los cristales nacen y crecen.

La esencia espiritual de los cristales de roca será más apegada a la tierra y más orientada hacia el grupo en cuanto a sus característi-

* *Hogar en el Norte de Escocia de fabulosos jardines donde la gente trabaja conscientemente con los devas/espíritus de las plantas para producir un notable crecimiento de éstas.*

cas, y unidireccional o unipropósito en cuanto a su naturaleza. Los diamantes Herkimer son más bien un espíritu de libre flotación (no apegado a la tierra), individualista, y representan una naturaleza y unas características de propósito multidireccional. Puedo compararlo con la diferencia entre las personalidades básicas romana y griega, o entre las personas de cerebro izquierdo y las de cerebro derecho. Los romanos eran personajes más bien unipropósito, en los que la ley y el orden, la organización, y la orientación hacia el grupo ocupaban su pensamiento, mientras que los griegos eran multipropósito, libres, individualistas, aventureros, y un pueblo de espíritu más creativo. Esto, básicamente, es lo mismo que las mentalidades de los cerebros izquierdo y derecho, siendo las del cerebro izquierdo unipropósito, detallistas, exigentes, y gente de ley y organización; mientras que las del cerebro derecho son personas más de multipropósito, individualistas, y de espíritu creativo.

A partir de estas afirmaciones y de un análisis de los diferentes modos de crecimiento del cristal de cuarzo, este escritor ha concluido que la esencia espiritual del cristal de roca es representada por la mentalidad romana o del cerebro izquierdo, mientras que el diamante Herkimer es representativo de la mentalidad de los griegos o del cerebro derecho. En mi opinión, éste es un importante factor que debería ser tomado en consideración en la selección y aplicación de los cristales de cuarzo.

Por ejemplo, si sois una persona de cerebro izquierdo y deseáis volveros más creativos e individualistas en vuestro pensamiento y modo de vida, deberías llevar un diamante Herkimer con vosotros y/o meditar con uno. A la inversa, si sois una persona claramente orientada hacia el cerebro derecho, esto es, individualista y quizá un poco alocados, y queréis ser atraídos hacia la tierra (ser capaces de trabajar mejor con los demás y con las organizaciones), llevad un cristal de roca. Asimismo, alguien con dislexia, que necesita una mejor coordinación de los cerebros derecho e izquierdo, podría intentar la meditación con un diamante Herkimer en la mano derecha y un cristal de roca en la izquierda, lo que le ayudaría a conseguir un mejor equilibrio.

Para las ideas que acaba de expresar, este escritor carece de datos clínicos, sólo tiene una buena especulación basada en más de veinte años de su vida que ha pasado haciendo crecer cristales y trabajando con ellos en múltiples e íntimos modos. (Creo que esto es correcto. Sin embargo, como las personas cambian y hay otros factores, sugiero a cada persona que pida su guía.) Este escritor estaría gustoso de escuchar a cualquier lector respecto a su pensamiento y experiencia en estas áreas.

Este es un último pensamiento de este escritor sobre este tema. Cree que el espíritu del diamante Herkimer representa verdaderamente el espíritu de los americanos —la "actitud de la libertad empresarial"— que hizo grande a este país. Desgraciadamente, nos estamos convirtiendo más en una sociedad de grupo, controlada por la ley, con menos libertades para que nuestro espíritu se exprese. Este escritor cree que si fueran más las personas que llevasen diamantes Herkimer, se asemejarían más a los antiguos americanos en espíritu y acción. Y, entonces, seríamos capaces de dirigir nuestro país hacia "su propósito original", una tierra para la libre expresión de los individuos.

REGALAR UN DIAMANTE HERKIMER O UN CRISTAL DE CUARZO

Al regalar un diamante Herkimer o un cristal de cuarzo, tendríamos que analizar primero o sentir a quien lo recibe, y determinar si esa persona comprende los poderes de los cristales para trabajar con la energía. Si no existe dicha comprensión y *si es adecuado explicárselo*, entonces un modo posible de hacerlo es con el concepto del cristal de cuarzo, puesto que los cristales de cuarzo se utilizan en los relojes por tres razones o propiedades principales:

1. Los cristales de cuarzo pueden tomar, conservar y amplificar vibraciones.
2. Los cristales de cuarzo tienen las propiedades de la exactitud y la vibración persistente.
3. Los cristales de cuarzo pueden cambiar la energía eléctrica en energía mecánica y viceversa.

Los cristales de cuarzo se utilizan en relojes de pulsera, por la razón misma de que convierten el voltaje de la batería en una vibración constante, la que a su vez mantiene el tiempo de modo muy exacto.

Sabed que todo pensamiento es una vibración que circula por nuestro cuerpo. Por ejemplo, sale energía de nuestra mano derecha y entra en nuestra mano izquierda. Cuando oramos, con nuestras manos juntas, estamos realmente cerrando nuestras corrientes de energía para encontrar el poder interno de Dios (la voz pequeña y tranquila), y no meramente apuntando nuestros dedos hacia el Cielo. Realmente podemos cargar el cristal que planeamos dar sosteniéndolo entre los dedos de ambas manos, mientras hacemos una inspiración profunda, y desarrollamos los pensamientos que deseamos dar con ese cristal.

A continuación, liberad rápidamente vuestro aliento y el pensamiento será igualmente liberado de la mente, fluyendo de la mano derecha a la izquierda a través del cristal, cargándolo con la vibración de vuestro pensamiento. Por ejemplo, suelo utilizar los pensamientos de: amor, curación, protección y Orden Divino. A continuación dad el cristal a la persona que lo recibe, pidiéndole que extienda su mano izquierda. Explicad a la persona que la mano izquierda sea la receptora.

Apoyando el cristal en la palma de su mano, decid algo así: "Con este cristal, te doy mis deseos de amor, curación, protección y Orden Divino. Goza del cristal y cuídalo, imbuyéndolo de lo mejor de tus propias vibraciones e intenciones."

Entonces, si son receptivos, abrázalos y bendícelos.

HISTORIAS RELATIVAS AL USO DE LOS DIAMANTES HERKIMER

Muchos amantes de los cristales han utilizado diamantes Herkimer para una amplia variedad de aplicaciones. No sé de ningún ensayo organizado hecho para evaluar el uso de los diamantes Herkimer en las aplicaciones curativas. Sin embargo, os relataré algunas de las muchas historias que he escuchado concernientes a personas que utilizaron los Herkimers para la curación y sus servicios personales.

Problema en la Rodilla

Recibí un golpe en el lateral de la rodilla, hace unos ocho años, mientras jugaba a balonvolea. Tras algunos meses, la hinchazón y el dolor se fueron. Pensé que la pierna estaba curada, pero hace unos tres años comenzó a activarse de nuevo, y se desarrolló una hinchazón de 1/4 de pulgada de alto y 1 pulgada de diámetro en el interior de mi pierna derecha, justo por debajo de la articulación. Afectaba a mis movimientos, pues no podía agacharme o doblar la rodilla en un ángulo mayor de 90°. Cuando lo hacía, la hinchazón se irritaba, y necesitaba pasarme semanas con la manta eléctrica para restaurarla a una condición no dolorosa (aunque permanecía hinchada). Fui a un cirujano ortopédico en busca de ayuda. La examinó muy concienzudamente, sacó radiografías, etc. Concluyó que la articulación estaba clara, libre y normal; era sólo que los músculos del borde externo estaban hinchados por hallarse dispuestos de forma desordenada, y cuando doblaba demasiado mi rodilla, estiraba excesivamente los músculos y tendones, lo que requería un tiempo considerable para que volvieran a la normalidad. Dijo que no sabía qué hacer, excepto que debería dejarlo como estaba y no doblar mi rodilla ni estirarla durante un tiempo, aguardando a que los músculos se reorganizaran. ¡Bueno! Había estado cuidando esta maltrecha rodilla durante más de un año sin resultados positivos; quería una solución mejor que ésa.

Durante el año anterior había oído acerca de los poderes del cristal de cuarzo para ayudar al cuerpo a curarse. Así que decidí intentarlo. Para ello, cargué un cristal Herkimer de 1/4 de pulgada con una vibración de amor y luz, tal como antes describí. A continuación, uní con cinta aislante el cristal al lateral de mi rodilla. Tras la segunda noche, la hinchazón y el problema de la rodilla se habían ido por completo.

Dolor Crónico en la Espalda

En un reciente viaje que hice a Israel, di pequeños Herkimers a mis compañeros de viaje. Una semana después de mi vuelta a casa, recibí una carta de una de estas viajeras. Su hermana vino a vistarla poco después de su vuelta a casa, y se quejaba de un dolor crónico en la espalda que había tenido durante más de un mes. Mi amiga inmediatamente le recomendó que utilizara el diamante Herkimer sobre el área dolorida. Esa noche fue la primera en que su hermana durmió sin dolor desde hacía más de un mes.

Lesión en la Piel

Una persona a la que había dado un diamante Herkimer, tenía una lesión de piel en su brazo y fue a ver al doctor. Este le dijo que tenía un aspecto muy sospechoso (un posible melanoma), y que realmente debería hacerse una pequeña operación para quitárselo. Ella no quiso, y decidió darle una oportunidad a su pequeño diamante Herkimer. Así que se unió el Herkimer con cinta aislante al lateral de su brazo a la altura del punto doloroso. En dos semanas, el dolor había desaparecido por completo, quedando tan sólo una ligera impresión de la forma del cristal sobre la piel.

¿Influencia Financiera?

La siguiente historia no es de una curación física sino de una curación financiera. Di un diamante Herkimer a una amiga que trabaja en una inmobiliaria. Le encantó y se hizo su amiga en el acto. Le habló de su negocio y lo mantuvo consigo todo el día en la oficina. Al finalizar la semana, encontró que había sido su mejor semana de ventas. Le trajo buena suerte. Su compañera de oficina que vio esto, se llevó el Herkimer a su mesa para la semana siguiente, e inmediatamente se convirtió en la mejor vendedora de la oficina. La vendedora original recuperó su Herkiner y al siguiente mes se convirtió en la mejor vendedora del mes para la oficina entera (con doce a quince vendedoras).

Bien, los diamantes Herkimer hacen algo muy bueno por la persona que los tiene, especialmente si creéis en ellos. *La creencia puede ser toda la razón por la que funcionan.* Pero desde un punto de vista científico, sé que los cristales de cuarzo trabajan con las energías, especialmente las que afectan directamente a los circuitos del cuerpo y de la mente. En conclusión, creo que los Herkimers son más poderosos en su acción que los cristales de roca de cuarzo. Irradian una vibración coherente que podría justificar una mayor coherencia en nuestros cuerpos, acelerando la curación natural y aclarando la mente para un mejor juicio.

Por falta de investigación y experimentación, los datos significativos son limitados. Esto conduce a la conclusión de que la experimentación y el ensayo científicos con los Herkimers sería un área muy importante para la investigación futura.

Mystic Crystal Publications
John Vincent Milewski
Post Office Box 8029
Santa Fe, New Mexico
87504
(505) 988-1819

John Vincent Milewski

John Vincent Milewski es ingeniero profesional, inventor, empresario, editor, escritor, conferenciante, consultor, miembro oficial retirado del Laboratorio Nacional de Los Alamos y editor de *El Libro de los Cristales*.

El Dr. Milewski obtuvo su grado técnico de Ingeniería Química de la Universidad de Notre Dame, su grado de Master en Metalurgia del Instituto de Tecnología Stevens, y su grado de doctor en Ingeniería Cerámica de la Universidad Rutgers. Es ingeniero profesional con licencia, y una autoridad reconocida en los campos de los compuestos de fibra corta y el crecimiento de fibras de un solo cristal, las fibras conocidas como "bigotes".

Con 22 patentes concedidas, el Dr. Milewski ha publicado asimismo más de 35 artículos técnicos. Es coeditor del *Manual de Rellenos y Refuerzos para Plásticos*. Numerosas son sus conferencias, y ha hecho sus presentaciones técnicas en la mayoría de los Laboratorios Nacionales de Investigación y de las principales compañías, tanto en los Estados Unidos como en Europa.

En Reaction Motors y Curtiss Wright Corporation, el Dr.Milewski trabajó en Materiales para el Espacio y las Cápsulas Espaciales. Fue además, Vice-Presidente y Co-fundador de Thermokinetic Fibers, Inc. Antes de unirse a Los Alamos como miembro oficial del personal, el Dr. Milewski trabajó en Exxon Research Laboratory como Asociado Jefe de Investigación en el desarrollo de Materiales Avanzados.

Actualmente, el Dr. Milewski es consultor activo de muchas de las principales corporaciones de investigación en las áreas de la Fibra Cerámica, el Crecimiento de Cristales y Materiales Avanzados para Sistemas de Conversión de Energía. Es también instructor/editor sobre el uso metafísico de los cristales, la superluz y el crecimiento de cristales.

Minería y comercialización de diamantes Herkimer

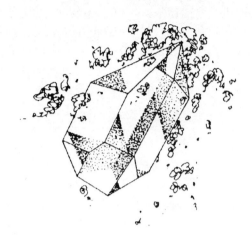

por Ken Silvy

Hace catorce años que comencé a extraer diamantes, y fue en los últimos cinco años cuando realmente me lo tomé en serio. La razón para mi interés fue que los diamantes Herkimer son muy claros, y tienen formas y tamaños desacostumbrados que permiten su uso de diferentes maneras. Este atractivo parece ser universal, incluso para los nuevos coleccionistas o buscadores de rocas.

La extracción de los diamantes Herkimer es un trabajo extremadamente duro, y muy exigente en cuanto al tiempo para el que lo hace en serio. Se dice que si puedes extraer Herkimers, puedes extraer cualquier cosa — ¡Podéis creerlo!

Ir a Middleville, Nueva York, a la Herkimer Diamond Development Corporation, y sacar los diamantes Herkimer, es un disfrute. Representa un buen trabajo físico, y os permite encontraros fuera en el aire del campo con la Madre Naturaleza. Comeréis bien; dormiréis bien; y os sentiréis bien después de un día de trabajo en la mina.

DIAMANTES HERKIMER

Los diamantes Herkimer son cristales de cuarzo claro muy brillantes, compuestos de dióxido de silicio, y lo bastante duros para rayar el vidrio. Son cristales con doble terminación (se han formado puntas en ambos extremos), de estructura hexagonal, e incoloros. Varían en tamaño desde los microscópicos hasta los de varias pulgadas. Estos cristales se encuentran principalmente en Herkimer County, y de ahí su nombre.

Los diamantes aparecen en un tipo de roca conocida como dolomita, originalmente caliza. Esta roca quedó enterrada hace eones. Los cristales se formaron bajo un calor y una presión tremendos. Posteriormente, el desgaste y la erosión por glaciares de una sobrecarga de roca han expuesto los estratos que contienen los diamantes. Aparentemente, este singular suceso geológico ocurre sólo en, y alrededor de, la ciudad de Middleville, estado de Nueva York, en Herkimer County.

El As de Diamantes es una de las minas más antiguas en la Ciudad de Middleville, Nueva York, donde se encuentran los diamantes. Los cristales se encuentran normalmente en bolsas de las rocas. Principalmente se utilizan como especímenes minerales, pero hay muchos que tienen una calidad satisfactoria para considerarlos como gemas y se utilizan en arte y joyería. Los hay raros con inclusiones de burbujas líquidas, llamados *Hidros*.

A varias millas de la autopista que atraviesa el estado de Nueva York (Salida 30 a Herkimer, Ruta 28 Norte), existen una serie de minas y campamentos ...*Veta del Diamante*, *Arboleda del Cristal*, *Colina Hickory*, *Corporación de Desarrollo del Diamante Herkimer* y el *As de Diamantes*.

Hoy en día, la mayoría de los visitantes son turistas o coleccionistas de gemas que vienen a hacer excavaciones de un día. Hay autobuses cargados de niños de escuela, estudiantes de universidad, y clubs de geología. Pero algunos son buscadores de rocas —los que quieren arañar, hender, cavar, levantar y romper "toneladas" de piedra por la emoción de un descubrimiento centelleante.

El cristal de cuarzo de alta calidad y caras suaves no es infrecuente. Lo que hace especial al diamante Herkimer es que, a diferencia del cristal de cuarzo, a menudo se encuentra suelto en la roca y tiene doble terminación. *Los especímenes perfectos contienen dieciocho caras cada uno,* y son tan suaves que parecen hechos a mano. Su claridad y refracción pueden competir con la brillantez de los diamantes reales.

Los especímenes más pequeños, generalmente, son más brillantes y contienen menos fallos. Los cristales grandes, que a veces superan las tres pulgadas de longitud, pueden contener fracturas internas o un carbón llamado *antroxolita*. Algunas imperfecciones, tales como una gota de agua incluida o un color de humo, realmente aumentan su valoración.

Excavación de la Matriz

Hay dos modos básicos de excavar los diamantes Herkimer. Uno de ellos es encontrarlos en la matriz, el otro encontrarlos en grandes bolsas. Excavar la matriz es coger grandes trozos de roca, romperlos, y encontrar un diamante firmemente adherido en un hueco dentro de la roca. Las piezas de matriz son difíciles de obtener, porque a veces

al romper la roca el diamante salta fuera, y entonces ya no es un espécimen de matriz. Sin embargo, los cristales encontrados en la matriz son generalmente más brillantes y claros, y no suelen requerir una posterior limpieza.

Excavación de la Bolsa

El excavador más serio es el que va detrás de grandes bolsas en las que se pueden encontrar más diamantes que en la matriz. Las bolsas están en la base del muro de catorce pies. Todos los catorce pies de sobrecarga deberán quitarse pedazo a pedazo, cuatro a cinco pies por detrás y directamente hacia abajo, hasta llegar al lecho de fango de 3/4 de pulgada que corre a todo lo largo de la mina. Bajo el lecho de fango hay un estrato de bolsas. Generalmente se necesitan cuatro o cinco días para aclarar suficientemente la roca de sobrecarga y exponer la capa de la bolsa para llegar al fondo de la pared. Los tamaños de las bolsas en esta capa varían desde el tamaño de la boca de un bozón hasta los cinco pies de diámetro. Asimismo, están separadas entre sí de dos pulgadas a cuatro pies.

Dentro de la bolsa, hay una bóveda localizada en el centro. Los diamantes Herkimer se encuentran alrededor de dicha bóveda, impregnados de fango o barro. A veces, las bolsas están secas, sin fango, y los diamantes Herkimer se hallan depositados sueltos en el fondo de la bolsa. Cuando limpiéis las bolsas, es muy importante que os toméis vuestro tiempo, a fin de no dañar los cristales. Al coger los Herkimers, es necesario envolverlos inmediatamente, pues están fríos, y si son expuestos a la luz solar directa, pueden a veces romperse o fracturarse.

Tras llevar a casa los diamantes Herkimer, han de limpiarse apropiadamente. El primer paso es lavar el fango que va con los diamantes. Una vez quitado el fango, los que tienen manchas de hierro han de ponerse en ácido oxálico y remojarse hasta estar limpios. Este procedimiento puede tardar una semana o así. Luego se ponen en una solución de bicarbonato sódico que neutraliza al ácido. Los cristales deberían ponerse entonces en amoníaco y limpiarlos con agua jabonosa. Tras este proceso, habría que limpiarlos.

GRADUACION Y CLASIFICACION

Entonces, los cristales son graduados y clasificados del modo siguiente:

Clase A

Estos cristales son siempre pequeños, y bastante raros. Esta clase contiene sólo cristales que son perfectos a simple vista, y de claridad perfecta. Sin astillados, fracturas, inclusiones, lechosidades, burbujas, huecos o velos visibles al ojo humano. Son permisibles pequeñas impresiones de maclas y a menudo adorables formas geométricas dejadas en una cara por una macla que se ha separado, lo que suele aumentar el centelleo de la piedra.

Los cristales de Grado A raramente exceden la media pulgada de longitud. Los más grandes se encuentran en cavidades de dos a tres pulgadas en la calcita, y raramente vienen de los pequeños huecos en la roca matriz. Alcanzar estas cavidades es tan difícil, que estos cristales de calidad casi perfecta son un verdadero premio. Se pagan precios excelentes por ellos cuando pueden ser obtenidos.

Clase B

Las pequeñas inclusiones, burbujas, huecos o velos se permiten en esta clasificación, aunque la apariencia general es casi perfecta. Mirar un cristal B desde diversos ángulos puede mostrar variaciones ópticas por la reflexión o refracción de defectos internos. Las fracturas o lechosidades internas no son aceptables en estos cristales, pero los defectos de superficie tales como pequeñas marcas de la matriz o impresiones de maclas, lo son. No son permisibles astillados externos o fracturas.

Los cristales de Grado B son también escasos, y raramente exceden de una pulgada. La mayoría van de 1/4 a 3/4 de pulgada. Este grado suele ser el más fácil de obtener en cualquier comercio.

Gema C

En esta clase se incluyen a la mayoría de los cristales clasificados como "gemas". Son casi B perfectamente cualificados para llevarse como joyas. La elevada claridad óptica y las dobles terminaciones, son la exigencia de esta categoría. Sin fracturas ni lechosidades, pueden tener diminutas astillas en los ángulos, pero apenas si son perceptibles. Igualmente, pueden poseer alguna pequeña inclusión, pero sin desarmonizar su belleza general.

C Común

Estos pueden carecer algo de claridad óptica, pero tienen áreas claras. Pueden tener defectos de superficie, tal vez incluso borrando una cara o terminación. Las marcas de la matriz y del material pueden estar presentes, y puede haber algo de lechosidad. Las fracturas, en cambio, son normalmente internas. Esto es, la forma externa del cristal debe conservarse. El interior puede tener áreas que parezcan llenas de hielo molido. Los cristales de esta clase pueden alcanzar las dos pulgadas o más, y son estupendos para los coleccionistas de vitrina.

Clase D

Cristales o trozos de cristales vulgares. Hay muchos defectos presentes, incluyendo lechosidades y fracturas. Algunas secciones de los cristales D tienen a veces áreas claras —buen material para pulir o cortar. El precio depende de cada cristal.

VARIACIONES DEL CRISTAL

Maclas o Grupos Múltiples

La forma de asociación de los Herkimers es tipo contacto, y no está favorecida ninguna cara en particular. Se han encontrado algunos grupos espectaculares con orientaciones extrañas, y cuando esto sucede el valor de tales grupos es mayor que la suma de los cristales individuales del grupo. Los más apreciados son las asociaciones, o los grupos sin demasiada diferencia en el tamaño de los cristales individuales. He aquí la fórmula recomendada para dar precio a este tipo de formación:

Parejas   1,5 veces el valor de los cristales individuales del grupo
Tripletas   1,75 veces el valor, etc.
Múltiples 2,0 veces el valor, etc.

Cuando un cristal es desproporcionadamente menor que el(los) otro(s), se valora ignorando este cristal diminuto. Sin embargo, los racimos con una disposición muy estética de cristales diminutos y grandes, proporcionalmente hablando, reciben un precio de acuerdo a su belleza.

Maclas por Penetración

Muy raros entre los "diamantes" Herkimer. Cuando los encontramos suelen ser del tipo catedral, con el eje C paralelo. Valor: 5 veces el de un cristal simple del mismo tamaño en el grado correspondiente.

 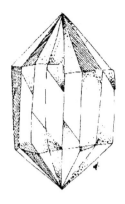

Maclas   *Maclas por Penetración*

Hidros

Son cristales que contienen líquido, generalmente agua. Las burbujas de gas y/o las motas de carbón flotando o sumergidas, hacen visible el líquido. A veces sólo puede verse una burbuja, sin carbón alguno. Los hidros observados a simple vista tienen un precio al menos diez veces el de un cristal de Grado B de tamaño comparable.

Tenemos también hidros en los que el agua y/o el carbón sólo pueden ser observados bajo aumento, preferiblemente con una lupa, y la búrbuja debe moverse cuando se inclina el cristal de uno a otro lado.

Las burbujas de los cristales Herkimers pueden o no desaparecer con el tiempo. Nadie puede predecirlo con seguridad. Generalmente, las grandes burbujas tienen mejores probabilidades de supervivencia. En verdad, a mi nunca se me ha desvanecido una, pero esto es lo que me han contado.

Inclusiones

Los cristales que contienen inclusiones de impurezas o manchas, son generalmente de menor valor que los que carecen de ellas, pero algunos cristales ópticamente claros que contienen inclusiones negras de *antraxolita* en forma de hoja, constituyen especímenes elegidos para el coleccionista especializado. Los precios raramente deberían exceder más del doble del de un cristal de Gema C equivalente en tamaño. El cristal debe ser ópticamente claro, y las inclusiones atractivas e interesantes.

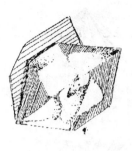 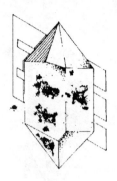

Hidros   *Inclusiones*

Cristales Tabulares

Estos tienen una apariencia plana, tabular, debida a un desarrollo desigual de un solo par de caras opuestas paralelas a los ejes C, en comparación con los otros dos pares, o por un sobredesarrollo de un par de caras piramidales diagonalmente opuestas. A menudo, nadie diría por su apariencia que un tabular sea un cristal de cuarzo, debido a su aspecto casi cúbico. Son bastante raros, así que no esperéis comprar alguno.

Velos de Colores

Algunos cristales contienen fracturas internas casi microscópicamente estrechas, produciendo un arcoiris de colores en su interior. Cuando la fractura misma no puede ser observada a simple vista, se pagan excelentes precios.

 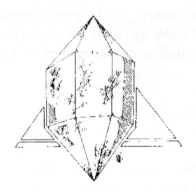

Cristales Tabulares   *Velos de Color*

Cristales en la Matriz

Altamente deseados por los coleccionistas de vitrina, los precios pueden ser tan elevados como diez veces el de un cristal comparable de Grado B.

INDICACIONES PRÁCTICAS PARA LA MINERÍA DE HERKIMERS

Herramientas

En conclusión, quisiera compartir algunas cosas que pueden seros de ayuda si queréis ir a Herkimer y hacer algo de minería. En primer lugar, deberíais saber qué herramientas llevaros. Si estáis planeando excavar en serio, y disponéis de unos pocos días, las siguientes herramientas son imperativas: al menos, tres mazos de distintos pesos, preferiblemente que sean de ocho a quince libras, dos pequeños martillos de roca, cuñas, cinceles y muelles en hoja. Las gafas de seguridad y los guantes son de necesidad absoluta. Por experiencia, el equipamiento para tiempo húmedo es una buena idea, pues de un modo u otro, siempre parece llover en Mohawk Valley.

Específicos

Si estáis interesados en planificar un viaje a Herkimer, siempre podéis llamar a la Herkimer Diamond Development en Middleville, Nueva York, al (315) 891-7355. Tienen un lugar de acampada KOA justo en la mina. El precio es de $4,75 por día, y una vez que comencéis la excavación, podéis reclamar vuestra área durante el día, o más días, mientras permanezcáis en dicha área. En otras palabras, no podéis reclamar un área, y esperar encontrarla de nuevo cuando volváis en otra semana. No puede reclamarse un área más de 24 horas si no estáis trabajando en ella. La tienda tiene un martillo para rocas que podéis utilizar durante el día.

Si alguna vez tenéis la oportunidad de estar en el área de Herkimer, Nueva York, sólo se tarda unos pocos minutos en llegar a Middleville, donde están las minas. El viaje podría proporcionaros unos momentos muy interesantes y estimulantes que nunca olvidaréis.

Ken Silvy

Hacia 1971, el suegro de Ken comenzó a coleccionar rocas, sugiriendo a Ken y su esposa que prestasen seria atención a dicha afición. Les dijo: "pienso que vosotros, 'muchachos', realmente disfrutaréis de esta afición. Lo excitante que resulta estar al aire libre y de repente encontrar una bella roca que no fue manufacturada por el hombre, es una experiencia única." Los Silvy procedieron entonces a su primera aventura en Nova Scotia, y recogieron cualquier cosa sobre la que pudieron poner las manos encima. Al volver a casa y contemplar su colección, se sintieron exultantes; ¡nunca antes habían visto nada tan bello!

Esto condujo a un segundo viaje, esta vez a Franklin, Nueva Jersey, para buscar minerales fluorescentes. Pero el tercer viaje se hizo con ellos; fueron a Middleville, Nueva York, a buscar Herkimers. Allí, supieron que deseaban enfocar su atención en estos diamantes Herkimer.

Silvy comenzó a tomarse en serio lo que hacía. Los tres años anteriores le habían dado mucho que pensar. Dejó su trabajo en la Agencia Pontiac en Bath, y se convirtió en un tratante de minerales a tiempo completo.

Con todos los minerales que tiene en casa y que ha recogido, los más preciados por él son los Herkimers. "Hay algo muy especial en ellos, de modo que excavarlos es como buscar tesoros. Nunca sabes lo que vas a encontrar, o cuántos. Lo más emocionante de todo es que eres la primera persona en ver dentro de la bolsa que descubres. Y esto es sólo el comienzo, porque una vez que he empezado con la limpieza y clasificación, sigo estando asombrado por lo que he encontrado."

Con su esposa Meredith, Ken ha disfrutado durante años, encontrando gran placer en asociarse con gente fantástica. Se sienten agradecidos por haber hecho estas amistades.

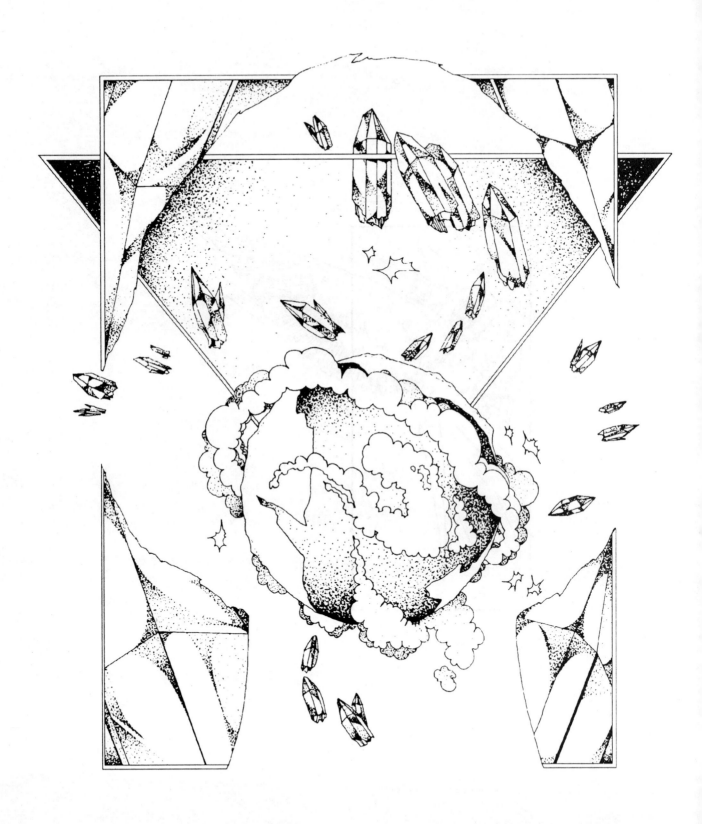

SACERDOCIO CON CRISTALES

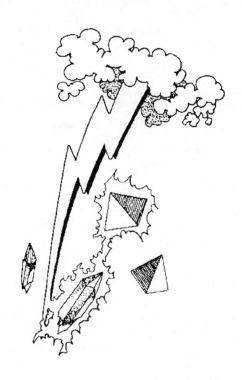

Curación espiritual

por Bob Fritchie

EL DESARROLLO DE UN SERVIDOR

Hacia 1979, había acumulado importantes posesiones materiales, mi trabajo de ingeniería marchaba bien, y las deudas eran insignificantes. Sin embargo, estaba claro que me faltaba algo.

Reflexioné sobre ese ingrediente que me faltaba un Domingo de Noviembre. Yo era un cristiano que no había utilizado la oración demasiado a menudo y que nunca había meditado formalmente. Ese día fue diferente. Pregunté a Dios qué podría hacer que tuviera sentido y que sirviera de ayuda a la otra gente. Inmediatamente una voz replicó: "Estudia la Energía". ¡Al principio creí estar soñando! Me quedé sin habla, sin embargo, quedé con la positiva sensación de que la afirmación que había escuchado era *VERDAD*.

Comencé estudiando los conceptos sobre la energía de la pirámide, y descubrí que podía duplicar cada experimento. A las pocas semanas, vi en televisión a un científico de IBM que estaba hablando sobre la energía y los cristales. Yo estaba interesado en las formas piramidales depositadas en su mesa, y decidí contactar con él.

Este hombre de los cristales, Marcel Vogel, me dijo que si quería servir a la humanidad, necesitaba educarme yo mismo. Así comenzó el más intenso programa de estudio de mi vida. Me expuse a las enseñanzas indias, tibetanas, mayas, americanas nativas y teosóficas, en libros que describían cosas como los chakras, los cuerpos sutiles* y las auras. Tras seis meses de intenso estudio, concluí que el mundo occidental tenía relativamente poca educación en las enseñanzas de los pueblos antiguos.

Cuerpo etérico o de energía

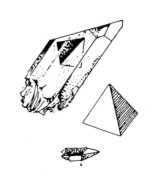

Históricamente, asiáticos, indios, nativos americanos, australianos, centroamericanos, africanos y muchas otras culturas, utilizaron los cristales y las energías curativas. Mis conocimientos de ingeniería química y física atómica me permitieron temporalmente aceptar conceptos que no podía sentir, medir, o probar como válidos. Puesto que mi interés y capacidad de retentiva eran altos, pude extraer de estas antiguas enseñanzas una comprensión que podría usar para explicar parcialmente los conceptos de sanación de hoy en día.

En Mayo de 1980, mostré a un grupo de amigos un pequeño cristal cortado por un joyero para mí. Un amigo me pidió que ayudase a una mujer que había tenido una lesión nerviosa y padecía de sordera total en un oído. Intuitivamente, coloqué el cristal junto al oído de la mujer y le pedí que respirara profundamente. Me quedé tan anonadado como ella cuando de repente proclamó que podía oír la conversación con ambos oídos. Esto fue el comienzo...

Un mes más tarde, mi nuevo amigo Marcel Vogel me dio un prototipo de un cristal de cuarzo especialmente cortado. Ligeramente más grueso que un lapicero, había sido cortado como un barril de cuatro lados con puntas piramidales a cada extremo. Mientras sostenía el artificio de cristal, supe que mi vida estaba a punto de cambiar intensamente. Sintiendo su vibración, supe de algún modo que este artificio tendría un profundo efecto en las vidas de las gentes.

En los meses siguientes, la gente apareció por donde quiera que yo me encontrase —todos necesitados de curación. A través de ensayos y errores, aprendí a utilizar el cristal curativo. La mayoría de la gente estaba desesperada porque los tratamientos médicos convencionales no les habían liberado de sus dolencias. Muchas curaciones eran de enfermedades supuestamente incurables. Algunas habían sido documentadas; otras no. Algunas tuvieron éxito, y otras no. Evalué a muchos clientes para determinar por qué no *todos* fueron ayudados. Tres años y medio más tarde, supe algunas de las respuestas. Dichas respuestas me llevaron del dominio del hombre de negocios/ingeniero a una comprensión más profunda de las necesidades humanas. Y a medida que avanzaba se desarrolló en mí *una orientación espiritual o del alma*, que aclaró muchas de las cosas confusas de que había sido testigo. Así, cuando fuí consciente de las antiguas leyes de la curación, mis resultados ayudando a los demás aumentaron. El uso del cristal curativo de Vogel había hecho posible corregir muchas enfermedades anteriormente debilitantes.

¡Podía ver que estaba emergiendo una bella nueva tecnología! Comprendí que mi trabajo con esta nueva tecnología era el ingrediente que faltaba en mi vida. Puse manos a la obra con determinación ciega, conducido simplemente por la curiosidad y la obstinación. Mi celo inicial remitió al ver cuánto estudio se requería para tratar las enfermedades complejas. Documenté todo lo que hice, buscando claves de reiteración en el trabajo con los cristales. Finalmente, desarrollé una serie de procedimientos que pudieran ser enseñados a otros, y que resistieran la prueba del tiempo.

Supe que el curso que estaba siguiendo era el adecuado, pues la guía intuitiva que estaba recibiendo me conducía a soluciones que funcionaban y eran repetibles. Sin embargo, muchos de mis asociados pensaron que estaba asumiendo un riesgo demasiado grande a causa de los posibles litigios legales y la pérdida de reputación de mi negocio. Reflexioné sobre este consejo y lo rechacé como *charla miedosa*. Quería ayudar a la gente. Sabía que lo que estaba haciendo era *real* porque seguíamos obteniendo resultados sólidos. Sabía que la clave para el progreso en este trabajo se encontraba dentro de mí. Abandoné mis temores y me moví con la convicción de que si "no hacía daño", recibiría guía. ¡Y así fue!

Hacia mediados de 1983, había conseguido ya la suficiente experiencia. Decidí dedicar mi vida al servicio de los demás. Mi esposa y yo nos trasladamos de Ohio a California para ayudar a mi amigo Marcel a construir un laboratorio, y para enseñar la curación por los cristales con el Cristal Curativo de Marcel Vogel.

Es evidente que la gente está por todas partes buscando respuestas a la curación. Muchos no tienen una buena comprensión de los fundamentos, y hay muchos que han sido mal informados por instructores que no pueden demostrar adecuadamente sus enseñanzas. Es también evidente que la gente necesita tener acceso a conceptos sobre la curación a los que puedan dar validez por sí mismos, haciéndose así responsables de su propia salud y bienestar.

Decidí concentrarme en enseñar al público en general, puesto que varios doctores estaban estimulando el interés por la investigación médica. A lo largo de varios años de conferencias, desarrollé un proceso más de enseñanza que de conferencia, proceso capaz de dar a la gente el conocimiento fundamental y avanzado que necesita. Los conceptos introductorios de esas conferencias los comparto en las secciones siguientes.

INTRODUCCIÓN A LA CURACION BIOENERGÉTICA

VISIÓN GENERAL

Nos mantenemos unidos por una serie de campos eléctricos y electromagnéticos a los que llamo "Campos Bioenergéticos"*. Los Campos Bioenergéticos son series entrelazadas de energías complejas, incluyendo las energías eléctrica, magnética, iónica y atómica, y otros efectos componentes. Los campos son afectados negativamente por los rayos-X, las radiaciones nucleares, y las transmisiones de radio de FM —se demostró que todos ellos causan enfermedades.

Al respirar atrayendo oxígeno a vuestros pulmones, estáis introduciendo en vuestro cuerpo una fuerza de energía vital. Los antiguos indios llamaban a esta fuerza energética, Prana. Esta energía revitaliza vuestros Campos Bioenergéticos a través de la respiración.

Series pulsantes y entrelazadas de complejas energías, incluyendo la eléctrica, magnética, iónica, atómica, y otros efectos vitalizados por la respiración y/o el uso de cristales.

LA BATERÍA HUMANA

¡Operáis igual que la batería de un coche! Al respirar profundamente, el *Prana* recarga el Campo Bioenergético. Sin esta carga, se desarrollarían en vuestro cuerpo tensiones, dolor, molestias, mala visión o inestabilidad.

Hace varios años comencé a demostrar el *Prana* a los doctores aislando sus cuerpos de modo que no pudieran tomar energía. ¡En todos los casos, informaron inmediatamente de sensaciones de enfermedad! A partir de estas experiencias se desarrollaron una serie de guías energéticas para la autocuración.

Más aún, aprendí que la buena salud depende de la capacidad de nuestro cuerpo para permanecer cargado. Cuando la curación tiene lugar, nuestro cuerpo extrae energía de su carga acumulada para alimentar los cambios que están teniendo lugar. Es importante encontrarse en un lugar en el que nuestro cuerpo pueda curarse sin perder la carga de nuestra batería. Frecuentemente, la gente pasa por un proceso corrector de sus Campos Bioenergéticos, sólo para perder dicho efecto reentrando en la misma área o actividad que los enfermó. Necesitan aprender que el cuerpo requiere un tiempo de recuperación antes de someterlo a un esfuerzo adicional.

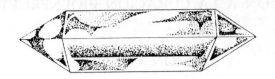

EQUILIBRAMIENTO

Equilibrar vuestros Campos de Bioenergía es un requisito previo para la curación. Vivís dentro de campos de energía que irradian en el espacio en la forma de un huevo. Los campos en forma de huevo se extienden por encima de vuestra cabeza, por debajo de vuestros pies, y a vuestro alrededor.

Vuestro huevo (Campo Bioenergético) tiene una particular formación en relación a vuestro cuerpo. Esta formación se llama "Equilibrio del Cuerpo". El acto de equilibrar el cuerpo devuelve el huevo de energía a su condición saludable normal. El Campo Bioenergético puede deformarse, tener fugas, o desinflarse como un globo, transtornando así el equilibrio corporal. El equilibrio puede alcanzarse a través de técnicas respiratorias o por el uso adecuado de un cristal.

EFECTOS DEL PENSAMIENTO

¡Los pensamientos pueden ser aliados o enemigos! Los pensamientos son objeto de intenso estudio científico en todo el mundo. Se ha demostrado que los pensamientos son paquetes de energía que pueden ser movidos a través del espacio. Los pensamientos interaccionan con los Campos Bioenergéticos, y pueden perturbar las operaciones normales del cuerpo, causando enfermedades. Estos paquetes de energía se asientan en los Campos Bioenergéticos, creando "modelos" de energía extraños a un cuerpo saludable.

Para la autocuración, la curación por los cristales y la curación espiritual no con cristales, es necesario liberar esta formas aferradas a los Campos Bioenergéticos de un individuo. Descubrí que si un paciente no quería abandonar viejos pensamientos, odios, temores, y cosas semejantes, *no* era capaz de ponerse bien.

Nos afectan nuestros propios pensamientos así como por los pensamientos positivos o negativos de los demás. Hemos sido capaces de demostrar que un grupo de personas puede enfocarse sobre un individuo con el suficiente pensamiento negativo como para causarle debilidad o una enfermedad física. Mucho cuidado con vuestros pensamientos. La Regla de Oro: "Haz a los demás lo que quisieras que ellos hicieran contigo", se aplica tanto a los pensamientos como a los hechos.

ENERGÍA CURATIVA

"¿Cuál es la energía transmitida?", es una pregunta que a menudo formulan los estudiantes de los métodos de curación.

Se nos enseña que la ciencia explica todos los fenómenos y observaciones. Sin embargo, la ciencia está moviéndose lentamente hacia las pruebas de que los campos de energía pueden ser restaurados para ayudar al cuerpo en su curación. El trabajo clave hasta la fecha se lo debemos a los científicos rusos. La idea del movimiento de la energía es aceptable. Cuando se nos enseña cómo, podemos sentir la energía; algunas personas pueden incluso *ver* estas formas.

1. El Poder del Amor

Un querido amigo, el Dr. John Adams, me enseñó a comprender y aplicar el principio del *Amor Divino*.

Durante los tres primeros años de este trabajo, no utilicé, a sabiendas, los principios del "Amor" o del "Amor de Cristo". En casos difíciles, obtuve a veces buenos resultados y a veces ninguno. Atribuyo esto a una falta de amor. A menudo mis propios conceptos sobre lo correcto y lo incorrecto interfirieron con la curación. Creé un filtro de energía que redujo la fuerza personal del amor que había estado transmitiendo sin saberlo.

El hombre se ha identificado con el amor de Dios, Cristo, Buda, Mahoma y otros. Estas expresiones del amor son idénticas y nos vienen de la misma fuente. Puesto que estoy tratando de vivir mi vida de acuerdo a los principios enseñados por Cristo, utilizo en mi trabajo el "Amor de Cristo" (si es que ello no ofende al paciente).

En mis seminarios, muestro que el amor es una fuerza energética que puede ser transmitida como forma positiva de pensamiento para facilitar la curación. Incluso los observadores escépticos advierten la amplificación de energía al utlizar el "Amor de Cristo" en la curación, comparado con sólo usar "Amor". *Cuando hacemos trabajo de curación usando el Amor de Dios, de Cristo, del Espíritu Santo, u otra Fuerza Divina de Amor, podemos cargar, equilibrar y eliminar problemas con un solo esfuerzo.*

2. *Uso del Amor Incondicional*

Amor Incondicional: *la expresión máxima del servicio de curación*. Operar "incondicionalmente" significa transmitir el amor de Cristo sin juicios, expectativas o deseos. Utilizar el amor incondicional de Cristo puede ayudar a un paciente a reconocer y abandonar la fuente de un problema sin que yo me vea involucrado en el resultado.

3. *Servicio frente a Curación, utilizando el Amor de Cristo*

Mucha gente se refiere a sí misma como "sanadores". He aprendido, sin embargo, que lo que un "sanador" hace es simplemente proporcionar un torrente de amor, mientras el paciente busca lo que le ha oprimido, lo trata y lo abandona. En este contexto, he comprendido que soy más bien un "servidor", pues el *paciente* es el "sanador".

4. *Niveles de Vibración del Amor*

A medida que trabajaba en el servicio a otros con un Cristal Curativo Vogel, mi cuerpo comenzó a aclararse, y la vibración del amor aumentó en mí. Esta transformación ha sido medida en el Laboratorio de Marcel Vogel. Según mi cuerpo pasaba por fases de transición, aprendí métodos de aclararme que podéis aprender vosotros, y aplicar a vuestro crecimiento y despertar espirituales.

El objetivo último cuando se utiliza cualquier artificio de cristal es el de crecer en claridad, de modo que el alma se expanda plenamente en la forma. Uno se convierte entonces en el cristal. La literatura antigua dice "Encender la Llama". Esta frase significa "activar el alma plenamente". Una vez hecho esto, operaréis con plena energía curativa utilizando el Amor de Cristo incondicional de vuestro interior.

5. *El Amor de Cristo y los Cristales*

Sosteniendo un cristal, inhalad y expulsar el aire rítmicamente, acumulando en el cristal una carga igual a vuestra vibración. Cuando usáis el "Amor de Cristo", la vibración conseguida es muchas veces superior. El posterior uso de esta elevada vibración facilita mejores resultados en el trabajo de curación.

NECESIDAD DE LA CURACIÓN ESPIRITUAL

Cuando empecé este trabajo, pensé que los sucesos de mi vida eran el resultado de haber establecido mi meta. A veces, los resultados curativos fueron dramáticos y casi instantáneos; otras, los resultados no fueron detectables. Se necesitaron más de seis meses para que dejara de luchar contra mi deseo de éxito con aquellos a quienes trataba de ayudar. Finalmente comprendí que mis intenciones y actitudes estaban interfiriendo con los procesos de corrección.

A medida que aprendí a observar y catalogar los resultados imparcialmente, de paciente a paciente, fui capaz de unir las secuencias de los hechos relacionados con la energía que se requieren para promover una curación duradera. Algunos de los sucesos clave son descritos en las páginas siguientes.

LOS LÍMITES DE LA CIENCIA Y DE LA MEDICINA

Considero al cuerpo humano como una maravilla de ingeniería. Es una serie muy sofisticada de sistemas eléctricos de control de carácter interactivo. La complejidad del cuerpo humano excede cualquier cosa desarrollada por el hombre. Me he maravillado ante cada nuevo descubrimiento: sueros, vacunas, transplantes de órganos, etc. Respeto a los médicos y a la investigación médica. Sin embargo, he visto a la gente morirse lentamente sin dignidad, vidas prolongadas por la tecnología médica, sin consideración al libre albedrío individual. Durante años he pensado que con seguridad debía haber una alternativa frente a una existencia vegetativa.

Mientras mi capacidad de entender la curación se desarrollaba a un Nivel Bioenergético, pensé que estas personas incapacitadas emocional, mental y físicamente podían ser ayudadas si aprendíamos las claves de cómo los Campos Bioenergéticos reaccionan ante la salud humana. Se desarrollaron una serie de técnicas. Pasé años con Marcel Vogel, estudiando y perfeccionando estas técnicas para obtener resultados repetibles.

Muchos pacientes sufrían efectos secundarios causados por la medicación y el tratamiento médico previos. Descubrí que el dolor iba a menudo ligado a una reacción química, a algo ingerido, o a la acumulación de una substancia química. La reacción de esa substancia con otros ingredientes del cuerpo, parecía causar los efectos secundarios.

He aprendido que es más simple trabajar con las descripciones que el paciente da de su dolencia, que utilizar un diagnóstico médico, pues el diagnóstico original puede ya no ajustarse a la actual enfermedad.

Los cristales de cuarzo naturales, no tallados, han sido utilizados durante miles de años. El Cristal Curativo Marcel Vogel, sin embargo, ha abierto nuevas perspectivas científicas. Este cristal concentra la energía de amor del que posee el cristal para transmitírsela al paciente de forma segura y sin contacto alguno, mientras aquél abandona el origen de sus síntomas. La energía intercambiada es más elevada que la obtenida de cristales no tallados.

He trabajado con varios doctores muy competentes, a quienes amo y respeto. Han demostrado valentía y tenacidad al aprender cómo estos Campos Bioenergéticos pueden ser ajustados. He visto a cada uno de estos doctores experimentar una transformación espiritual y desarrollar una percepción intuitiva del tratamiento con cristales curativos, algo que iba más allá de cualquier entrenamiento formal de escuela.

La validez de los resultados a través de hospitales es difícil, si no imposible de obtener. Pacientes seriamente dañados, a menudo se recuperaron rápidamente. Los que tenían enfermedades de la sangre "incurables", dejaron de presentar la enfermedad, pero el personal del hospital a menudo no estaba dispuesto a reconocer dichos cambios por temor a ser acusados de análisis defectuosos y diagnósticos equivocados. Tras observar estos comportamientos durante varios años, comprendí que iniciar programas de investigación, de buena fe, en hospitales de investigación médica, podría ocuparme el resto de mi vida. Parte del problema es que no todos los médicos son sensibles para detectar o "sentir" las energías sutiles. Otros que podrían utilizar el cristal con éxito, tal vez teman las represalias a través de denuncias por práctica poco ética de la medicina hechas por un público intransigente.

Cuando fui trabajando en problemas cada vez más complejos, se me hizo evidente que muchos pacientes sufren de una desarmonía que va más allá de la medicina, y a la que me refiero como un efecto "espiritual". De aquí el énfasis presente en la "Curación Espíritual".

UNA SOCIEDAD MÁS RESPONSABLE

Muchas veces he ayudado a alguien, y me he encontrado que la curación fue rechazada. Con un esfuerzo consciente o subconsciente por bloquear la asistencia, cualquier paciente puede impedir la restauración de sus Campos Bioenergéticos. Asimismo, el uso continuado del alcohol mientras el cuerpo se está curando va en detrimento de la recuperación. El encontrarse en medio de una gran multitud tras una sesión de curación puede ser un obstáculo en la mejoría del paciente, pues la carga vital puede serle "succionada" por otra persona con alguna enfermedad.

La salud general depende de que el paciente asuma la plena responsabilidad de sí mismo. La responsabilidad no reside en el sanador, que solamente está guiandolo para que se cure a sí mismo. Entre todas las leyes de Dios, ¿cuál podría ser más natural que ésta?

CORRECCIÓN DE LA ENFERMEDAD

Otro requerimiento para una curación efectiva es que el paciente tenga un sincero deseo de ser curado. Frecuentemente la persona pide ser librada de una aflicción física, pero reacciona con temor o escepticismo ante el proyecto de estar bien. Muchas personas que carecen del apoyo familiar y de otros cuidados, pueden utilizar la enfermedad para atraer la simpatía o la atención. Quitarles esa "muleta" puede dejar a dichas personas peor que antes; les faltaría una relación de amor y cuidado. Es por ello que, a un nivel subconsciente, bloquean la curación.

Inicialmente, no me daba cuenta de las profundas necesidades emocionales de las personas. Cuando mi sistema comenzó a aclararse en el servicio a los otros, mi alma se activó y fui capaz de sintonizar con los pacientes a un nivel más profundo —el de la conciencia del alma. Ahora, cuando me enfrento a una situación, puedo ayudarles a estar en paz con sí mismos, independientemente de sus quejas iniciales. De esta manera, podemos ayudar y consolar de acuerdo a las necesidades más profundas.

Hay muchas veces en que no acepto a una persona para una sesión de curación, sabiendo intuitivamente que no está preparada para aceptar la curación. Esto no es "jugar a ser Dios", o hacer juicios. La literatura antigua dice que **toda enfermedad es el resultado de una vida del alma inhibida**. Creo que el alma utiliza el mecanismo de nuestra salud física para ayudarnos a aprender las lecciones clave del crecimiento y el desarrollo. Cuando las lecciones han sido aprendidas, ya no necesitamos, a nivel espiritual, estar enfermos, a no ser que decidamos estarlo por un acto de libre voluntad.

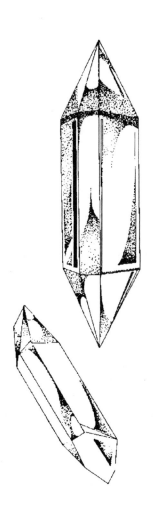

REORDENAR LA VIDA CON EL AMOR DE CRISTO

Estoy convencido, en lo más profundo de mi ser, que toda la humanidad es capaz de alcanzar en su existencia una naturaleza que posea como modelo la vida de Cristo. Los pensadores de la "Nueva Era" se refieren a esto como el *Amor Divino*, o el *Amor de Cristo*. Hasta 1984, tuve grandes dificultades con este concepto, pues siempre había operado defensivamente, protegiendo a mi familia y a mí mismo de cualquier daño. Esta es la mentalidad de "guerrero" presente en todos nosotros. Se necesita un esfuerzo importante para rendirse a las enseñanzas amorosas de Cristo, Buda y Mahoma. Pues espiritualmente representan *una sola enseñanza*, igual que nuestra conciencia es una sola. Nuestra unidad como almas se consigue cuando usamos intencionadamente el Amor de Cristo, el *Amor de Dios*, *Buda* o *Mahoma*, en el trabajo de curación.

FUNDAMENTOS DE LA CURACIÓN ESPIRITUAL

Algunas personas piden que les enseñe las técnicas de curación. Estoy dispuesto a hacerlo con grupos bienintencionados. Me considero un puente para ayudarlos a aprender e integrar la verdad con las enseñanzas espirituales o del alma, de modo que puedan ser verdaderamente libres de expresarse y disfrutar en la vida.

Mis experiencias en negocios, conferencias e ingeniería a todo lo largo de los Estados Unidos, me han hecho conocer muchos sistemas de creencias. Estoy tratando de servir de puente entre la comprensión de los sistemas de creencia presentes en nuestro país de alta tecnología, y los antiguos sistemas de curación. El modo de realizarlo lo discutiremos ahora.

INTEGRACIÓN DE ALMA, MENTE Y CUERPO CON EL "AMOR DE CRISTO"

Tras haber estudiado intensivamente la curación durante siete años, se me ha hecho evidente que, en la Biblia, Cristo nos dejó un legado que pocos hombres han interpretado correctamente. Dijo: "Cuando hay dos o tres reunidos en mi nombre, ahí estoy yo en medio de ellos".

He aplicado esta gran enseñanza de Cristo y la enseñanza de Djwal Khul, el maravilloso maestro Tibetano, en una técnica espiritual de curación que puede ser experimentada por cualquiera que se halle sentado en una habitación conmigo. Pongo mi alma en sintonía con la del paciente a través de una técnica de respiración. Entonces le transmito el *Amor Incondicional de Cristo*, mientras le guío mentalmente a que "vincule" su alma, mente y cuerpo con el *Amor de Cristo*. El el situa, a través de la respiración, en el origen de su problema. Puede ver el suceso causante de su problema con el ojo de la mente, tener recuerdos, o ver colores o símbolos. Lo que es más importante, tiene la oportunidad de enfrentarse consigo mismo. A continuación pido al paciente que inhale, y que expela el aliento a través de la nariz. Esta acción libera de sus Campos Bioenergéticos el origen de su problema. Una vez más, "conecta consigo mismo", y se transmite a sí mismo *Amor Incondicional* hasta que su cuerpo se aquieta. Lo estabilizo durante varios minutos hasta que nuestros dos campos del alma se separan. La experiencia es muy profunda, y cuando se hace correctamente, produce un efecto curativo. A veces se requieren múltiples sesiones. La técnica, desde luego, depende de nuestra propia claridad y desarrollo.

Este mismo trabajo puede hacerse en menos sesiones utilizando el Cristal Curativo Vogel, pues el cristal penetra más profundamente en los Campos Bioenergéticos. Un cristal sin tallar, utlizado adecuadamente, producirá como resultado un incremento en la ayuda, pero, según he descubierto, ésta es la menos efectiva de las tres variantes arriba descritas.

Cuando vuestro cuerpo esté limpio, de modo que podáis manejar sin riesgos y constantemente la vibración del *Amor de Cristo*, podréis hacer el trabajo de curación como lo hizo Cristo, sin el cristal.

AUTOCURACIÓN

Como antes mencioné, operamos en un Campo de vibraciones Bioenergéticas semejante a un huevo gigante. Este huevo debe estar equilibrado energéticamente antes de que pueda tener lugar la curación. Los estudiantes pueden aprender en una sesión experimental de fin de semana la forma de limpiarse y de utilizar *la fuerza del amor* de manera benéfica para producir la autocuración.

Los seminarios se engranan en una progresión que ayuda al estudiante a entender los CAMPOS BIOENERGÉTICOS, el uso de los cristales de cuarzo tallados y sin tallar, y las técnicas espirituales de curación sin contacto y sin cristales.

EL FUTURO:
UN CENTRO PARA LA ENSEÑANZA Y LA CURACIÓN

La restauración de la salud utilizando un Cristal Curativo de Vogel, es llamada CURACIÓN TRANSFORMACIONAL. El uso del cristal, sin embargo, es sólo un paso en la integración o transformación total de un ser humano.

Vislumbro un centro de curación y enseñanza, con personas que enseñen una variedad de disciplinas relacionadas. Estas personas proporcionarán a los estudiantes instrucción sobre la curación con cristales y espiritual, y además proporcionaría servicio a los pacientes. Al mismo tiempo, serán capaces de recuperarse en un entorno relajado y amoroso.

INTEGRACIÓN DE DISCIPLINAS PARA EL SERVICIO MUNDIAL

Hemos descubierto que muchos pacientes se benefician de un enfoque de la curación en tres pasos:

1. Consulta de pre-tratamiento, para desarrollar un sentido de autoconciencia y responsabilidad consigo mismos, junto con una comprensión de los conceptos de la Bioenergía.
2. Trabajo con los cristales o curación espiritual para liberar las causas de la energía bloqueada.
3. Post-tratamiento, incluyendo instrucciones nutricionales, trabajo corporal, y terapia física o mental. La respuesta o velocidad de recuperación y sus necesidades continuadas, requieren supervisión, coordinación y educación. Estas deberían ser proporcionadas por personal competente, en un entorno amoroso y relajado.

Un estudiante que aprenda a utilizar estos instrumentos de cristal debe ser claro en su dedicación al servicio, y comprender que esta tecnología no es frívola. Con las facilidades que concede el régimen de residencia, el estudiante recibiría una cuidadosa instrucción en un entorno práctico. Experimentar la gama completa del conocimiento disponible sobre la curación con cristales, puede llevar varios meses.

ELIMINACIÓN DE LA IGNORANCIA

Las persona necesitan aprender que *pueden* asumir el control de su salud y de sus vidas. La erradicación de la ignorancia no se limita a promover la educación en iglesias y escuelas. Los conceptos sobre la energía o no son enseñados, o se enseñan de modo incompleto. Necesitamos explorar y reaplicar muchas de las enseñanzas maestras y eternas.

LA CARENCIA DE FORMA

Nuestra sociedad está estructurada por leyes, prácticas y procedimientos, muchos de los cuales son necesarios. Sin embargo, no existe necesidad alguna de regular a alguien que ofrece un verdadero servicio de curación espiritual, con o sin cristal. Un individuo puede necesitar guía posterior, pero esa guía está a menudo a su alcance a través de las enseñanzas de su alma, el *Yo Superior*. La cita: "El que tenga oídos para oír, que oiga; el que tenga ojos para ver, que vea", es un ejemplo de este sistema de guía por el alma.

1. *No-Manipulación*

La decisión de buscar ayuda en los desórdenes espirituales, mentales y físicos, debería ser tarea de cada uno. La manipulación es incompatible con el concepto del servicio, especialmente en el Centro de Curación que proponemos. Nuestra meta es que nadie del personal administrativo o instructor, estudiantes o pacientes, pueda temer una manipulación o que "se juegue con ellos".

2. *Libertad de Operación*

Un estudiante del Centro recibirá un programa básico de enseñanza sobre el Amor, el efecto de los pensamientos, y una serie de técnicas, continuando con un estudio en profundidad si es necesario. Completado el programa, cada participante será libre de funcionar como elija. Posteriores afiliaciones al Centro serán a discreción del estudiante.

RESULTADOS DE LOS PACIENTES

Dirigí un estudio de las formas del cuarzo con Marcel Vogel. He aquí lo que he aprendido:

- El cuarzo natural sin tallar acumula carga mientras se contiene la respiración. Esa carga es mayor que la que vamos formando en nuestro cuerpo. Podemos transmitir la carga, sea con la intención, sea expulsando el aliento. Inicialmente, utilicé cuarzo natural no tallado con resultados insatisfactorios. Mi propia salud era pobre, y era incapaz de acumular una carga que fuese útil para otros.

- Un cristal de Vogel, especialmente si se talla a partir de cuarzo natural, concentra y amplifica la carga mucho más que el cristal no tallado. Este efecto aumenta nuestra capacidad de servir con una carga mayor que la que se podría obtener en otro caso. Cuando se utiliza el cristal Vogel, nuestro cuerpo empieza a limpiarse.

• El cristal Vogel de cuatro lados es efectivo para una amplia gama de trabajos curativos. Parte del trabajo hecho hasta la fecha incluye:

curación de heridas	desórdenes de la sangre
infecciones	desórdenes del tejido muscular/ de las encías
dolores en la espalda	desórdenes de las glándulas endocrinas
golpes	desórdenes en la actitud mental o posturas físicas
parálisis	fallos de visión
depresión	eliminación de fobias
enfermedades cardíacas	correcciones neurológicas
enfermedades de la piel	

Como habéis visto anteriormente, se pueden corregir diferentes tipos de enfermedades utlizando el mismo enfoque. Anticipamos que las escuelas médicas establecerán importantes programas de investigación a medida que esta tecnología se extienda más.

• El progreso en la educación sobre la curación puede ser obstaculizado por la legislación, la ignorancia y el miedo. El trabajo de curación espiritual, con o sin cristales, no debe dar miedo. Representa una extensión del poder de la oración, la invocación y la afirmación, a través de acciones de amor para ayudar a la humanidad. De aquí que la curación espiritual sea una extensión natural de las enseñanzas de todas las organizaciones religiosas.

Bob Fritchie

Robert Fritchie es Ingeniero Químico licenciado, Profesional y Registrado, con veinticinco años de experiencia en instrumentación, técnicas de control de ordenadores, y gestión. Durante los últimos años, el Sr. Fritchie ha dado numerosas conferencias acerca de los efectos de la bioenergía sobre el cuerpo humano. Ha estado estudiando el área de las energías sutiles con Marcel Vogel, eminente científico jefe de IBM. El Sr. Vogel es mundialmente reconocido como experto en microscopía y cristalografía.

En 1980, el Sr. Fritchie comenzó un intenso estudio para correlacionar las energías curativas de que se habla en la literatura, con otros métodos, más extensos, de transferencia de energía. Hoy en día, han emergido un serie de técnicas utilizables; éstas han sido ensayadas por numerosos doctores.

A lo largo de los últimos siete años, el Sr. Fritchie ha ayudado a miles de pacientes a recuperar la salud a través de Ajustes Bioenergéticos. Está proporcionando un puente hacia la comprensión actual de las energías naturales utilizadas durante siglos por los pueblos de muchos lugares.

A medida que estas herramientas de curación se vayan utilizando más ampliamente, el facultativo de la salud será cada vez más valioso. Puesto que las técnicas no son intrusivas, un mayor número de médicos podrá ayudar sin riesgos a los pacientes a curarse a sí mismos.

La ceremonia de otorgamiento de nombre en la era de los cristales

por Carolyn Precourt

La siguiente ceremonia fue escrita para los individuos que creen en la reencarnación, y especialmente para los sacerdotes que desean referirse a esta creencia durante una ceremonia de otorgamiento de nombre. Una ceremonia de otorgamiento de nombre es una alternativa a las tradiciones bautismales de los estructurados sistemas de creencia de las religiones, y está destinada específicamente a satisfacer las necesidades de quienes buscan un ritual que refleje las creencias de la nueva era/sabiduría antigua.

Mis convicciones son las de que el términno *Era de los Cristales* es sinónimo de *Nueva Era* o *Era de Acuario*. Un cristal es lo que mejor simboliza el perfecto equilibrio de las energías masculina/femenina, positiva/negativa, yin/yang. Por esta razón, dar cristales al recién nacido o a la persona mayor durante el otorgamiento de nombre, es parte integral del ritual, como lo es dar el(los) nombres(s).

En la tradición Americana Nativa India, al niño se le da su propia bolsa de medicina, y entre los contenidos de esa bolsa están los cristales.

Como Sacerdote, prefiero seleccionar los cristales y dárselos al niño a modo de presente. Sin embargo, los padres, otro miembro de la familia o un amigo cercano, pueden optar por ser los responsables de la selección. Yo utilizo cristales Herkimer, pero ésta es una preferencia personal basada en mis convicciones personales. *Cualquier* cristal que *sintamos* adecuado, *es* adecuado.

La preparación para el ritual y la ejecución de éste es una expresión individual de los sistemas de creencia, y por esa razón no podemos recalcar suficientemente la importancia de seguir vuestras sensaciones intuitivas acerca del modo "correcto" de conducir la ceremonia. La ceremonia que he diseñado es sólo un ejemplo, y puede ser modificado para ajustarse a las situaciones individuales.

La ceremonia puede celebrarse en el interior o en el exterior, siendo las condiciones climáticas las que suelen dictar el lugar. Desde un punto de vista astrológico, creo que la fase de la Luna Nueva es la mejor, y si es posible, debería hacerse en el día de la semana en que nació el niño. Si no, sugeriría el Domingo. Las antiguas culturas primitivas creían que los ritos importantes debían tener lugar a mediodía, pues es el momento, durante el ciclo de veinticuatro horas, en el que el sol no arroja sombras sobre la tierra. Esta creencia es importante, pues cualquier nuevo comienzo necesita toda la "luz" que pueda obtener. A mediodía, sin sombras, existe ese equilibrio perfecto, o momento perfecto, en que la luz del Sol muestra claramente el mejor modo de proceder —a fin de evitar contratiempos.

Varios días o incluso semanas antes de la ceremonia, coloco sobre mi altar los cristales escogidos para el individuo particular, encima de su carta natal astrológica*. Rezo para que el modelo energético del Cosmos, simbolizado por la carta natal, se integre con la energía de los cristales, de modo que el niño siempre tenga acceso a su propia y particular señal cósmica.

* *Utilización astrológica de una fecha de nacimiento para determinar las influencias.*

Para la ceremonia en sí, debería disponerse un altar con flores frescas, con una planta o ramas de una planta de hoja perenne. Sobre el altar, coloco también una vela, una pluma, piedras, conchas, y cualquier cosa que tenga algún significado simbólico para los participantes. Asimismo, quemo incienso o salvia seca. Cualquier tipo de mesa servirá como altar; yo utilizo una mesa plegable cubierta de tela blanca.

Los cristales son colocados encima de su contenedor, que puede ser un saquito de seda de cualquier color que vuestras percepciones internas os guíen a seleccionar. Podría ser un saquito de cuero o incluso una caja. Usad lo que vuestras sensaciones prescriban.

En la ceremonia, hago un círculo de doce rocas, cuatro de las cuales son cristales colocados en las cuatro direcciones. (Ver Diagrama 1). Una vez más, como en las otras situaciones, permitíos escuchar vuestra intuición en lo concerniente a la selección de cristales y rocas. El altar, los padres, el niño y el oficiante se hallan en el centro del círculo. Los que van a ser testigos del ritual, se hallan en la periferia exterior del círculo.

Durante la invocación de apertura, hago que uno de los padres sostenga al niño, dando la cara a cada una de las direcciones según se las va mencionando.

INVOCACIÓN

Oh, Padre Nuestro, el Cielo, Escúchanos y haznos fuertes
Oh, Madre Nuestra, la Tierra, escúchanos y apóyanos
Oh, Espíritu del Este, envíanos tu sabiduría
Oh, Espíritu del Sur, que podamos recorrer tu sendero de vida
Oh, Espíritu del Oeste, que podamos siempre
estar preparados para el largo viaje
Oh, Espíritu del Norte, purifícanos con tus vientos limpiadores.*

* *Reimpreso con permiso de José y Miriam Argüelles, Mandala (Berkeley y Londres: Shambala, 1972), p. 87.*

Esta ceremonia puede ser modificada para personas que cambian su nombre, y que desean un ritual para conmemorar este cambio.

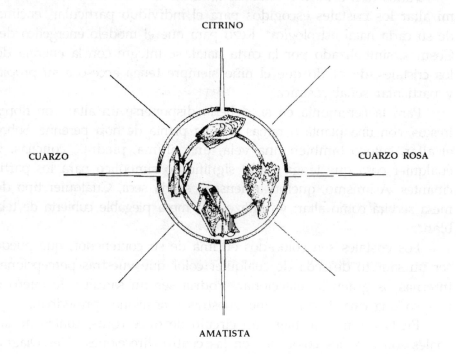

LA CEREMONIA DE OTORGAMIENTO DE NOMBRE EN LA ERA DE LOS CRISTALES

Hay muchas almas antiguas encarnadas en la tierra en este momento. Sólo tenemos que mirar en sus ojos para saber que no son individuos ordinarios. No, son todos extraordinarios y tienen padres extraordinarios cuya conciencia hace posible la oportunidad de su renacimiento.

Y así, os doy a todos la bienvenida a esta ceremonia de otorgamiento de nombre de la "Nueva Era". Todos nosotros hemos oído hablar mucho sobre la Era de Acuario. Estamos en la etapa de evolución en la que la Era de Piscis está acabando y la Nueva Era está comenzando. Estos dos grandes ciclos se acoplan en este momento, y cuando vemos el final de ancianas estructuras, vemos simultáneamente los comienzos de las estructuras de la Nueva Era.

Esta ha de ser la Era de lo Humanitario, la Era de la Verdad, de la integridad. La tierra está progresando en la conciencia superior hacia la realización de una verdadera hermandad entre lo seres que habitan en el planeta Tierra.

Obviamente, hay mucho trabajo por hacer para asegurarnos de que los ideales expresivos de la Era de Acuario se manifestarán espontáneamente, y todos los que estáis aquí sois pioneros, viejas almas, retornados para ayudar en esta tarea. Se necesitarán seres muy especiales y evolucionados para completar la tarea que ha comenzado, y es por una de estas almas que nos reunimos hoy en un espíritu de respeto y honor.

Hay una sincronicidad en todas las experiencias y en todos los sucesos que ocurren en nuestra vida, y no es por casualidad que estemos todos aquí hoy para compartir este ritual y participar en él.

*Una red dorada de tiempos de vida precede a este rito singular. Estos tiempos de vida comprenden muy diferentes culturas, trasfondos étnicos y áreas de la historia. Y son como ricos tapices entretejidos con lágrimas y risas, pena y gozo. **TODAS** las dualidades que implica la existencia terrestre. El amor procedente de la fuente causal es la constante que reúne a hijo y padre, marido y mujer, hermano y hermana. Todos los papeles desempeñados en la familia se han experimentado en alguna vida pasada por cada uno de nosotros, y ahora la energía combinada de esta familia llega a ser un diseño singular en EL GRAN TAPIZ DE LA VIDA.*

Esta entidad ha retornado a este planeta, y el momento de re-entrada en la esfera de la tierra es por elección, no por casualidad. Esta etapa de transición de la evolución de la tierra necesita de la sabiduría, talento, conocimiento y esencialidad de esta alma particular, para ayudar en la evolución de este planeta y de toda la humanidad, para ir arriba y dentro en espiral hacia la fuente causal. La Madre Tierra ofrece un santuario a cada peregrino que viaja hacia la perfección, en el retorno al Gran Espíritu, la Fuente Causal de todo lo que es ... AMOR.

*Sé ahora con nosotros, oh, Espíritu del Este
da a este alma la energía, entusiasmo y pasión
para expresar eternamente
esa brillantez de espíritu que es el núcleo
del ser interior*

*Sé ahora con nosotros, oh, Espíritu del Sur
da a este alma la fuerza y el coraje
que se necesitan para superar todos los temores de modo que
el destino autoescogido para este viaje a través de la vida
sea cumplido con integridad*

*Sé ahora con nosotros, oh, Espíritu del Oeste
da a este alma discernimiento intelectual,
apreciación de la belleza, la armonía, el equilibrio y
la capacidad de risa y de gozo*

*Sé ahora con nosotros, oh, Espíritu del Norte,
da a este alma el más profundo amor y
riqueza de cuerpo y alma.
Dale la guía necesaria para emanar
las expresiones de compasión y amor
y para vibrar con ellas*

Gracias, y así sea*

* *Inspirado en un ritual de matrimonio de* Un Libro de Rituales *(Donald Weber, Publisher).*

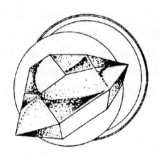

OTORGO AHORA A ESTA ANTIGUA ALMA EL DON DE ESTOS NOMBRES:

_____

Otorgo ahora a esta antigua alma el don de estos cristales, que han sido escogidos para vibrar con la esencia de los nombres.

Los cristales y los nombres están en armonía y han sido bendecidos por ancianos seres divinos y su representante aquí en la tierra.

La concesión de estos nombres y la concesión de estos cristales está inspirada en el amor y oramos por que la vida de este individuo

_____
(Nombre)

Refleje su radiación espiritual y la perfecta luz cristalina de la fuente causal...

(El oficiante se dirige a los padres:)

Enseñad a _____
(Nombre)

a imaginar un claro manantial de agua que brota de una cueva de cristal reluciendo en la luz sideral. Esto ayudará a vuestro bello y especial niño a percibir la fuente causal y ser capaz de retornar a ella para su renovación y recuperación.

Damos las gracias a todos los que han estado aquí en esta ceremonia de otorgamiento de nombre. Acabemos con una oración:

Gran Espíritu y Madre Divina
que sois la perfección del amor, la armonía y la belleza,
abrid nuestros corazones de modo que podamos escuchar vuestras voces
que constantemente vienen de dentro.
Descubridnos nuestra luz divina
que se oculta en nuestras almas,
de modo que podamos conocer y entender mejor la vida.
Oh Gran Espíritu y Madre Divina,
danos vuestra gran bondad y
enseñadnos vuestro amoroso perdón.
Elevadnos por encima de las distinciones y diferencias
que dividen a la Humanidad.
Enviadnos la paz de vuestros divinos espíritus
y unidnos en vuestro perfecto ser.
*AMEN.**

* *Esta oración está adaptada de* Hacia el Uno *(Harper Colophon Books, Harper and Row).*

Carolyn Lee Precourt

Carolyn Lee Precourt ha estado relacionada con la astrología durante muchos años. Fue ordenada en la "Capilla de la Conciencia", Encinitas, California, en 1977.

Carolyn oficia ceremonias de matrimonio en *Nueva Era*, ha diseñado un certificado de matrimonio de *Nueva Era*, y adapta el servicio matrimonial a conveniencia de las necesidades de los participantes. También pasa consulta privada y se considera a sí misma como una ministra trovadora y errante.

Como personaje público, ha aparecido en la televisión local —en *El Diario de Jack White* como la *Dama Estrella*, y como clarividente invitada en el *Show del Amanecer*. Carolyn ha servido también como colaboradora del *Club de los Muchachos Cósmicos* mientras se mantuvo activo durante año y medio, en la librería Phoenyx Phyre Books, Leucadia, California.

En 1981, Carolyn se interesó por los cristales y los integró en su ministerio. Residente acualmente en San Marcos, California, está casada, y tiene tres hijos.

Reverenda Carolyn Lee Precourt
1930-82 Encinitas Road
San Marcos, CA 92069

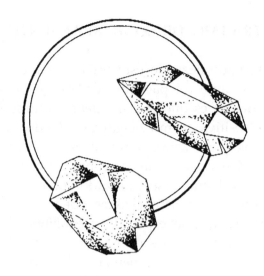

El consultorio de los cristales

por Judith Larkin, Dra. en Filosofía

LA UTILIZACIÓN DE LOS CRISTALES EN EL CONSULTORIO

En el transcurso de más de veinte años estudiando misticismo, mis sensibilidades e intuición se han desarrollado de tal modo que han llegado a ser una herramienta útil para otras personas. Este tipo de consulta, llamada iluminadora, induce al paciente a estados superiores de conciencia a través de la meditación, la información psíquica, y los métodos aconsejados tradicional y no tradicionalmente. Por la singularidad de la técnica de consulta, se trabaja con energías de alta velocidad, estados alterados de conciencia, y estados del ser refinados, abstractos y sutiles, así como con estados físicos, emocionales y mentales.

Gran parte de este trabajo introduce al paciente en sus propios niveles de identidad intuitivos, espirituales, divinos y cósmicos, yendo por tanto más allá de los niveles de existencia físicos, emocionales y mentales que le son familiares. Los cristales resultan de una ayuda inmensa en mi trabajo. En este capítulo cuento en qué forma los cristales me han ayudado como consultora, y las capacidades especiales de ellos aprendidas a través de las regresiones de mis pacientes a sus vidas pasadas.

PROTECCIÓN EN EL TRABAJO DE EQUILIBRAMIENTO

Por la desacostumbrada naturaleza de este trabajo, a menudo quedo psíquicamente "abierta" ante mi paciente. Un riesgo de ser sensitivos y trabajar con los demás es que el clarividente absorbe las energías del paciente, tanto positivas como negativas. Siendo clarisensitivo*, a veces siento los bloqueos físicos y psíquicos en mi cuerpo. Si hay mucha tensión en el paciente y me descubro a mí misma absorbiendo esa energía, el cristal puede ser utilizado como escudo de energía. Cuando esto ocurre, uno de mis chakras puede empezar a sobrecargarse de energía. El chakra puede perder su equilibrio si no tengo cuidado. Si un chakra o una parte de mi cuerpo se halla bajo tensión, sostengo el cristal sobre el área, y la energía suele retornar al equilibrio, tanto en mi cuerpo como en el cuerpo del paciente.

A veces muevo el cristal de forma espontánea sobre mi cuerpo y/o el cuerpo del paciente, para facilitar el retorno al equilibrio. A veces, a medida que el cristal se mueve, lo siento eliminando la energía desequilibrada del cuerpo sutil del paciente. Siento al cristal introduciendo energías en su cuerpo. El paciente, incluso con los ojos cerrados, informará de flujos internos de energía correspondientes al movimiento del cristal a través del cuerpo. Y comenzará movimientos espontáneos alineados con los movimientos del cristal, y se producirá una limpieza.

Así pues, el cristal resulta un gran protector y equilibrador para las energías del consultor, y un gran equilibrador también para las energías del paciente. Creo que muchos consultores psíquicos podrían beneficiarse en sus prácticas del uso de los cristales. Creo también que los consultores tradicionales podrían protegerse del drenaje de energías que les hace el paciente con el uso de los cristales.

* *Poder o facultad de sentir físicamente los estados físicos y psíquicos de los demás.*

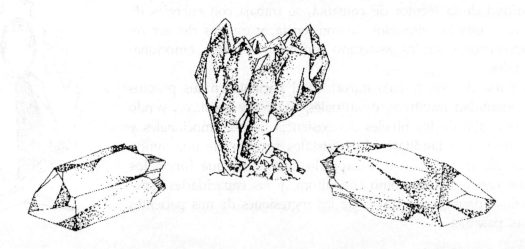

Además de sostener cristales durante la sesión de consulta como medio de protección y equilibramiento para consultor y paciente, he descubierto que el simple hecho de tener cristales sobre la mesa, ayuda a absorber muchas de las energías que pueden liberarse durante una sesión de consulta. Dispongo unos diez cristales sobre la mesa. Cada cristal tiene una propiedad o talento especiales. Por ejemplo, un cristal porta una energía muy clarificante y que facilita el enfoque. Otro se especializa en la curación emocional, mientras que otro ayuda a potenciarla. Todos estos son cristales de cuarzo claro. Un cuarzo rosa ayuda en cuestiones afectivas. Y la amatista es una gran estabilizadora, un gran sistema de toma de tierra y una gran equilibradora para el área entre el chakra del corazón y el de la garganta. La decisión de trabajar con un(os) cristal(es) en particular depende de las necesidades del paciente.

Además de tener facultades especiales, los diferentes cristales tienden a operar más fuertemente con un chakra particular. Las propiedades de los cristales y los chakra más claramente afectados pueden asimismo variar de una persona a otra. Mientras que, en general, la mayor parte de la gente coincidirá en los poderes y cualidades básicos de un cristal, la experiencia puede cambiar de una persona otra, y de un día para otro. He aprendido a confiar en mi relación con el cristal en un día determinado, y a no preocuparme si alguna otra persona tiene una relación diferente con el mismo.

LOS CRISTALES COMO AGENTES DE TOMA DE TIERRA Y ENERGETIZADORES

Además de equilibrar y proteger, el cristal puede ser un gran agente de toma de tierra* y un gran energetizador para el consultor. Una razón por la cual los consultores pueden agotarse en su trabajo, especialmente si están haciendo consulta intuitiva, es que tienden a salir de sus cuerpos para obtener información psíquica, perdiendo así el contacto con la tierra. Muchos consultores tradicionales hacen esto sin saberlo y cuando están fuera del cuerpo, éste queda sin protección, y puede absorber energías drenantes liberadas por el paciente. Salir del cuerpo en semejante situación es como dejar abierta la puerta sin vigilancia. No hay ningún control de calidad sobre quién o qué entra o deja el cuerpo energético del consultor. El uso de los cristales facilita la toma de tierra para el sensitivo, protegiendo el cuerpo energético, y proporcionando por ello más energía, tanto para el consultor como para el consultante. Apuntar hacia abajo con el cristal, en el

* *Cristal de una sola terminación que cuando se utiliza o viste tiene la punta apuntando hacia abajo.*

caso de un cristal de una sola terminación, cuando es sostenido o llevado encima, facilitará la toma de tierra en la mayor parte de la gente, aunque los individuos pueden variar, y debería hacerse el ensayo muscular para verificar cada caso.

Si el paciente sostiene también un cristal programado durante la sesión de consulta, ésta en general se ve mejorada. Hay una claridad mucho mayor en la sesión, un crecimiento más rápido, mayor percepción de las energías, y se facilita el desarrollo psíquico del paciente. A menudo son entrenados en la utilización apropiada del cristal, comenzando por los cristales naturales de cuarzo y, posteriomente, quizá los cristales de cuarzo pulidos y tallados por el hombre, que pueden ser más poderosos y requerir más habilidad en su uso. Básicamente, se enseña al paciente cómo aclarar, limpiar y programar el cristal para su uso y crecimiento.

Antes de utilizar un cristal tened la precaución de limpiarlo, poniéndolo durante la noche en un vaso lleno de agua y sal marina. La sal tiene ciertas propiedades inertes que eliminan cualquier carga negativa que el cristal pudiera llevar.

Cuando tomo el cristal por primera vez en una sesión de consulta, suelo golpearlo, frotándolo en una o ambas manos, hasta que se calienta y siento en él una ligera vibración o viveza, estableciendo así una relación. Hago una breve técnica de unificación con él, en la que visualizo cómo me sumerjo en él. Una vez en el interior del cristal, absorbo sus energías de modo que puedan ascender por mi brazo y llenar todo mi cuerpo.

Sabiendo que los cristales son inmensamente sensibles y que almacenan las vibraciones de todo lo que sucede a su alrededor, tengo la precaución de aclararlo antes de cada sesión. El procedimiento de aclarado que sigo, es el siguiente: Todos los cristales naturales de cuarzo claro tienen seis caras. Comienzo por sentir todas las caras con mi mano derecha, que suele ser la mano más positiva. Encuentro entonces la posición en la que el cristal se encuentra más cómodo en mi mano. A partir de dicha posición, pongo mi dedo índice sobre una de las caras en la punta del cristal. Luego lo giro sencilla y rítmicamente en mi mano, con el dedo índice en dirección todavía hacia la punta, a la siguiente cara. Algunas de las caras son pequeñas y otras grandes. Encuentro las tres caras seguidas que se mueven más cómodamente en mi mano. La investigación realizada muestra que si se aclaran tres de las caras, el cristal está óptimo. Aclarar dos caras no es suficiente, y aclarar cuatro caras no proporcionará mayor beneficio.

Con cada una de las tres caras sostengo el cristal a la altura de mi tercer ojo, el lugar entre las cejas en el centro de la frente, y visualizo el interior del cristal, totalmente aclarado. A veces, veré pequeñas volutas de humo o polvo que abandonan el interior. A veces, incluso visualizaré una escoba o aspiradora imaginarias aclarando viejas energías y basuras del interior del cristal.

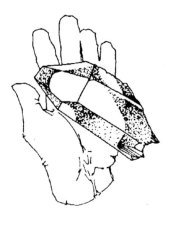

Con cada visualización para cada una de las tres caras del cristal, uso el poder de mi aliento para intensificar la fuerza de la forma de pensamiento limpiadora. Realmente, impulso con el aliento el pensamiento limpiador al interior del cristal, a través de mi exhalación.

Al mismo tiempo, apoyo mi dedo índice sobre una cara del cristal, elevándolo ante mi tercer ojo, visualizo el pensamiento de limpieza, y exhalo un poder intensificador al interior del cristal y lo aprieto en el momento de exhalar. Este proceso puede parecer complicado, pero con la práctica bastan de tres a cinco segundos. A menudo siento que el cristal está vibrando de vida.

Por la regularidad reticular en la disposición de los átomos del cristal, introducir la vibración de un pensamiento, el calor o la presión externos, realmente redispone la estructura del cristal, de modo que comienza a vibrar al mundo un nuevo mensaje, ampliando cualquier forma de pensamiento que se introduzca en él. El cristal es muy sensible y responde ante la presión y el apretón. El cristal, en verdad, tiene cualidades piezoeléctricas. Las cargas de electricidad fluyen hacia fuera por la punta del cristal en respuesta al apretón o a la presión. Si se fotografía con un microscopio de electrones en el momento de apretar, puede verse un fluir de electrones moviéndose hacia fuera por la punta del cristal. El valor de apretar el cristal en el momento de programarlo es el de que literalmente redisponemos las energías de sus átomos para corresponderse con el programa que estamos imprimiendo.

Así pues, comprenderéis el poder que tiene vuestro pensamiento y la valiosa ayuda que el cristal puede daros para almacenarlo, enfocarlo, amplificarlo y proyectarlo. Es sumamente importante honrar al cristal y su gran capacidad para ayudar al reino humano, usándolo sólo para un trabajo positivo que eleve al planeta y traiga buena voluntad para todos. Al programar un cristal, el motivo personal debe ser puro, desinteresado, lleno de amor y bondad. Sólo deberíamos usar afirmaciones positivas al programarlo. Una vez aclarado, el cristal está listo para ser programado, para lo cual se sigue exactamente el mismo procedimiento que para aclararlo, excepto que sólo necesitamos activar una cara del cristal (puesto que ya han sido activadas tres caras al aclararlo).

Para introducir el programa en el cristal, apoyad el dedo índice sobre la siguiente cara del cristal tras el proceso de aclaramiento. Sostened el cristal delante del tercer ojo. Visualizad el programa positivo. Exhalad adentro del cristal, alimentándolo con la belleza de vuestro programa y enviad energías intensificadas a su interior.

La programación entera del cristal se hace con una actitud muy positiva. Hay una sensación de dominio y conclusión una vez que el programa ha sido impreso en el cristal. Algunos ejemplos de buenos programas para imprimir en el cristal podrían incluir:

Demando el crecimiento más elevado y mejor para todos los implicados en esta sesión.
Demando la apertura a mis instructores superiores.
Demando la apertura a mi conciencia superior y a estados iluminados de percepción.
Demando una actitud más positiva hacia la vida.
Demando un éxito completo, gozo, amor y felicidad en este día.

Una vez programado, suelo sostener el cristal en la mano izquierda, que es generalmente la mano más receptiva. A medida que la sesión de consulta se desarrolla, y el paciente y yo hablamos, advierto en ciertos puntos que el cristal se calienta, o comienza a vibrar o a responder de algún modo. A veces el cristal se enfriará o se llenará de carga eléctrica. He aprendido a prestar atención a estas señales. A veces, la respuesta del cristal da la sensación de ser una "señal de la verdad", simplemente subrayando la verdad de algo que se ha dicho. Otras veces, el cristal me sintonizará con la respuesta interna del paciente ante el trabajo de consulta. En ocasiones, la respuesta del cristal atraerá mi atención hacia una información psíquica que me está siendo dada. A veces, se tiene la sensación de que el paciente me está realmente alimentando con imágenes a través del cristal como amplificador.

Por ejemplo, un paciente estaba trabajando sobre una experiencia negativa con su madre en una vida pasada. Fue guiado a la vida pasada donde se vio a sí mismo como sacerdote. Sintió miedo y negrura. Inmediatamente, sentí calor en mi cristal y vi un fuego furibundo que se desarrollaba por la noche. El sacerdote estaba quemando los libros de la gente del pueblo como parte de una purga represiva y puritana. Era particularmente vengativo, incluso abusivo, mientras ordenaba y facilitaba la quema de libros. La mujer que en el momento presente es su madre, fue el autor masculino de muchos de los libros que él había quemado en la vida pasada. Pude ver el sentimiento y horror del autor cuando el trabajo de toda su vida era destruido por el farisaico sacerdote.

Toda la información de los libros que ardían la sentí como si me fuera transmitida a través del cristal. Era como si las imágenes fueran cogidas de la memoria del paciente, transmitidas por el cristal subiendo por mi brazo, y descodificadas por mi mente. El cristal daba la sensación de ser un receptor, transmisor y amplificador de la información psíquica. Pude sentir la energía del fuego y la destrucción barriendo mi brazo izquierdo, golpeando, haciendo juego con la escena que relampagueó en la pantalla de mi mente un segundo más tarde.

La información recibida acerca del fuego me resultó particularmente valiosa para facilitar la liberación del paciente. Entendí por qué sentía miedo y negrura cuando se acercaba a este difícil recuerdo. Con la información recibida, fui capaz de guiarle gentilmente hacia el recuerdo, haciendo que pudiese liberar sin riesgos la culpabilidad y el desasosiego subconscientes que había sentido hacia su madre a lo largo de la presente encarnación. El cristal operó como un miembro increíblemente sensitivo y valioso, ayudando del modo más íntimo y fácil a aportar información, aclaración y energías curativas para el paciente.

LOS CRISTALES Y EL ALINEAMIENTO DE LOS CUERPOS SUTILES

Hay veces en las sesiones de consulta, en que los cuerpos sutiles del paciente están fuera de alineamiento y requieren un ajuste, a fin de que el trabajo de crecimiento pueda continuar. En estas ocasiones, el cristal me ayuda a trabajar con los chakras de éste para establecer dicho equilibrio. Envío mi conciencia al interior de su chakra que está bloqueado o sobrestimulado, y soy guiada en cuanto al modo de mover el cristal para crear equilbrio, usualmente con un movimiento en el sentido de las agujas del reloj o contrario a las agujas del reloj, o verticalmente, arriba y abajo. A menudo, el cristal se calentará cuando el aumento de energía comience a moverse a través del chakra, dando a entender la eliminación de un bloqueo. *"El nudo en mi garganta se ha ido"*, *"La roca en mi plexo solar se acaba de fundir"*, son ejemplos de las respuestas de los pacientes cuando el bloqueo de energía del chakra se disuelve. Una vez más en este caso, el cristal ha servido como enfocador, amplificador y transmisor de energías.

LOS CRISTALES ENFOCAN, AMPLIFICAN Y TRANSMITEN LAS ENERGÍAS CURATIVAS

Además de equilibrar los chakras, a menudo el cristal puede ser utilizado para enfocar, amplificar y transmitir energías curativas directamente a una parte del cuerpo físico. En las sesiones de consulta, a medida que los sistemas ilusorios de creencias son explorados, el cuerpo puede manifestar los bloqueos de la mente bloqueando él mismo la energía sobre el plano físico. Cuando un dolor o molestia aparecen, suelo recorrer el cuerpo con el cristal para encontrarlo. Cualquier parte del cuerpo que provoque un cambio en el cristal (calor, frío, vibración, carga eléctrica, etc.) es un área que requiere energías curativas. *El cuerpo es una poderosa metáfora de los sistemas de creencia que está procesando el paciente*. A menudo, trabajando con el cristal para liberar el dolor en el cuerpo, se accede también a los sistemas ilusorios de creencias, y comienzan a ser liberados.

Una mujer experimentaba un dolor en la parte inferior de la espalda, y simplemente meditando y enviando energías curativas a través del cristal, su dolor fue aliviado. Dijo que pudo incluso oír cómo las vértebras se colocaban en su lugar. Había experimentado un reajuste de la columna recibiendo las energías enfocadas a través del cristal. Una vez aliviado el dolor de la espalda, vimos cómo sus ideas acerca de limitaciones financieras comenzaban a ser abandonadas.

El cristal puede convertirse en un valioso aliado para el arte del consultor. Animo a todo tipo de ellos a que se aventuren a explorar los muchos teneficios de los cristales. En resumen, como alabanza de las capacidades de los cristales dentro del contexto del consultorio, he experimentado el cristal como: un protector contra el drenaje que hace el paciente, un equilibrador de energías, un agente de toma de tierra, un energetizador, un movilizador de la energía, un equilibrador de los chakras, y un enfocador, amplificador y transmisor de la información psíquica y de la curación.

Además de descubrir el valor de trabajar con los cristales en mi práctica como consultora, a lo largo del tiempo, a través de las numerosas meditaciones y regresiones a vidas pasadas hechas en la consulta iluminadora, he reunido algo de información auxiliar interesante de naturaleza mística. Por ejemplo, existe una relación estrecha entre los cristales y la luz. Los cristales están presididos por el reino de los ángeles, particularmente los ángeles solares. Los cristales pueden ser percibidos como luz petrificada. ¿A través de cuántas rocas "sólidas" podríais ver? En verdad, si fundís un cristal de cuarzo, habrá una explosión de luz en cierto punto. Marcel Vogel, el famoso cristalógrafo, ha investigado y fotografiado este fenómeno en su laboratorio. Las energías de la conciencia humana iluminada son estimuladas y amplificadas por las cualidades fotoportadoras del cristal.

LOS CRISTALES, SIRVIENTES DE LA EVOLUCIÓN

Los cristales son gustosos sirvientes de la evolución de la conciencia humana. Tal ayuda a la evolución es parte de su *raison d'etre*. En tiempos más primitivos de la historia del planeta, durante la civilización de la Atlántida, hace 35.000 años, los humanos recibieron la sabiduría y los secretos de los cristales. Se hizo una alianza entre la raza humana y los reinos superiores, que ayudase a los humanos a acceder a los poderes místicos del cristal para enfocar, amplificar y transmitir energías e información. Sin embargo, debido a un ego excesivo, los humanos abusaron de la sabiduría del cristal, rebajando y mal usando los poderes para la ganancia personal en vez de para la evolución de la raza. Por el mal uso que los humanos hicieron del cristal, la sabiduría de éste fue retirada de la civilización de la Atlántida, y sólo ahora está siendo reintroducida para ayudar a la evolución de la conciencia humana mientras entramos en la Era de Acuario, la era de la iluminación masiva, popular.

Los cristales pueden actuar como facilitadores de la manifestación. Son materializadores de nuestra intencionalidad. Son un puente entre los mundos interiores y el mundo externo material. La sabiduría y el poder del cristal son inmensos si se aprende cómo utilizarlos.

USOS DEL CRISTAL EN LA ATLÁNTIDA

Lo siguiente enumera algunos de los modos en que fueron utilizados los cristales en tiempos de la Atlántida, tal como ha sido revelado en aproximadamente cien regresiones a vidas pasadas con pacientes y estudiantes. Mi esperanza es que estas visiones de una gran civilización pasada y del uso de los cristales, puedan dar a la sociedad del siglo veinte una clave del potencial de que se dispone en cuanto a la utilización de los cristales de un modo positivo en el futuro, para el desarrollo y mejora de la vida sobre la tierra.

Los cristales fueron utilizados a todo lo largo de la sociedad de la Atlántida. Se usaron como fuente central de energía para las ciudades. Una gran bola de cristal, de treinta pies de diámetro o mayor, se hallaba situada (algunos dicen que suspendida) bajo un techado en forma de pirámide. Cuando meditaban sobre ella personas especialmente entrenadas, la bola de cristal irradiaba energía, de modo parecido a una central eléctrica o una central de energía nuclear, suministrando energía para la ciudad entera. La energía era absorbida fuera de la habitación de la pirámide por platillos en forma de disco, y dirigida a áreas específicas de la ciudad. Los cristales de energía para las grandes ciudades eran inmensos, a veces de una o dos millas de largo. Los cristales de este gran tamaño no tenían una forma determinada, y se hallaban bajo techados en forma de pirámide o bóveda.

Además del cristal de energía, había uno maestro para cada ciudad o territorio programado para proteger el área, así como para controlar el clima psíquico y las tormentas astrales por cambios negativos en los campos planetarios de energía debido a influencias astrológicas y sociales. Con el uso de este cristal maestro equilibrador, los potenciales estallidos de violencia podían ser contrarrestados. Por ejemplo, las energías, a menudo perturbadoras, del plenilunio, podían ser calmadas. Las posibles erupciones volcánicas podían ser estabilizadas. El cristal maestro equilibrador bañaba a los habitantes en un relajante flujo de energías conducentes al bienestar humano, la paz y una sensación de seguridad.

Además de ser fuentes de energía y equilibradores de esta, los cristales eran también utilizados en las bibliotecas de la Atlántida. Las bibliotecas, en vez de contener libros, tenían sus registros impresos en placas o discos de cristal. Las placas de cristal transportaban una particular energía o vibración que los niños y estudiantes eran enseñados a interpretar psíquicamente, de modo parecido a como las tribus nativas de indios americanos escuchaban a las rocas hablar y contarles relatos de la historia del planeta y de los acontecimientos humanos. A causa de esta transferencia tan particular de información, los estudiantes absorbían simultáneamente programas enteros de los discos de cristal, en forma cerebral integrada y no discursiva, en vez del modo lineal, propio del cerebro izquierdo, y discursivo en que es transferida la información hoy en día en nuestra sociedad. La transferencia del disco de cristal era más parecida al conocimiento directo de los místicos contemporáneos. Este conocimiento directo fue algo accesible masiva y popularmente en la sociedad de la Atlántida, a través del uso de los cristales.

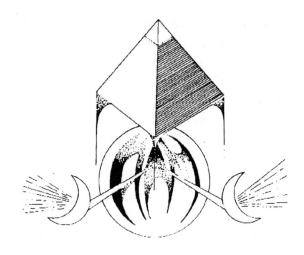

La comunicación, en general, en tiempos de la Atlántida, era de naturaleza psíquica y no discursiva. Los cristales eran utilizados en las escuelas para enseñar a los niños a enfocar, amplificar y transmitir su pensamiento sin necesidad de vocalizar. Debido a las transmisiones silenciosas del pensamiento, la Atlántida era muy pacífica y libre de mucha de la polución de sonido de la sociedad contemporánea. Parte del arte de la transmisión enfocada del pensamiento en el entrenamiento social, era aprender a enviar sólo pensamientos positivos, y no cometer intrusiones psíquicas en la intimidad de otros. En la cúspide de esta civilización, se dieron bellos modales y un refinamiento de energías.

A los estudiantes se les enseñaba asimismo, a través del uso de los cristales, el modo de enfocar e intensificar sus campos de energía lo suficiente como para hacerlos vibrar más rápido que la velocidad de la luz, y con ello disolver, desmaterializar y, a través de la proyección del pensamiento, relocalizar sus cuerpos, algo parecido a la disolución del cuerpo "Scotty, mándame en el rayo" que aparece en Star Trek. Ese "rayo" era uno de los principales modos de transportarse en tiempos de la Atlántida.

Los cristales fueron también utilizados en la medicina para facilitar la transmisión de energía desde el sanador al paciente. Las formas de pensamiento enfocadas, así como las transmisiones de energía, eran ampliadas por los cristales y utilizadas para la curación por parte de personal altamente entrenado en las artes curativas. La cirugía sin sangre era el uso de entonces. Muchas veces la persona curada nunca era tocada físicamente por el sanador, y simplemente se accedía a ella a través del pensamiento y la energía.

Los cristales eran utilizados en los hogares corrientes para la meditación, el centrado, el enfoque y la programación. En la cocina, la fuente de calor para cocinar los alimentos era un cristal activado por la mente. A fin de intensificar, estabilizar y mantener su poder, el cristal de la cocina estaba enlazado psíquicamente con el de la energía de la ciudad. De modo parecido a los tiempos contemporáneos, el cocinero de la Atlántida tenía que acordarse de apagar la fuente de calor para no quemar la comida o la casa. Pero en la Atlántida, en vez de girar un mando, el cocinero enviaba una forma de pensamiento para desactivar el cristal quemador.

En tiempos de la Atlántida, había a lo largo de las ciudades, en el aire y el entorno, un claridad cristalina producida y alimentada en gran parte por la comprensión que hacía esta cultura del uso de los cristales. Estos eran utilizados asimismo en la autodefensa psíquica y física, de modo parecido a pistolas de rayos, proyectando pensamientos que repelían el peligro y las intrusiones psíquicas no deseadas en el campo personal de energía. En una regresión, un hombre estaba siendo atacado por merodeadores. Cogió su poderoso cristal personal, apuntó con él a los intrusos, y enfocó pensamientos de repulsión. Los intrusos experimentaron un muro de energía que detuvo su invasión el suficiente tiempo como para que el hombre consiguiera llegar a su hogar.

En el momento del declinar de la Atlántida, pequeños cristales rectangulares fueron implantados en el bulbo raquídeo (la médula oblonga, en la base del cráneo y en el extremo superior de la nuca) de los humanos de la clase de los "sirvientes". Estos cristales estaban programados para hacer que el sirviente respondiera a los deseos de su propietario, deseos que eran transmitidos por impresión directa del pensamiento desde el propietario hasta la placa sensible en la cabeza del sirviente, y de aquí al cerebro de éste, bloqueando los deseos personales del sirviente y reemplazándolos con el programa del propietario. Esta realización es un ejemplo del abuso del poder del cristal por parte del ego, lo que ocasionó que la sabiduría de los cristales fuese eliminada de la tierra durante milenios, hasta el día presente.

Quizá estos breves apuntes del uso de los cristales en la Atlántida, pueda dar alguna idea del tremendo alcance de su potencial. En el momento presente, sólo unos pocos humanos, relativamente, tienen siquiera un vislumbre de lo que los cristales podrían ayudarnos a conseguir en nuestra civilización. Si hemos de ser dignos del uso del cristal como sociedad, hemos de tener una claridad cristalina en el correcto uso moral del cristal para el servicio de la elevación de la humanidad, y no para el servicio del ego personal. Nuestra evolución espiritual debe andar a la par con nuestra evolución tecnológica.

Al utilizar el cristal en el trabajo de consulta, pude darme cuenta de la enorme información que los pacientes han obtenido en regresiones a vidas pasadas y me he convencido que éstas son un don para la humanidad. El uso de los cristales ha desarrollado mi trabajo como consultora. Otros están comenzando a utilizar los cristales en la curación, y en el desarrollo de nuevas tecnologías.

Que podamos ser una sociedad lo bastante clara como el cristal, para aprender verdaderamente los secretos de los cristales.

Dra. Judith Larkin

La Dra. Judith Larkin es fundadora y directora de la Comunidad Gateway de San Diego para el autodescubrimiento, una organización dedicada al estudio de la conciencia superior y al más elevado proceso transformativo y de potenciación de la persona.

Con un Doctorado de Filosofía en psicología, y más de veinte años de experiencia en la conciencia psicológica y el misticismo, la Dra. Larkin es una catalizadora de la autotransformación. Ella ayudó a fundar la Universidad de Estudios Humanísticos en San Diego, y sirvió allí como Decano de la Escuela para la Conciencia durante un número de años.

La Comunidad Gateway ofrece clases, seminarios y consultas sobre salud, meditación, misticismo, autodesarrollo, relaciones, prosperidad y servicio a los demás, para el crecimiento personal y para los interesados en llegar a ser consultores e instructores.

LA COSMOLOGÍA
DE LOS CRISTALES

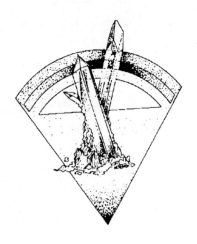

El espectro de los cristales

por Diane y David Maerz

• INTRODUCCIÓN ... LAS SINGULARIDADES DE LOS CRISTALES ... ¿QUÉ ES UN CRISTAL EXACTAMENTE? ... LO ESPECIAL DEL CUARZO ... CRISTALES HECHOS CRECER EN EL LABORATORIO ... CANALIZANDO ENERGÍA EN EL AURA ... LOS CRISTALES, ¿ÚNICOS CANALES DE ENERGÍA? ... MÉTODOS DE CONTROLAR LOS CAMPOS DE ENERGÍA A NUESTRO ALREDEDOR ... ESCOGER UN CRISTAL BENEFICIOSO ... CUIDADO DE VUESTRO CRISTAL ... DIRIGIR LAS ACCIONES DE VUESTRO CRISTAL ... MACROCRISTALES ... MODELOS DE CRISTALES ... INSTRUMENTOS DE CRISTAL • ENERGÍAS DE FUEGO, AIRE, AGUA Y TIERRA ... PIEDRAS DE FUEGO ... PIEDRAS DE AIRE ... PIEDRAS DE AGUA ... PIEDRAS DE TIERRA • MÁS CONSIDERACIONES ... SOBREDOSIS DE ENERGÍA DE LOS CRISTALES ... HASTA DÓNDE IR CON LOS CRISTALES ... LO QUE NOS PROPORCIONA LA TECNOLOGÍA HOY EN DÍA ... EXPECTATIVAS DE LA TECNOLOGÍA DEL MAÑANA ... ASÍ PUES, ¿QUÉ HAY DE NUEVO? • APLICACIONES PRÁCTICAS Y EJERCICIOS.

INTRODUCCIÓN

Parece como si siempre hubiese estado relacionado con los cristales y las gemas, pero sólo en los últimos años he sido consciente de sus propiedades y perseguido con determinación conocer las razones para sus especiales características. Debido a mi proximidad al Museo de Historia Natural de Nueva York, un primer contacto y un amor creciente por los minerales me condujeron a toda una vida de recoger, experimentar y leer mucho, lo que tuvo como consecuencia una vida profesional basada la mayor parte del tiempo en el laboratorio, tratando las propiedades físicas de muchos materiales diferentes.

Muy pronto descubrí que el mundo entero era cristalino. No vivimos en él simplemente, sino que nos interaccionamos totalmente con nuestro entorno. Más tarde, supe que ése entorno es el universo entero, y que no sólo ayudamos a crearlo, sino que podemos ejercer algún control sobre él, y jugar un papel definitivo en su evolución, dentro de la Ley Natural. Así pues, nos corresponde aprender, hasta donde podamos, la extensión del Universo (el Macrocosmos y el Microcosmos) y en qué modo podemos ser co-creadores (del proceso en marcha) del modo más efectivo, y co-trabajadores (en la evolución hacia la unidad). Las herramientas a nuestra disposición para ayudarnos a realizar esta Gran Obra son, por orden de complejidad:

Materia: Los cristales, las manifestaciones más densas,
    el Plano Físico
Energía: Los aspectos perceptibles, el Plano Etérico
Vida: Materia imbuida de energías imperceptibles,
    el Plano Astral
Mente: Inteligencia, intuición, volición, creatividad,
    el Plano Mental
Espíritu: Energía pura e imperceptible, alma,
    el Plano Espiritual

Tratar separadamente de algún plano es virtualmente imposible pues, a decir verdad, cada uno es parte de la misma realidad, de la que sólo vemos una pequeña parte. Mi objetivo ha sido el de dispensar la mayor cantidad de conocimiento posible (principalmente a través de seminarios, conferencias y clases privadas), estar seguro de que toda la información había sido comprobada (y hacer notar dónde es de oídas), y barrer todo el material erróneo que uno se encuentra. Mucha de la literatura existente contiene información que va de los errores "repetidos", pasando por las equivocaciones objetivas que pueden ser refutadas con alguna investigación sencilla, hasta las afirmaciones extravagantes destinadas a colaborar en la venta de mercancía cuestionable. El consejo continuo que he dado a mis estudiantes ha sido el de reunir información de muchas fuentes diversas, y dejar que sea el subconsciente el juez de la rectitud y el escultor de Vuestra Verdad.

Las singularidades de los cristales

Los cristales son singulares por la misma razón que la gente es singular: contienen cantidades ampliamente variables de elementos y

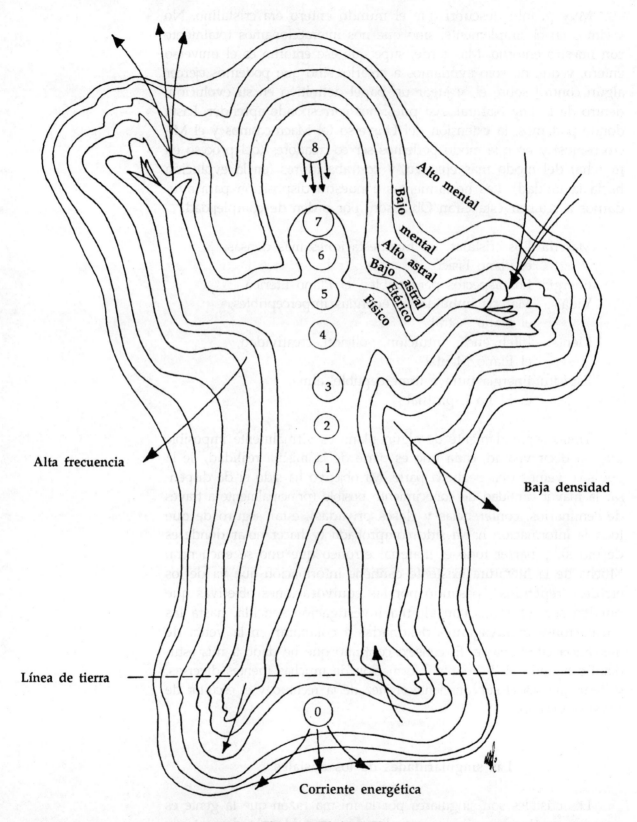

Figura 1. El Aura Humana

compuestos químicos, vibrando por tanto con diferentes combinaciones de frecuencias (su espectro de energía o aura). La cuestión se complica aún más por el hecho de que la constitución química de una persona varía continuamente con la dieta, el entorno, y los estados físico, emocional y mental. Un cristal que vibra con una de las frecuencias resonantes de nuestro cuerpo, puede canalizar o transferir energía de esa frecuencia directamente a nuestro aura (nuestro campo total de energía). (Ver Figura 1)

Algunos cristales alteran muy poco la energía; otros las amplian, disminuyen o transmutan a frecuencias más elevadas o más bajas, las absorben, o reflejan.

Y puesto que las diferentes partes de nuestro cuerpo son de distinta constitución química (cerebro, músculo, corazón, sangre, linfa, hueso, etc.), ciertos cristales pueden tener efectos bien específicos. Descubrimos entonces que hemos de ser cuidadosos con los comentarios en este área, debido a la diversidad de los efectos sobre personas diferentes. La panacea de hoy puede convertirse en el irritante de mañana.

Merecerá la pena ser flexibles y hacer mucha experimentación personal, cogiendo el conocimiento ofrecido como guía, y formándonos nuestro propio "vestuario" de cristales adecuados para nosotros.

¿Qué es un cristal exactamente?

Un rápido vistazo al mundo que nos rodea muestra que *todo* es cristalino o potencialmente cristalino. La cristalinidad es fundamentalmente una función de la temperatura: en cierto punto, diferente para cada combinación de elementos, la temperatura es tal que la energía térmica de una solución sólida llega a ser menor que la energía del compuesto, y las moléculas comienzan a pegarse entre sí, en un orden, forma y color específicos, para constituir un cristal. La velocidad de reducción de la temperatura determina el tamaño final del cristal. Otros factores determinan otras propiedades, como veremos.

La más pequeña forma repetitiva en el retículo recibe el nombre de "célula unidad" (Ver Figura 2, Célula Unidad de Cuarzo), cuyo tamaño y forma determinan la Frecuencia Resonante (f_0) del cristal. Esta es una función interna, no externa. El tamaño y forma del cristal (o del trozo de cristal) no tienen efecto sobre esta Frecuencia Vibrante (f_0). Las impurezas dentro de su estructura, alteran el tamaño y forma de la Célula Unidad. El dióxido de silicio es el cuarzo claro que nos es tan familiar; unas poquísimas partes por millón de Hierro y

Manganeso, junto con una pequeña dosis de radiación gamma, y el Cuarzo se convierte en Amatista, cuyas propiedades son notablemente diferentes. (Ver Tabla I)

Tabla I. Color Determinado por las Impurezas

Corindón		Berilo		Cuarzo	
Cu	amarillo dorado	Ni	gris pálido	Co	azul
Mn	rosa	Mn	gris verde	Fe^{+++}	marrón
V	púrpura	Co	marrón rosáceo	Na/Al/Li	marrón oscuro
Co	verde grisáceo	Cu	azul pálido	Fe^{++}	verde
Ni	amarillo	Fe	azul profundo	Fe^{+++}	violeta
Fe	gris/marrón	Cs	rosa	Fe	amarillo
Ti	amarillo				
Al^2TiO^5	estrella				
Cr/V	azul/rojo				
Co/V	azul pálido/rojo				
Co/Cr	castaño				
Fe/Ti	verde azulado				
Mg	naranja				

Las dimensiones físicas globales de los cristales o de sus formas fabricadas, determinan, sin embargo, sus resonancias vibratorias. Su tamaño, forma y masa producen toda una serie de frecuencias resonantes para cualquier compuesto, junto con una serie entera de armónicos para cada resonancia fundamental. PERO ... es la estructura molecular, la f_0, lo que nos interesa aquí. La estructura molecular y sus series armónicas, producen los efectos sobre el aura que dan a los cristales su principal valor.

La coincidencia en una cualquiera de estas frecuencias entre un cristal y una persona, permitirá una transferencia de energía desde una fuente próxima hasta esa parte de la persona en cuestión. Cuanto mayores sean las coincidencias, mayor será la transferencia, y más perceptibles los efectos del cristal. Las energías que entran constantemente en el cuerpo procedentes de esta miríada de fuentes, actúan en concierto para producir efectos a todos los niveles de la vida (físico, etérico, emocional, mental y espiritual). La *química* entre la gente es un ejemplo notable.

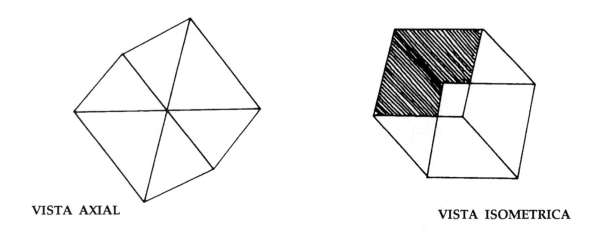

FIGURA 2. Célula Unidad de Cuarzo

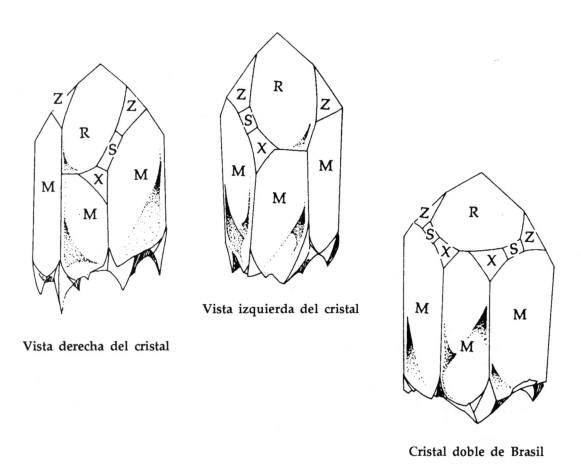

Vista derecha del cristal

Vista izquierda del cristal

Cristal doble de Brasil

Figura 3. Las tres formas del Cuarzo-Alfa (Cristal de Roca)

Lo especial del cuarzo

¿Por qué el cuarzo es tan especial? En primer lugar, porque el cuarzo tiene el espectro más amplio de energía entre los cristales comunes. El cuarzo puede ser utilizado con muchos fines, pues hay mucha mayor posibilidad de que se dé una buena coincidencia (que permita una transferencia substancial de energía). En segundo lugar, el Cuarzo (sílice) constituye aproximadamente el 30% de la corteza terrestre, y por tanto cualquiera que busque un cristal particular tiene todas las probabilidades de encontrar fácilmente el adecuado. El cuarzo se da en todos los tamaños, es bastante fácil de trabajar, y su claridad es muy atractiva.

Se dan además en el Cuarzo, algunos otros hechos interesantes. Debido a una rareza en su estructura molecular, pueden formarse una variedad levógira y otra dextrógira. (Ver Figura 3, Las Tres Formas del Cuarzo Alfa, el Cristal de Roca.) La formación es puramente un fenómeno del azar, y carece de efectos obvios sobre la resonancia del cristal. Los dos tipos pueden ser distinguidos por la aparición de ciertas caras, *cuando* aparecen (quizá el 25% de las veces). Esta igualdad de caras (levógira o dextrógira) es causada por el hecho de que las moléculas tienen una forma tal que no encajan como lo haría una serie de tejas hexagonales en el suelo. Uno de los lados es simplemente un poquito largo, y por tanto las moléculas se reunen en formación espiral conforme crece el cristal. La calidad de la energía que él lleva consigo no se ve afectada, pero la dirección en que emerge la energía puede verse modificada.

Ahora bien, sabemos que las variaciones en la cantidad de impurezas o átomos extraños dentro del cristal determina sus propiedades, pero hay otro importante efecto que debemos advertir. Ocasionalmente, se darán las condiciones justas para un "emparejamiento", en el que AMBAS espirales, dextrógira y levógira, tienen lugar al mismo tiempo. Cuando estas espirales* son paralelas, tenemos unos Gemelos Brasileños[+]. La energía producida por los Gemelos Brasileños es mucho más poderosa y penetrante que la del simple Cuarzo, y es incluso de una cualidad ligeramente diferente. ¡La falta de caras en la mayoría de los cristales dificulta la identificación visual, pero la identificación puede ser muy obvia en un grupo de ellos!

El cuarzo también se forma de otro modo interesante. Cuando el agua del suelo que transporta la sílice disuelta es forzada a entrar en una zona porosa de la roca, puede tener lugar un enfriamiento bastante rápido, ocasionando la formación de diminutos cristales sobre la superficie de las cavidades de la roca. Estos cristales, muy claros y perfectos, se formarán la mitad de las veces sobre minerales previa-

* *Sendero atravesado por un punto que orbita alrededor de otro punto móvil en el espacio.*

[+] *Cuando las paridades tanto derecha como izquierda existen en el mismo cristal.*

mente depositados que pueden estar coloreados brillantemente. Esta suerte de formación se denomina drusa, y es un material de joyería por excelencia. Sus efectos son interesantes también porque los múltiples y diminutos cristales de cuarzo amplifican la energía del material subyacente. Muchos materiales de cobre de Arizona y a todo lo largo del Sudoeste, se encuentran cubiertos de Cuarzo drúseo, y son piedras muy poderosas. Los minerales que se encuentran comúnmente en esta forma son Crisocola, Malaquita, Tenorita, Cuprita, Hematites y, raramente, Psilomelana.

Cristales hechos crecer en el laboratorio

Desde que los cristales hechos por el hombre aparecieron en escena, han habido controversias sobre la utilidad del Cuarzo, el Zafiro, el Rubí, la Esmeralda, el Circonio Cúbico*, las Espinelas+, los Corindones# y muchos más, incluyendo los que el aficionado puede hacer crecer en su casa. Si las condiciones de la naturaleza pueden ser duplicadas en el laboratorio, y los componentes de los cristales reunidos con la suficiente exactitud, ¿cuál es la diferencia en el resultado? ¿Es menor la presencia de Dios en el laboratorio que en la naturaleza? ¿Hay peligro por lo que un hombre puede codificar en un cristal? Cualquier cosa que un hombre pueda hacer, otro puede deshacerla. Los cristales hechos crecer en el laboratorio tienen una pureza raramente hallada en la Naturaleza, y puede por tanto hablarse de ellos con un grado de exactitud mucho mayor. Puesto que se

**Oxido de Circonio sintético.*

+ *Duro mineral cristalino consistente en óxido de aluminio, que aparece en forma de cristales voluminosos y como cristales de diversos colores, incluyendo rubí y zafiro, que puede ser sintetizado y utilizado como abrasivo.*

Duro mineral cristalino consistente en magnesio y aluminio, variando de la coloración a rubí rojo y usado como una gema.

Figura 4.

LOS PLANOS

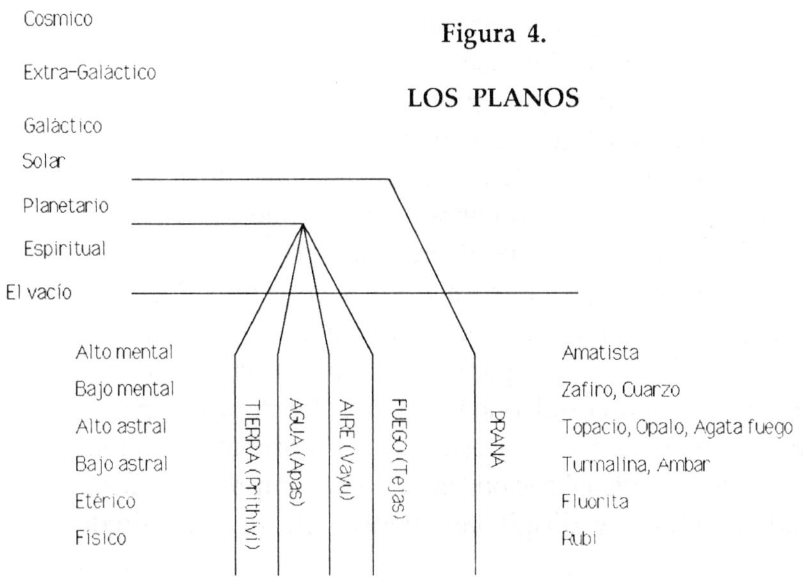

Cosmico		
Extra-Galàctico		
Galàctico		
Solar		
Planetario		
Espiritual		
El vacío		
Alto mental		Amatista
Bajo mental		Zafiro, Cuarzo
Alto astral	TIERRA (Prithivi) / AGUA (Apas) / AIRE (Vayu) / FUEGO (Tejas) / PRANA	Topacio, Opalo, Agata fuego
Bajo astral		Turmalina, Ambar
Etérico		Fluorita
Fisico		Rubi

parecen mucho más entre sí, pueden ser descritos en forma más específica. ¡Algunos ni siquiera se encuentran sobre la Tierra!

Hay ciento cinco elementos conocidos en este momento. De éstos ciento cinco, las condiciones de nuestro planeta sólo permiten a setenta que se combinen con facilidad. Las permutaciones o redisposiciones completas de setenta componentes son aproximadamente diez elevado a cien. ¡Eso es un diez seguido de cien ceros! Hasta ahora sólo hemos encontrado unos pocos miles sobre nuestro planeta, pero ello no significa que no puedan existir en otra parte, o en un laboratorio. Y en cuanto a la noción de que estamos siendo controlados por extraterrestres utilizando los cristales, bueno, nuestros propios medios periodísticos han estado haciendo eso exactamente durante cientos de años, usando sólo la credulidad humana. ¡Voy a colocarme en una posición comprometida pero, honradamente, si el cristal te comunica una buena sensación, úsalo! (Ver Figura 4, Los Planos).

Canalizar la energía en el aura

A medida que nos vamos dando cuenta del modo en que nos afectan las diversas energías, podemos empezar a comprender por qué sentimos como lo hacemos. Cuando ciertos campos de energía activan una glándula particular, se liberan productos químicos en el torrente sanguíneo, lo que da lugar a las correspondientes condiciones o acciones físicas. Así que nuestras vidas pueden estar fuera de control, y determinadas por alguna influencia externa. ¡Podemos asimismo comprender que *es* posible ejercer el control sobre quién hace qué a nuestra persona! No necesitamos seguir resignándonos a ser la víctima ignorante y desvalida de la mala voluntad de otro. (Ver Figura 5, Centros de Energía).

No tenemos por qué seguir sufriendo los efectos de campos de energía perjudiciales que surgen de una pobre elección de la dieta, el vestido o el entorno. Podemos utilizar ciertos cristales para canalizar energías de limpieza y equilibramiento a nuestras auras, para contrarrestar, iluminar y traer paz. Sobre todo, podemos participar del *Campo Universal de Energía*, la *Energía Cósmica*, el *Prana*, la *Luz Dorada de la Gracia*, para la curación y equilibrio a todos los niveles: para uno mismo, para los demás, para los animales, las plantas, e incluso la Tierra misma. Un cristal puede ser una herramienta para despertar la conciencia, entender las necesidades, determinar un remedio, estimular el poder de visualización, iniciar un compromiso, fortalecer la voluntad, y enfocar y dirigir las energías de nuestro alrededor.

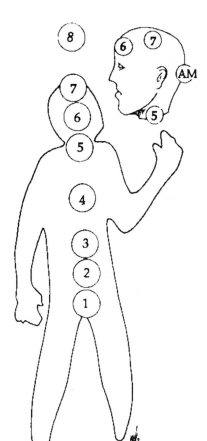

8º	Chakra	Estrella del Alma	Punto transpersonal
7º	Chakra	Coronario	Glándula pineal
6º	Chakra	Tercer ojo (frente)	Glándula pituitaria
5º	Chakra	Garganta	Glándulas tiroides y paratiroides
4º	Chakra	Corazón	Glándula Tymo
3er	Chakra	Plexo Solar	Adrenalina
2º	Chakra	Sexual	Sexo
1er	Chakra	Chakra base	Esencia
0º	Chakra	Estrella de la tierra	Conexión con lo terrenal
AM	Chakra	Chakra Causal	Extremo superior de la columna

Figura 5. Los centros energéticos y su relación con las glándulas
(Los Chakras 0º y 8º conectan las auras)

Los cristales, ¿únicos canales de energía?

Eso depende de cómo definamos los cristales. Soltemos nuestra imaginación un momento. Cuando miro un cristal, por ejemplo, veo (y siento) un objeto "sólido", duro. Cuando varío la distancia desde la que observo, mis percepciones de la "realidad" de ese cristal cambian notablemente. Visto desde la distancia de un brazo, el cristal tiene todas las propiedades que cabría esperar de un cristal ideal; visto más de cerca, los pequeños detalles se hacen visibles, y el panorama empieza a ser dominado por el detalle interior y las imperfecciones. A medida que nos aproximamos cada vez más, viéndolo bajo aumento, los detalles diminutos reemplazan nuestras primeras impresiones: lo que ahora observamos realmente ya no es un cristal, sino la superficie texturada de "algo", y luego alcanzamos el punto en que nuestro tamaño aparente se acerca al de las moléculas mismas, y la ilusión de solidez desaparece completamente. Vemos la substancia como una malla de "formas" agrupadas por una energía

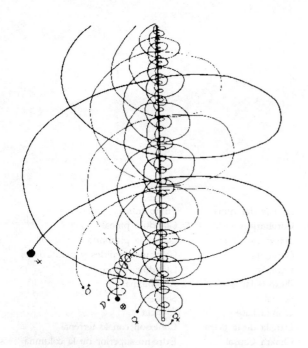

Figura 6. Vista simplificada del Cuerpo Largo Solar.

invisible de algún tipo. Aún más de cerca, percibimos diminutos electrones aparentemente dando vueltas alrededor de los núcleos, agrupados por otras fuerzas, y la mayor parte del una vez "sólido" cristal es ahora virtualmente espacio vacío.

Invirtamos ahora nuestra dirección y comprobemos algunos otros fenómenos. A medida que vamos dejando atrás la Tierra en nuestra veloz y cómoda supernave espacial, el una vez plano paisaje rápidamente se dobla, forma una bola, y desaparece. Esta esfera es vista como una mota de polvo inconsecuente e insignificante, atrapada en una órbita alrededor de una estrella más bien pequeña, junto con algunos otros planetas, la mayoría de los cuales son demasiado pequeños y están demasiado lejos para ser vistos a simple vista. Una vez más, la impresión del espacio vasto y vacío. Pero, al alejarnos y según la duración de nuestra observación aumenta a 84 años, un "momento solar", el sistema solar se convierte en un Cuerpo Solar, de unas 30.000.000.000 de millas de largo, y 6.000.000.000 de millas de diámetro. Está en una relación de 5:1 respecto a la del cuerpo humano. Su velocidad a través del espacio y su periodo de vida son también proporcionales a los de un ser humano. (Ver Figura 6, Cuerpo Largo Solar).

Mientras el sol viaja en su órbita a través del espacio en dirección a Vega, sus planetas (electrones, glándulas) están describiendo senderos helicoidales a su alrededor, formando las espiras de un magnífico transformador a través del cual pasan las corrientes de una poderosa energía, una electricidad Cósmica que da vida a este Ser Solar.

Si estas energías Planetarias existen, deben con toda seguridad tener un efecto sobre toda vida que se halle dentro de su campo inducido, su esfera de influencia, mucho más allá de nuestros simples poderes de medida, pero no más allá de nuestro poder de percepción. (Ver Tabla IIa y Tabla IIb).

Ciertos elementos y compuestos han mostrado propiedades que pueden ser descritas como planetarias, dado que sus formas de retículo resuenan en algún armónico de la f_0 planetaria, producida por las revoluciones de cada planeta dentro del Cuerpo Largo Solar. Esta resonancia permite que se transfiera energía desde la posición del planeta dentro de su hélice, hasta las hélices atómicas de la substancia resonante (que están, en este caso, dentro del Cuerpo Humano).

El efecto general (Influencia Planetaria) es definido por el vector adición de las energías de todos los planetas en un momento particular; un planeta puede tener sus efectos minimizados o maximizados por los efectos combinados de los demás. La cualidad de una Energía Planetaria se caracteriza por los elementos y compuestos dentro de la masa del planeta, siendo modificada por las cualidades de los planetas fuertemente aspectados con él. Estos, por supuesto, se hallan en movimiento constante, produciendo efectos cíclicos de naturaleza compleja, pero desde el punto de vista de un "Momento Solar" (84 años humanos), las energías se funden en un campo de energía característico del sistema: el Aura Solar.

La ciencia de la Astrología ha sido durante largo tiempo responsable de la codificación e intento de interpretación de estos efectos, aunque algunos de sus partidarios ocasionalmente retornen a su "circo" particular. Parece inevitable que la vida exista a todos los niveles concebibles, cada uno con su propia ilusión de la realidad, de la solidez, y cada uno con una perspectiva tanto del microcosmos como del macrocosmos, y con su lugar especial dentro de dicha estructura.

El universo, por lo tanto, se extiende a través de todos estos niveles y más, conteniendo toda cosa concebible. Observamos unos ínfimos pocos billones de años luz de espacio: la diminuta célula de un gran ser muy probablemente ni siquiera consciente de la huidiza

Tabla IIa.
Características del Transformador Solar

Signo	Planeta	espiras en la hélice (n)	velocidad angular (v)	masa relativa (m)	radio medio (r)	fuerza de campo relativa (k)	efecto percibido relativo
♇	Plutón	.33	4.83K/seg	.18	5906	2.1·	1.070
♆	Neptuno	.5	5.47	17.2	4505	257.3	1.656
♅	Urano	1.0	6.76	14.6	3020	333.6	1.696
♄	Saturno	2.75	9.66	95.2	1415	4441.8	1.146
♃	Júpiter	7.0	13.0	318.0	776	26871	2.527
♂	Marte	43.5	24.1	.11	223	31.9	1.370
⊕	Tierra	84	14.91	1.0	-	111.2	1.535
♀	Venus	137.5	34.9	.82	144	499.4	1.759
☿	Mercurio	343.5	43.8	.06	150	57.55	1.445
☽	Luna	(1122)	.505	.00132	.385	.000168	.454
☉	Sol	-	20.14	3.3×10^5	150	669×10^6	6.343

Tabla IIb.
Atributos Planetarios de los Metales Comunes

Signo	Metal Tradicional	Metal, de acuerdo a Collin	Metales de la Nueva Era, o Acuarianos
♇			Cobalto, Manganeso, Níquel
♆		Plata	Carbono, Tungsteno, Bismuto
♅		Oro	Platino, Iridio, Uranio
♄	Plomo	Antimonio	Plomo, Silicio, Boro
♃	Estaño	Bismuto	Estaño, Peltre, Cerio
♂	Hierro	Hierro	Acero, Aluminio, Cromo
⊕			Zinc, Magnesio
♀	Cobre	Estroncio	Cobre, Zircón, Oro Bajo
☿	Mercurio	Bronce	Bronce, Tántalo, Aleación Tipográfica
☽	Plata		Plata, Titanio
☉	Oro		Oro, Electro

existencia de esa célula. Pero todos los seres están constreñidos por las mismas Leyes de la Naturaleza. Aparentemente, los Principios Herméticos existen sin excepción a todos los niveles. Y aparentemente, la velocidad de la luz es la misma para cada ser, cada nivel tiene tres "dimensiones" y un "tiempo" relativo por el que medir su duración.

Quizá, ciertos fenómenos solapen los niveles hasta cierto punto, produciendo cosas aparentemente inexplicables como los rayos cósmicos, los monopolos magnéticos, la gravedad, y toda clase de sucesos psíquicos. Quizá, sean la causa de acciones altamente inverosímiles de nuestro universo como la Ley de Hubbell y el Principio de Incertidumbre de Heisenberg. Estos conceptos adquieren mucha mayor credibilidad cuando se los ve a la luz de esta extra o multidimensionalidad. La diversidad de los canales de energía existentes carece aparentemente de límites; todos ellos, sin embargo, ejercen sobre nosotros una influencia continua. En verdad, vivimos en un verdadero mar de campos de energía de tamaños, formas y cualidades.

Métodos de controlar los campos de energía a nuestro alrededor

El control comienza por la conciencia. La conciencia implica alerta, reconocimiento, entendimiento, transformación y voluntad. Y todo ello significa un compromiso con la adquisición de conocimiento y la persecución de las claves de su utilización. Para quienes disponen de menos tiempo, los cristales son herramientas muy útiles, que, usadas apropiadamente, ayudarán a realizar los deseos del usuario. Ya hemos discutido los porqués y los cómos; a continuación viene una lista de algunas de las propiedades útiles de algunos cristales fácilmente obtenibles. (Ver Tabla III).

Estos materiales proporcionarán un adecuado punto de partida para la experimentación. Podrían ser considerados sugestivos para ciertos resultados pero no el material base. Variarán de persona a persona y con el tiempo, y confío que harán surgir muchas preguntas en la mente del experimentador, el cual crecerá y evolucionará en su búsqueda de las respuestas.

En cuanto a ejemplos de utilización práctica, comencemos por considerar el aparato de televisión. Pasamos incontables horas delante de esta exigente bestia, absorbiendo montones de "ergios"* (unidades) de diferentes energías, muchas de las cuales son, cuando menos, perjudiciales para nuestro bienestar. Lo mismo puede decirse de *cualquiera* y *todos* los aparatos que usan energía producidos por nuestra tecnología. Nuestras auras ciertamente pierden su forma. Muchos de los diversos minerales de Cuarzo pueden realizar la función de

* *Unidad cgs de trabajo, equivalente al trabajo hecho por una fuerza de una dina actuando a lo largo de una distancia de un centímetro.*

Tabla III.
Catalogación de los Minerales por sus Propiedades

Absorbe Energía Negativa	Opalo, Malaquita, Magnetita, Jade, Agata de Fuego, Aguamarina
Relajante	Cornalina, Amatista, Amazonita, Piedra Lunar, Sardónice, Turquesa, Esmeralda, Berilo Rojo, Crisoprasa
Toma de Tierra	Ambar, Malaquita, Jaspe Rojo, Opalo Amarillo, Obsidiana, Topacio
Estimulante Psíquico	Azurita, Lapislázuli, Zafiro, Aguamarina, Peridoto
Opera a Nivel Celular	Amatista, Granate, Zirconia Cúbico, Aguamarina, Peridoto, Esmeralda, Berilo Rojo, Turmalina Bicolor
Refleja la Energía Negativa	Turmalina, Ambar
Amplificador General de Energía (cristales simples)	Cuarzos, Fluorita, Damburita, Kunzita (Espodumeno), Diamante, Zircón, Zirconia Cúbica
Estimulante Físico	Topacio, Sardónice, Azurita

Estimulante Sexual	Granate Rojo, Turmalina Rojo, Topacio
Depresor Sexual	Ambar
Sanador General	Rubí, Esmeralda, Berilo Rojo, Morganita
Control del Campo	Cuarzos, Turmalina, Ambar, Rodocrosita, Magnetita, Zirconia Cúbica
Ayuda a la Meditación	Cuarzos, Berilos
Estabilidad emocional	Amatista, Esmeralda
Circulatorio, Tónico	Amatista, Pirita, Cuarzo Rosa, Crisocola
Respiratorio	Turquesa
Equilibrio Hormonal	Granate
Trabajo sobre el Mental y el Etérico	Berilos, Cuarzos, Peridoto, Zirconia Cúbica, Lapislázuli, Sanguinaria, Cornalina, Agata de Fuego, Azurita, Lavulita, Crisoprasa, Aventurina, Aguamarina, Granate
Para hacer Buenos Péndulos	Amatista, Cuarzo, Rubí, Aguamarina, la mayoría de los otros cristales
Buenos Aislantes	Seda, Algodón, Agua, Lino, Ambar, Cuarzo, Turmalina, Madera, Cuero
Aislantes medios	Vidrio, Lana, Caucho, Malaquita, Rayón
Aislantes pobres	Plásticos, Metales, Papel, Cualquier cosa teñida (artificialmente)
NO:	Llevar Opalo en el lado izquierdo del cuerpo. Llevar Malaquita en el lado izquierdo del cuerpo. Llevar Diamante con Perla.

Buenas Combinaciones:		
	Azurita/Cornalina	Bazo
	Lapislázuli/Cornalina	
	Azurita/Malaquita	Equilibrio Celular
	Amatista/Opalo	
	Crisocola/Malaquita	
	Granate rojo y verde	Equilibrio Hormonal

Para Abrir Ciertos Chakras:		
	Morganita	Garganta
	Topacio Azul	Plexo Solar (sólo energía de entrada)
	Amatista	Corona
	Zirconia Cúbica	Garganta, Frente, Corona
	Peridoto	Bazo
	Granate Rojo	Frente

> **Exquisiteces:**
>
> La mayor parte de los minerales sólo se aplican a los animales domésticos en los niveles físico y etérico.
> Las plantas adoran los cristales, sobre todo el cuarzo; éste debería tocar el tallo.
> La Azurita suele ser una piedra demasiado activa para meditar con ella.
> La mayor parte de los minerales amplificarán tanto las energías positivas como las negativas: ¡sed puros de pensamiento!
> No perdáis vuestro tiempo con elixires de gemas no hechos por un adepto.
> La presencia de diferentes metales en vuestras joyas afectará a las propiedades de las piedras:
> El Oro es neutro, la Plata enfatiza el yin, el Bronce enfatiza el yang, el Cobre sirve muy bien para tomar tierra físicamente pero es estimulante etéricamente, el Níquel puede ser tóxico.
> Al leer, ¿advertís todas las contradicciones? ¡La experiencia es el mejor profesor! Pero de todos modos, leed todo lo que podáis encontrar, y dejad que vuestro subconsciente sea el juez.

equilibrar, eliminando el estrés y la tensión y relajándonos. Cuarzo, Amatista, Cuarzo Rosa, Cornalina y Sardónice, son excelentes en la función de restaurar la perspectiva.

Consideremos ahora los encuentros con aquellas personas cuya presencia nos es temida. Nos sentimos vacíos depués de haberlas encontrado. Son personas que tienen gran dificultad en generar sus propias energías, y absorben las que necesitan de quienes les rodean, incluidos vosotros. En tal caso, se necesita la protección de un Topacio, llevado en el plexo solar, el cual actuará como una válvula de un solo sentido, impidiendo la descarga no autorizada de vuestra energía vital, y devolviéndoos el control. El Topacio es también una piedra físicamente estimulante, capaz de proporcionar la motivación que podéis necesitar en esos días "lentos".

También podéis necesitar ayuda para algún proyecto creativo, un estímulo para la memoria, o un empujón intelectual. El Zafiro es el indicado en este caso, ya que tiene sus más fuertes efectos dentro del plano mental.

Tanto la Azurita como la Amatista proporcionan equilibrio y estabilidad emocionales, y el Granate tiene fama de conseguir el equilibrio hormonal por la normalización de las actividades del Bazo y la Glándula Pituitaria. La función primaria de cada uno de estos cristales es la de ayudar a normalizar las complejas actividades del cuerpo, equilibrando los campos de energías que lo rodean.

Elegir vuestro cristal beneficioso

Si tenéis costumbre de escuchar a vuestro subconsciente, probablemente hayáis adquirido varios cristales, sea como especímenes o como joyas. Toda vuestra ropa, mobiliario, coche y propiedades están hechos de material cristalino; ¡incluso vuestros amigos son cristalinos y reflejan vuestros gustos en cuanto a campos de energía! Usualmente, podréis confiar en vuestro subconsciente para que os suministre útiles corazonadas, ideas y motivaciones. Lo fundamental, desde luego, es cómo hace el cristal que os sintáis cuando lo sostenéis en la mano o lo lleváis puesto. Un cristal útil, beneficioso, os dará una buena sensación mientras lo sostenéis en la mano. Querréis tenerlo con vosotros. Desde luego, vuestras necesidades cambiarán (esperarlo así), y necesitaréis por tanto una variedad, un conjunto de cristales. Ahora bien, el método de prueba más práctico es el de colocar un cristal en vuestra mano IZQUIERDA (la mano receptora), y determinar si os hace sentiros bien, o si os hace sentir algo. Debido al modo en que se encajan los espectros de energía, podéis advertir energías más o menos obvias, energías que afectan a vuestra *percepción* a nivel físico, pero esto no supone necesariamente la capacidad real de *transferir energía*. ¡Recordad esto!

1. La energía aparece a todos los niveles —Físico, Mental, Emocional, Espiritual, y a menudo es muy sutil. Estas energías pueden incluso no manifestarse sino tiempo después de su aplicación.
2. Los efectos pueden persistir después de quitar el cristal, interfiriendo así con el siguiente ensayo.
3. Nuestra percepción puede ser influenciada por fenómenos fisiológicos sin conexión, o quizá por una perturbación emocional.
4. Nuestras necesidades inmediatas pueden variar debido a fenómenos cíclicos.

Para poder ser exactos se requiere paciencia y experimentación, a no ser que se tenga una fuerte sensación tan pronto como se coge un cristal, en cuyo caso, ¡NO lo dejéis escapar! Cualquier tipo de sensación fuerte sugiere una excelente coincidencia de espectros de energía, y debería ser recibida con gozo. Advertiréis asimismo que cuando aumenta vuestra capacidad de percibir estas energías, los cristales parecen volverse más poderosos y efectivos, aunque vuestra necesidad de ellos pueda disminuir.

El cuidado de vuestro cristal

Cuando obtengáis por primera vez un cristal, *será* necesario aclararlo y limpiarlo. Durante el periodo anterior, estuvo posiblemente sometido al manejo e influencia de muchas personas, y fue usado quién sabe para qué. Los cristales conservan el residuo de la energía de sus usuarios o propietarios, y si esa persona fue particularmente negativa (al menos para vosotros), habrá un efecto "residual", el cual interferirá con vuestras propias energías y quizá produzca un resultado contrario al de vuestro beneficio y al de vuestros esfuerzos experimentales.

El mejor limpiador de un cristal es la luz solar directa. La porción ultravioleta del espectro del sol es especialmente efectiva, y transmutará todas las Energías Elementales residuales (fuego, aire, agua y tierra), dejando el cristal limpio y puro. Las energías programadas Herméticamente* en el cristal, deben ser eliminadas del mismo modo. Sostened el cristal en la mano derecha, con vuestra mano izquierda levantada y abierta, y apuntando con el cristal hacia el suelo, visualizad la Luz Blanca de Cristo entrando en vuestro Aura a través de vuestro Chakra Coronario, corriendo por vuestro brazo, y a través del cristal hacia la tierra, arrastrando irresistiblemente todos los remanentes de formas de pensamiento anteriores. Hacedlo durante tanto tiempo como sea necesario. Sentiréis un estallido de liberación y alivio a medida que se desprograma. Reconsagrad inmediatamente la piedra para mantenerla protegida.

Aconsejaría en contra de utilizar agua o sal para limpiar, y ello por dos razones: En primer lugar, el agua sólo absorberá y eliminará energía de Agua (emocional), y la sal sólo absorberá energía de Tierra (o del chakra inferior). Las energías de Fuego y Aire no serán afectadas, excepto por el ultravioleta. En segundo lugar, el agua, la sal, o las combinaciones de éstas, son bastante peligrosas para los minerales solubles en agua. La luz solar directa limpiará una piedra en cosa de quince minutos, y una lámpara ultravioleta hará lo mismo en quizá sólo quince segundos. (Ver la Tabla IV sobre Minerales Hidrofóbicos —los que no tienen afinidad con el agua.)

* 1. *Insensible a la influencia externa.* 2. *Relativo a los escritos Gnósticos o siete enseñanzas surgidas en los primeros tres siglos d. de J.C. y atribuidos a Hermes Trismegisto.*

Tabla IV. Minerales Hidrofóbicos

Malaquita	Azurita	Calcita
Barita	Selenita	Algunos Onices
Crisocola en bruto	Rodocrosita	La mayor parte de los Fósiles
Aragonito	Lapislázuli	Apatito
Turquesa sin tratar	Adamita	Covelita
	Smithsonita	

Una vez limpiado el cristal, es muy beneficioso consagrarlo a un fin específico, y alinearlo con nuestro propio modelo personal de energía. Estos procedimientos son bastante simples y deberían ser repetidos a menudo, particularmente tras utilizarlo en la curación, o tras una experiencia traumática personal, o simplemente si el cristal no nos da una buena sensación. (Casas, habitaciones, coches y otras cosas, pueden igualmente ser aclarados y limpiados.)

Una vez que un cristal ha servido a su propósito, lo responsable es dar término a su influencia (suponiendo que *sea* apropiado), nuevamente por un acto de voluntad, limpiándolo físicamente, para acabar, por medio del sol. El cristal puede entonces (y sólo entonces) ser utilizado con éxito para otros objetivos. Sólo un talismán, que ha sido creado con un fin específico, necesita ser destruido.

Dirigir las acciones de vuestro cristal

A un nivel más esotérico, los cristales pueden ser programados en forma de talismanes* para proporcionar una influencia constante, una tendencia positiva hacia la ocurrencia de algún suceso, o incluso hacia la producción de un objeto físico visible (aporte). Para llevar esto a cabo se utiliza el ritual, pues el ritual hace uso de fenómenos arquetípicos que han adquirido un tremendo poder a través de la repetición constante y la atención aplicada de la conciencia colectiva (la mente de la masa). Por ser tan antiguos, muchos de estos arquetipos han adquirido un gran poder. Los arquetipos existen en todos los planos, y pueden ser utilizados para "crear vuestra realidad". Y conviene que sepáis, que estamos haciendo esto constantemente, creando inconscientemente nuestro propio entorno, culpando de nuestros errores a la Providencia, el gobierno o el prójimo. La irresponsable producción de arquetipos ha formado asimismo una entera falange de elementales, que son un peligro para los viajeros y exploradores del Plano Astral.

---

* *Uso combinado de símbolos arquetípicos y materia o substancia física para producir una herramienta con un poder superior al corriente.*

Sólo necesitáis pararos y pensar, formular claramente vuestro intento en unas pocas palabras no ambiguas, y programar vuestro cristal (cualquier cristal con el que os sintáis cómodos) por un acto de voluntad, invocando la ayuda de cualesquiera ángeles, espíritus o Deidades que elijáis (o de ninguno). Las palabras dichas en voz alta serán sumamente efectivas, pues estáis dirigiendo una cadena de sucesos a ser iniciada por el (vuestro) subconsciente. Utilizad un ritual establecido o uno de vuestra propia invención. La convicción en vuestro éxito convence al subconsciente de empezar el proceso, mientras que la duda minimizará los resultados o conducirá al fracaso.

Vuestra mano derecha levantada en el gesto de bendecir, o extendida en gesto de amistad, son un ritual simple que utiliza el amor incondicional, la Paz de Dios que sobrepasa todo entendimiento, ritual poderoso más allá de las creencias, y que utilizáis instintivamente, regularmente, y con mucho éxito. Tratad de programar el regalo de un cristal a un amigo, con amor, prosperidad y salud. Tratad de programar un área de la Tierra con amor, comprensión, hermandad y paz, como regalo para la Humanidad.

Macrocristales

Imaginad, por favor, un cristal lo suficientemente grande como para contener cómodamente a una persona. Como sus hermanos bebés, el cristal estará hecho de un retículo de células unidad, todas en la misma orientación, y con la misma forma que las células unidad menores. Ahora bien, si fuéramos a colocar algunos pequeños cristales reales del mismo tipo en el extremo de nuestro cristal imaginario, cada uno exactamente alineado con un retículo imaginario, y en las esquinas de la célula unidad mayor, entonces nuestra estructura asumiría las propiedades de un gran cristal real. Puesto que se conservan los ángulos y las proporciones, la estructura resonará en algún armónico del cristal menor, produciendo los mismos efectos, pero a lo largo de un volumen de espacio considerablemente mayor. La meditación dentro de una de estas estructuras es una experiencia que abre los ojos.

Pueden construirse estructuras planares (bi-dimensionales o bi-espaciales) más pequeñas y menos complicadas, depositando sobre una mesa, cama o suelo (cualquier lugar llano) una sección o corte transversal del retículo molecular de algún cristal (Ver Tabla V, Ejemplos Comunes de Angulos de Retículo). Las formas de los ángulos del retículo son importantes porque duplican el retículo del verdadero cristal, ampliando así la efectividad de éste. Obtenemos así un campo planar de energía, que es útil, aunque sea menos espectacular que la versión de tres dimensiones, pues se proyecta a través del cuerpo, activando áreas específicas. Una estructura planar es también mucho más sencilla de disponer para la experimentación.

Los centros de energía importantes del cuerpo, correspondientes a los centros vitales (también conocidos como Chakras) caen más o menos a lo largo de un eje paralelo a la columna vertebral. Cualquier estructura de un cristal dispuesta en un plano que contenga dicho eje, afectará a dichos centros.

Simplificando más todavía, pueden establecerse campos unidimensionales a base de utilizar dos cristales con sus ejes mayores alineados y pasando a través del centro que ha de recibir la energía. Muy a menudo estos dos cristales producirán un efecto sinérgico, muy diferente de cuando están separados, polarizando todo el campo de energía a través del aura, y fácilmente dirigible por el usuario hacia un área particular. Algunos pares sinérgicos muy fuertes son:

Azurita y Cornalina	Fomentan las capacidades psíquicas
Rubí y Malaquita	Reducen la hiperactividad
Amatista y Opalo	Fomentan la energía espiritual
Rubí y Dioptasa	Favorecen la curación
Zafiro y Azurita	Fomentan la intuición
Esmeralda y Azurita	Estimulan la curación espiritual
Granate y Topacio	Favorecen el equilibrio emocional
Granate y Cuarzo Rosa	Afectan a los desórdenes relacionados con la sangre
Turquesa y Coral Rojo	Reducen la Disnea (dificultades respiratorias)

Tratad de utilizar estas gemas, con el activador (el primero de la pareja) en la mano izquierda y la "toma de tierra" en la mano derecha para obtener efectos energetizantes, y en las manos opuestas para obtener efectos de-energetizantes. En la gran mayoría de usuarios (bien por encima del 99% de ellos), se ha observado esta similitud, indicando que el aura se halla en verdad orientada de izquierda a derecha (entrada por la mano izquierda, salida por la mano derecha). (Ver Tabla V, Ejemplos Comunes de Angulos de Retículo.)

Tabla V.
Ejemplos Comunes de Angulos de Retículo

Sistema Cristalino	Angulos de Retículo Utilizables	Modelo
1. Isométrico	90 grados (Cuadrado)	□
2. Tetragonal	90 grados (Cuadrado)	□
3. Hexagonal	120 grados (Hexagonal)	
4. Trigonal (Romboédrico)	60 grados (Triangular)	△
5. Ortorómbico	90 grados (Cuadrado)	□
6. Monoclínico	90 grados o ángulo inclinado	□ o ▱
7. Triclínico	Angulo Inclinado sólo	▱

1. 90 Grados	2. 90 Grados	3. 120 Grados	60 Grados	90 Grados	6. 90 Grados (o)
Granate	Zircón	Berilo	Calcita	Barita	Epidoto 64 grados
Espinela	Apofilita	Esmeralda	Hematites	Barita	Azurita 81 grados
Fluorita	Rutilo	Morganita	Rubí	Azufre	Malaquita 76 grados
Cuprita	Estaño	Heliodoro	Zafiro	Estaurolita	Lapis 80 grados
Zirconia Cúbica		Apatito	Turmalina	Topacio	Datolita 65 grados
Pirita		Mercurio	Dioptasa	Crisoberilo	Jadeita 73 grados
Diamante		Rodocrosita	Cuarzo	Peridoto	Kunzita 93 grados
Sal	7. (Sólo)		Amatista	Frenita	
Oro	Rodonita 90 grados		Citrino	Damburita	
Plata	Turquesa 96 grados		Cuarzo Rosa		
Plomo	Amazonita 89 grados				
Cobre	Piedra de Luna 61 grados				
Hierro					

Modelo de cristales

Utilizar sinérgicamente cristales diferentes es una cuestión completamente distinta. Debido al gran número de posibles compuestos y su infinita variedad de relaciones, es casi imposible encontrar formas y combinaciones útiles de cristales. Afortunadamente, la meditación siempre es un camino a nuestra diposición, y la canalización, dirigida o al azar, puede también servir para aportar luz a combinaciones y modelos arquetípicos que puedan ser útiles para propósitos superiores dentro de la Gran Obra.

A veces las razones y los resultados no son ni obvios ni racionales, así que hacemos lo que consideramos "correcto". Otras veces, las directrices son explícitas y los resultados inmediatos: inevitable y obviamente beneficiosos. Los saltos intelectuales, los fenómenos *Eureka* que a veces ocurren, son en verdad, posiblemente, comunicaciones del propósito del alma del individuo, o quizá instrucciones de ese Ser Superior anteriormente discutido del que podemos ser parte, para llevar a cabo alguna función necesaria de Su metabolismo, como podría hacerlo una célula sanguínea o una molécula de un nutriente en un cuerpo humano.

Cuatro ejemplos particulares me vienen a la mente, uno histórico y tres personales. El diseño histórico de gemas es la famosa armadura de Aarón*, que tiene doce piedras en un dibujo específico. La identidad y colocación correctas de cada piedra se ha ido perdiendo por confusiones de traducción y, pese a los esfuerzos de múltiples autores, el misterio permanece. En opinión de este escritor, fueron específicos para su Era, y serían diferentes si se especificasen hoy en día. Hay, indudablemente, un modelo apropiado a la Era de Acuario, y quizá éste salga pronto a la superficie.

* *Identificada en la Biblia como una cubierta del pecho con doce piedras dispuestas en un diseño específico.*

En cuanto a los otros tres, puedo hablar con alguna autoridad, estando directamente involucrado en su uso, si es que no en su origen. El primero apareció en mi mente sin razón aparente, y en un momento en que mi atención estaba en otra parte. ¡El diseño quedó como una curiosidad, hasta que cierto amigo, que se iba de viaje a Egipto, me preguntó por él! He aquí un claro ejemplo de comunicación a otro nivel, posiblemente instigado por un *Ser Mucho Más Grande*. Este y sus usos fueron entonces evidentes, y posteriormente utilizados por una serie de personas en ese viaje, que fue concluido con éxito a pesar de las muchas oportunidades de fracaso. Casi parecía como si hubiese una guerra en marcha, una guerra de la que éramos peones inconscientes. Todo obstáculo fue, de algún modo, disipado milagrosamente, y la ceremonia tuvo lugar, algo diferente de lo que se había previsto originalmente, pero en el momento y lugar correctos, y con éxito sentido unánimemente. Posteriormente, los sucesos reiteraron que el éxito proporcionó a los participantes mucha satisfacción.

Parte de la maravilla de todo esto es que el diseño fue duplicado en Phoenix y en la cercana Sedona, proporcionando una *ventana* meditacional a través de la cual fuimos capaces de obtener alguna percepción de los procesos de energía iniciados en la ceremonia de Egipto, que tuvo lugar en el momento de la salida del sol, fuera de la Gran Pirámide, el día del Equinoccio de Primavera de 1984, en el verdadero momento del Equinoccio y unas seis horas más tarde, en

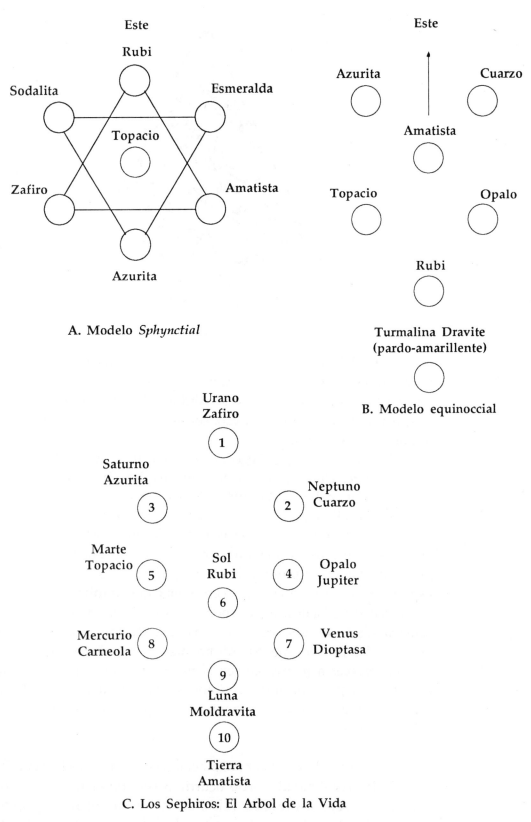

Figura 7
Formas de cristales y sus arquetipos

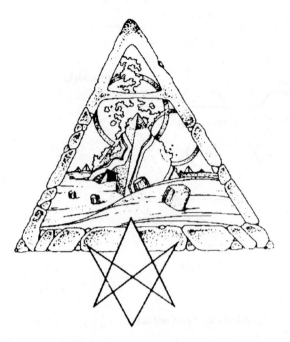

la Cámara del Rey. (Ver Figura 7, Formas de Cristales y Sus Arquetipos.) Estas ceremonias en Pirámides y Templos cercanos continuarán mientras sean necesarias y lo permitan las circunstancias. Los que tengan tiempo y medios para ello, son invitados a comunicar su interés al autor de este capítulo.

El segundo ejemplo llegó de una información canalizada acerca de la Esfinge. Durante una sesión de canalización varios meses despues del viaje a Egipto en 1984, se hizo un comentario acerca de la cualidad negativa de las energías en el área de la Esfinge. Posteriores preguntas sacaron a la luz el hecho de que existían en la Esfinge energías estancadas y malignas procedentes de una época anterior, que necesitaban limpieza y liberación. El canal, sorprendentemente, especificó entonces una corta ceremonia que implicaba un modelo específico de cristales. Nos procuramos éstos, y los utilizamos a la semana siguiente; una vez más, una canalización posterior comentó el éxito del procedimiento. Ahora bien, estos dos últimos hechos pueden parecer algo triviales en sí mismos, o quizá melodramáticos, pero forman parte de una masa abrumadora de datos procedente de diferentes fuentes, que confirman una importante tesis concerniente a los cristales:

    a. Que la condición altamente organizada de la materia llamada cristalinidad puede ocurrir o ser conscientemente producida a todos los niveles, físico, etérico, astral, mental y espiritual.
    b. Que esta condición puede influenciar directamente la energía con la que se ponga en contacto.

c. Que puesto que el modelo de energía de un microcosmos forma la ilusión de realidad del macrocosmos*, entonces

d. Toda materia debe en última instancia ser energía y brotar de Una Fuente.

* *Gran mundo, una reproducción a gran escala de uno de sus constituyentes o microcosmos. Microcosmos es el pequeño mundo, el hombre como epítome del gran mundo o universo.*

El tercer ejemplo fue realmente el primero de los tres en orden cronológico, pues tuvo lugar en 1979, y fue la invención (o quizá más justamente el redescubrimiento) de un dispositivo que utiliza un cristal envuelto en alambre, de tal modo que se crea un transformador capaz de captar energía (de forma parecida a como lo hace una antena), abriendo el centro de energía del cuerpo sobre el que se lleva el dispositivo, y canalizando en el aura la energía para la que se sintoniza dicho dispositivo. Debido a la forma del dispositivo y a su campo radiante de energía, aquél es conocido como *ANKH*. (Ver Fig. 8.) Estos dispositivos han sido utilizados con bastante éxito para aliviar el estrés y la tensión, para el equilibramiento y normalización de las funciones metabólicas, y para inducir actividades en todos los planos, así como para curar, a nivel clínico, con una forma más grande de *ANKH*. Su sorprendente éxito como herramienta me ha conducido a experimentar con muchos otros dispositivos, buscando siempre los útiles en el cumplimiento de la *Voluntad del Uno*.

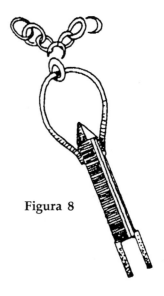

Figura 8

Dispositivos de cristales

Ankh*

El "dispositivo" más simple de cristal al alcance de una persona corriente es el cristal envuelto en alambre, un cristal (lo más normal es que sea de cuarzo) que se sostiene en la mano, y que va envuelto por una sola capa de alambre de cobre aislado (los tamaños 24 al 28 irán bien), para actuar como componente almacenador de energía. El alambre puede ser mantenido en su lugar con una pizca de pegamento rápido. Quizá puedan unirse del mismo modo otros cristales más pequeños o trozos de cristales o cabujones⁺, con vistas a producir efectos específicos. Estos efectos cambiarán con el tipo y posicionamiento de los aditivos. El dispositivo de cristal actúa ahora como un transmisor, irradiando energía de forma que es *consistente con su estructura molecular interna*, y no necesariamente sólo en la dirección de su terminación. La forma de este campo pertenecerá a la familia de las curvas denominadas "'elipsoides de revolución", esto es, más o menos en forma de huevo, con la dimensión larga paralela al eje cristalográfico principal. Las excepciones son raras.

* *Cruz que tiene un bucle como brazo vertical superior y que servía en el antiguo Egipto como espejo de mano; un símbolo del conocimiento de las energías y de la capacidad de controlarlas.*

⁺ *Cuenta o gema cortada en forma convexa y altamente pulimentada, pero sin caras.*

El daño físico o las mejoras artísticas, tales como darle forma o pulirlo, no alteran significativamente su efecto global (digamos, que en menos de un 50%). Los cristales envueltos pueden ser muchas, muchas veces más poderosos que los no envueltos, y varios dispositivos en la forma de diseños más grandes producirán campos correspondientemente más grandes. El tamaño del campo producido por varias personas actuando en concierto con herramientas de cristal, variará conforme al cuadrado de las personas implicadas. Puede ser que los Cristales de Energía de la Atlántida fueran una construcción de este tipo. Una imaginación fértil debería proporcionar numerosas áreas de experimentación bastante interesantes. Hemos fabricado una serie de construcciones más grandes, cuyas energías han sido altamente perceptibles y útiles.

Pirámide

Otro dispositivo fácil de fabricar por una persona mañosa es la pirámide, que puede ser hecha de cualquier material (es bastante fácil de fabricar en tubo de PVC), en cualquier tamaño. El tipo de material no parece afectar a la calidad del dispositivo. Los puntos importantes son los ángulos y la orientación. Una variación de tan sólo el 2% volverá al dispositivo casi inactivo. Se debería procurar un punto plano en la parte superior de la pirámide para colocar una albardilla con el fin de producir efectos variables, dado que el total de la cantidad de energía se filtra a través de esta. Los efectos son muy similares a los de un cristal llevado sobre el cuerpo. El modelo para hacer una Pirámide de Khufú aparece en la Figura 9.

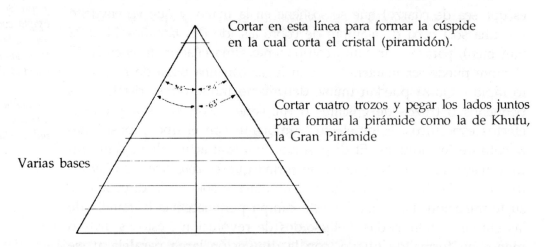

Figura 9. Plantilla de pirámide para trazar el ángulo correcto: 72.243 grados.
Este angulo se formará a través de los dos lados

La orientación de la albardilla de cristal es muy importante en este caso, dado que por ella transcurre parte del circuito de energía. Un campo cónico que delimita un ángulo de unos 12 grados, es generado verticalmente con dirección hacia abajo a partir de la albardilla, campo que, en una pirámide de siete pies cuadrados, es lo suficientemente grande para alinearse bien con todos los chakras de una persona sentada. Un cristal puesto en el suelo, directamente bajo el usuario, fortalecerá considerablemente el campo.

Si la pirámide se construye en el exterior, su energía derivará principalmente del sol, y si se alinea con el Polo Norte Magnético, un gran componente provendrá del campo magnético de la Tierra. La salida del sol y el mediodía son momentos muy precisos para meditar dentro de la pirámide. De puertas adentro, las energías son mucho más sutiles, y las influencias Zodiacales y Planetarias se notan más. Las posturas de Yoga practicadas dentro de la pirámide son muy efectivas, pues las posiciones del cuerpo ayudan a determinar el sendero de las energías que fluyen por dentro del campo.

ENERGÍAS DE FUEGO, AIRE, AGUA Y TIERRA

Al tratar de caracterizar la energía y subdividirla en categorías que tengan sentido, nos encontramos con el problema de relacionar estas energías con formas de comportamiento humano. Fuego, Aire, Agua y Tierra son antiguos arquetipos relativos a los planos Espiritual, Mental, Emocional y Físico. Podemos considerar cada cristal como si tuviera cuatro puertas o válvulas, cada una de las cuales se abre en un grado característico y controla el canal de una energía elemental. Un cristal particular, por tanto, puede pasar una o más de las energías elementales en cantidades importantes, produciendo un efecto global particular, siendo conocido por dicho efecto.

Aquí sigue una lista de los cristales más comunes con sus atributos Elementales y Planetarios. Una combinación particular de energías tiene la capacidad de activar los centros liberando las hormonas que producen el tipo de comportamiento. (Ver Tabla VI a continuación.)

Advertiréis que también hemos dado los atributos Zodiacales. El Cuerpo Largo Solar, el familiar Sistema Solar, se sabe que viaja dentro de la Galaxia de la Vía Láctea hacia la estrella Vega a la velocidad de 12,5 millas por segundo. La orientación de la Tierra dentro de este sistema múltiple de cuerpos, produce cualidades de energía Zodiacal muy sutiles, cuando la Tierra se alinea, más o menos, con el eje que une al Sol y al Centro de la Galaxia (en la dirección de Sagitario), en

Tabla VI. Influencias Energéticas Zodiacales

SIGNO	ELEMENTO	ATRIBUTO	VIRTUDES	SENDERO
Aries	Fuego	Cabeza	dominio, virtud, terminación	15
Tauro	Tierra	Garganta (norte)	preocupación, éxito, fracaso	16
Géminis	Aire	Pecho	intromisión, desesperación, ruina	17
Cáncer	Agua	Estómago	amor, abundancia, lujo	18
Leo	Fuego	Corazón (sur)	lucha, victoria, valor	19
Virgo	Tierra	Intestinos	prudencia, ganancia, riqueza	20
Libra	Aire	Riñones	paz, lamento, tregua	22
Escorpio	Agua	Genitales (oeste)	desagrado, placer, libertinaje	24
Sagitario	Fuego	Muslos	velocidad, fuerza, opresión	25
Capricornio	Tierra	Rodillas	cambio, trabajos, poder	26
Acuario	Aire	Pantorrillas (este)	derrota, ciencia, futilidad	28
Piscis	Agua	Pies	indolencia, felicidad, saciedad	29

Las virtudes son desarrolladas más plenamente en el Tarot

el sendero del Sol hacia Vega. Como nos encontramos cerca del borde de la Galaxia, existe un fuerte efecto cíclico, causado por la rotación de la Tierra en conjunción con la fuente del campo Galáctico de energía. El ciclo se divide netamente en doce categorías, nombrada cada una como la sección del Zodíaco que vemos de frente cuando esa energía incide sobre nosotros. La siguiente tabla da la lista de los efectos de las diversas Energías Zodiacales, en relación a las formas de comportamiento humanos. (Ver Tablas VII y VIIa.).

En estas tablas se describen los minerales que constituyen los mejores ejemplos correspondientes a ciertas energías elementales. Muchos aparecen en más de una categoría, pues todas las piedras pasan todas las energías, aunque sea desigualmente. También se da la lista de sus propiedades elementales específicas, el mejor lugar para llevarlas y las áreas más afectadas por su uso.

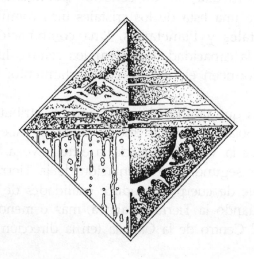

PIEDRAS DE FUEGO

Estas piedras proporcionan el poder a través del cual puede la *voluntad* cumplir sus necesidades. La energía elemental de Fuego (TEJAS*) puede iluminar, motivar, energetizar, animar, proporcionar coraje, determinación, firmeza y fuerza. Como siempre, los aspectos "negativos" también corren el riesgo de verse amplificados, así que la sabiduría debe atemperar a la voluntad. Nunca permitáis que los sucesos ocurran sin dirección consciente. Las piedras de Fuego pueden proveer la fuerza necesaria para avanzar contra las fuerzas de la mente de la masa, y ayudar a contrarrestar la indecisión y el letargo promovidos por una mente subconsciente motivada principalmente por el temor y las energías de los chakras inferiores no dirigidas o no transmutadas. Es de cualidad masculina. La voluntad se manifiesta a través del 5º chakra (garganta).

* *Principio de Fuego.*

Lo que debe hacer un buen amplificador de Fuego:
a. Abre el chakra del Corazón (4º)
b. Estimula el flujo de energía en los chakras inferiores (1, 2 3)
c. Es físicamente estimulante
d. Fomenta la cualidades de coordinación y gracia
e. Activa la unidireccionalidad mental de propósito
f. Abre el chakra Coronario (7º) para que la sabiduría espiritual controle el poder.
g. Provee las energías Plutonianas que promueven el cambio.
h. Amplifica suficientemente la energía de Aire para permitir el control racional de la Voluntad.
i. Proporciona las energías Marcianas necesarias para fortalecer la Voluntad.
j. Ayuda a proporcionar Prana para optimizar las funciones corporales
k. Estimula el chakra raíz (1º) para iniciar la Kundalini

Elementos MARCIANOS: aluminio, fósforo, cromo, hierro, molibdeno, silicio, carbono
Elementos SOLARES: hidrógeno, helio, oro, torio
Elementos PLUTONIANOS: flúor, manganeso, cobalto, níquel

PIEDRAS DE FUEGO

CRISTAL	COLOCAR SOBRE EL CHAKRA	CHAKRA AFECTADO	EFECTOS ESPECIALES
Gemelos de Cuarzo de Brasil	todos	todos	abdfgj
Cuarzo Ahumado	todos	todos	abfghk
Cuarzo Rosa	24567	24567	abdfgh
Amatista	567	todos	defhi
Cuarzo Rutilado	todos	todos	cfgij
Citrino	235	235	bei
Cornalina	16	16	degik
Peridoto	todos	1236	bdeik
Piedra de la Luna	todos	13	bdgk
Rubí	todos	todos	abcdefgijk
Granate	todos	todos	beghijk
Turmalina	todos	todos	acfgjk
Rodonita	45	26	dg
Zirconia Cúbica	todos	567	defhij
Opalo (aseguraos de que está limpio)	lado izquierdo o medio	todos	abdfj
Fluorita	todos	46	achj
Topacio	345	todos	acfjk
Azurita	todos	todos	abcfghjk
Damburita	45	456	aj
Calcotriquita	todos	15	cdfghik
Ambar	45	35	dg
Rodocrosita	45	123	bdgk

(Otros materiales: granito, algunas maderas, algunos corales, magnetita, kunzita, piedra del sol, psilomelana, brasilianita, bismuto, morganita)

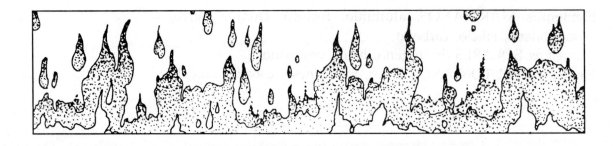

PIEDRAS DE AIRE

Las Piedras de Aire son las utilizadas para el fomento y desarrollo de las capacidades mentales y psíquicas. Todos estos materiales son en gran medida amplificadores de la energía elemental de Aire (VAYU*), y porporcionan un canal para el flujo y equilibrio de los campos psíquicos de energía. La mayoría pueden ser usadas como mecanismos de bioretroalimentación para ayudar a maximizar la conciencia del grado de control del chakra por parte del usuario. Es una energía asexuada.

* *Principio de Aire.*

Lo que debe hacer un buen amplificador de Aire:
a. Abre uno de los tres chakras de arriba: entrecejo, corona o alta major.
b. Abre el chakra de la garganta para comunicar o dirigir energías
c. Ayuda a abrir *todos* los tres chakras superiores (entrecejo, corona y alta major)
d. Ayuda a establecer una conexión con el subconsciente para la recuperación de información (memoria genética, vida pasada)
e. Ayuda a establecer una conexión con el subconsciente para programar las condiciones físicas que facilitarán la respuesta psíquica
f. Ayuda a establecer una conexión con el supraconsciente con el fin de tomar conciencia del propósito del alma
g. Ayuda a desarrollar la imaginación
h. Ayuda a desarrollar la Voluntad
i. Ayuda a establecer una conexión con el supraconsciente para la transferencia de información o poder
j. Estimula el intelecto, la intuición o la creatividad
k. Abre el chakra del corazón para ayudar a transmutar y eliminar las energías de los chakras inferiores
l. Proporciona medios de energetizar los chakras (desde la fuente más alta disponible)

(Las piedras de Aire, convenientemente aspectadas, pueden remediar desequilibrios Fuego/Agua).

PIEDRAS DE AIRE

CRISTAL	COLOCAR SOBRE EL CHAKRA	CHAKRA AFECTADO	EFECTOS ESPECIALES
Azurita	todos	todos	cdeh, estimulante
Morganita	5	4567	bcj
Cuarzo Ahumado	567	todos	ci
Cuarzo Rosa	567	23457 (AM)*	cfik
Jaspe	567	123 (AM)	j
Crisoprasa	45	247	k
Dioptasa	45	4	k
Zirconia cúbica	567	567	ck
Esmeralda	4	3456	kl
Lapislázuli	567	25	de, estimulante
Cuarzo	4567	todos	hi
Amatista	567	567	cfi
Kainita	4	45	l
Granate	567	1256	ig
Zafiro	567	456	ij, estimulante
Turquesa	5	5	bfgi
Fluorita Verde	45	46	dek
Fluorita Azul	45	56	deh
Sanguinaria	567	(AM)	f
Aventurina	45	ayuda a inducir	dek
Rubelita	4567	125674	chk
Rubí	todos	todos	chj
Opalo	lado derecho	todos	ch
Jade	345	345	fk
Diamante	4	567	h

*(AM: Chakra Alta Major, en frente de la prominente protuberancia en la parte de atrás de la cabeza)

PIEDRAS DE AGUA

Las piedras de Agua son las mejores para amplificar la energía elemental de Agua (APAS*). Proporcionan un canal para el flujo y equilibrio de la energía emocional. Cualquier tipo de experiencia que produzca fuertes energías emocionales (esas "reacciones de las entrañas") cuando el Chakra del Corazón está cerrado, puede hacer que se vea atrapado un exceso de las energías chakrales inferiores en el Chakra del Plexo Solar, provocando una congestión que traerá por resultado tensión, estrés, molestias musculares, desórdenes nerviosos y confusión mental. La apertura del Chakra del Corazón, con el sentimiento de Amor Incondicional que le acompaña, permite que estas energías sean transmutadas hacia arriba en otras más beneficiosas y de superior frecuencia, junto con la reducción de los síntomas perturbadores. Las piedras de Agua pueden, pues, ser consideradas como Piedras de Curación. Son de aspecto Femenino.

* *Principio del agua*

Lo que debe hacer una buena piedra de Agua:
a. Abre el Chakra del Corazón
b. Abre el Chakra del Plexo Solar
c. Equilibra los Chakras de Bazo y Pituitaria (Hormonas)
d. Equilibra las energías elementales
e. Equilibra la energías Sefiróticas (Planetarias) (proceso de centrado)
f. Suministra Prana (Luz Blanca, Verde, o Dorada)
g. Instiga los procesos curativos
h. Equilibra las energías yin/yang, eléctrica/magnética
i. Elimina del Aura los bloqueos (equilibrio etérico)
j. Absorbe, refleja o transmuta las energías "negativas"
k. Drena las energías que se hallan en exceso

Sefiroth
Suma de diez sefirah o emanaciones de Dios: Corona, sabiduría, entendimiento, misericordia, justicia, belleza, firmeza, esplendor, victoria y reino o Shekinah. Arbol de la Vida.

Las Piedras de Agua deberían todas proporcionar un *impulso de meditar*, una liberación y calma pacífica. Si los resultados ocurren principalmente en los planos superiores, pueden no hacerse obvios de inmediato, excepto, quizá, bajo la forma de traumas curativos. No os desaniméis por una aparente falta de efectos rotundos.

PIEDRAS DE AGUA

CRISTAL	COLOCAR SOBRE EL CHAKRA	CHAKRA AFECTADO	EFECTOS ESPECIALES
Cuarzo	cualquiera	todos	abcdefgij, relajación
Cornalina	45 (sobre la piel)	25	ak, comfort
Amatista	567	azúcar en la sangre	abcfghi, emociones
Amazonita	4	34	bk
Piedra de la Luna	cualquiera	123	aeg, calmante
Sardónice	45	huesos	dk
Turquesa	45	5	a, respiratoria
Esmeralda	4	todos	afghi, curativa
Rubí	cualquiera	todos	afgh, curativo
Berilo Rojo	4	124	acef
Crisoprasa	4	47	afi
Morganita	5	5	defhi, garganta
Zirconia Cúbica	cualquiera	37	bdefij
Peridoto	345	26	aci
Cuarzo Rosa	4	todos	abefgik
Granate	25	26	cgk
Crisocola	3	huesos	bfg
Aguamarina	345	47	adefi
Ambar	45	todos	adfhijk, protección
Sanguinaria	cualquiera	567	fgik, espiritual
Lapislázuli	25	26	cdeik, psíquica
Jaspe	cualquiera	todos	dfk
Helenita (vidrio)	567	47	aef
Calcotriquita	cualquiera	46	aefhik
Pirita	cualquiera	12	fik
Dioptasa	4	todos	abefgi, curativa
Opalo (y Agata de Fuego)	lado derecho	todos	cdefhijk, equilibrante
Espinela	cualquiera	todos	aefk
Turmalina Negra	45	todos	dehjk
Turmalina Verde	45	todos	adehjk

Hay ciertas piedras que operan bien en el sentido físico: Cornalina (Tacto); Esmeralda (Equilibrio); Peridoto (Vista); Jaspe (Olfato); Malaquita (Gusto); y Azurita (Oído). Estas deberían llevarse sobre los Chakras del Plexo Solar, el Corazón o la Garganta.

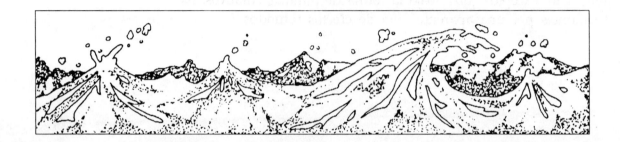

PIEDRAS DE TIERRA

Las piedras de Tierra canalizan principalmente Energía Elemental de Tierra (PRITHIVI*), pero también han de ser capaces de manejar *todas* las otras energías, dado que su tarea más importante es la de absorber el exceso de energía del usuario, y deshacerse de ella, es decir, enviarla de vuelta a la fuente de emanación. La Energía de Tierra es la más "sólida" de las cuatro energías elementales, y tiene la capacidad de almacenar mucha información dentro de su estructura. La Energía de Tierra es la causa de las sensaciones físicas percibidas al manejar cualquier piedra u objeto cristalino. Las Piedras de Tierra suelen tener un obvio efecto dual por cuanto funcionan como piedras de Fuego, Aire o Agua cuando se sostienen en la mano izquierda, y como piedras de Tierra cuando se sostienen en la mano derecha. Cuando una piedra de Tierra se utiliza con otra piedra, ocurre un efecto polarizador, que fortalece, allana y dirige el campo a través de todo el cuerpo etérico, en vez de producir un campo localizado en una pequeña área. Las Energías de Fuego, Aire, Agua, y Tierra son la forma más baja de las energías Etéricas (y por ese orden), siendo utilizadas por el Reino Elemental para manifestar lo que percibimos como materia.

* *Principio de Tierra.*

Lo que debe hacer un buen amplificador de Tierra:
a. Estimula el 8º Chakra para proporcionar una fuente de energía limpiadora
b. Estimula el Chakra 0º (la Estrella Tierra) para permitir el drenaje de la energía gastada (Conexión con el Suelo bajo los pies)
c. Absorbe las energías de Fuego, Aire o Agua para deshacerse de ellas posteriormente
d. Proporciona una sensación táctil
e. Absorbe energías negativas (o las refleja)
f. Tiende a proporcionar el equilibramiento de las hormonas a través de la normalización de los Chakras 2 y 6.

PIEDRAS DE TIERRA

CRISTAL	COLOCAR SOBRE EL CHAKRA*	CHAKRA AFECTADO	EFECTOS ESPECIALES
Jaspe Rojo		123	bc
Malaquita		todos	abcd
Apatito		34	bc
Granate		1256	abcdf
Opalo		todos	abcdef
Aragonito		34	bc
Ambar		35	abcd
Obsidiana		235	bc
Topacio		4567	abcde
Sardónice		126	abcdf
Agata de Fuego		todos	abcdef
Hematites		todos	abcdef
Turmalina Dravita		todos	abcdef
Onice Negro		1236	abcf
Ojo de Tigre		236	bcf
Ortoclasa		34	bc
Amazonita		34	bc

*Por lo general, todas las piedras utilizadas como toma de tierra deberían llevarse sobre el lado DERECHO. Elementos de Tierra: Oxígeno, sodio, magnesio, cloro, zinc, teluro, plutonio, bronce, oro puro (no bajo).

MÁS CONSIDERACIONES

Sobredosis de energía de los cristales

La concentración excesiva sobre uno de los centros nerviosos/energéticos, puede ocasionar un desequilibrio en el cuerpo físico. Por ejemplo, la glándula particular asociada con dicho centro puede segregar una cantidad anormalmente grande de hormonas. Si llegamos a advertir este tipo de desequilibrio, puede conseguirse la corrección utilizando una piedra con tendencia a normalizar dichas actividades. La cuestión debería ser atacada antes de que se vuelva aguda.

Una posibilidad es la de utilizar una piedra de toma de tierra capaz de absorber cualquier energía que se halle en exceso tras acabar alguna operación de ese tipo. Otra es la de abrir otros chakras que puedan recrear un equilibrio a base de mantener un flujo o circuito de energía hasta que el exceso pueda ser drenado. La meta última del estudiante es la de extender su sensibilidad lo suficiente como para percibir un desequilibrio si ocurre, y ser capaz de ajustar mentalmente los chakras para compensarlo. Algunas sugerencias específicas con este fin son:

> Para normalizar bazo y pituitaria — Granate, Peridoto
> Para extender la sensibilidad — Cuarzo, Azurita
> Para fortalecer el control mental de los chakras — Zafiro
> Para llevar a tierra el exceso de energía — Opalo (llevar sólo en el lado derecho), Dravita
> Para aliviar el bloqueo de los tres chakras inferiores — Dioptasa
> Para estimular todos los chakras para el equilibrio general — Rubí

Es necesario, en este punto, recalcar la importancia de mantener óptimas condiciones del cuerpo mientras trabajamos con los cristales y diversas energías. Creo, para usar un enfoque holístico en esta positivación, que lo mejor es prestar atención particular a los suplementos de nutrición y vitaminas. ¡Un régimen para desarrollar una sola faceta de todo el ser únicamente desarrollará un ser desproporcionado!

Hasta dónde llegar con los cristales

Hay una serie de posibles direcciones a tomar, tras haber asumido el primer compromiso. Claramente, el estudio posterior es necesario, pero ¿qué más?

Las posibilidades son todas de la naturaleza del Servicio, pues somos todos parte de un cuerpo racial más grande, y sus componentes de funcionamiento. Obtenemos nuestras directrices, consciente o inconscientemente, de los niveles superiores de nuestro *cuerpo*, a menudo sin una idea clara de por qué son necesarias. El intelecto lo quiere, y las células obedecen.

La naturaleza de las células es miríada. Las hay que curan, que perciben, y que defienden, entre otras clases. ¡Habrá un hueco justo para vosotros, aunque sólo sea para aprender a funcionar del mejor modo posible!

Hacer un compromiso le lleva a uno a reexaminar su filosofía y sus propios valores, y eso puede ser un importante obstáculo en la evolución espiritual. Vuestras ideas y opiniones no son importantes, sólo el que el *proceso* ha comenzado. El *proceso* en sí es del todo importante, no los detalles, pues el proceso es cambio, es vida. Y, por supuesto, cualquier herramienta que os ayude es muy de agradecer. Materia, energía y vida son, a la vez, la herramienta, el trabajo y el artesano. *Dios proporciona el diseño.*

Lo que nos proporciona la tecnología de hoy en día

Resulta conveniente incluir aquí una serie de "nuevos" compuestos y sus propiedades. El primero es el cristal de Silicio. Este material se hace crecer de un modo especial que lo proporciona con una pureza casi increíble, pudiendo ser la impureza menor de una parte en 10^{15}. Esta elevada pureza es necesaria en aparatos electrónicos como ordenadores, detectores de energía y láseres. El cristal puede tener un grosor que va desde el de un lápiz hasta unas cinco pulgadas de diámetro, y puede llegar a medir unos ocho pies de largo. Una vez cortado, su coste es de diez centavos el chip, chip con el que puede hacerse todo un ordenador. El silicio es gris metálico opaco, duro, fuerte y quebradizo, pero ligero (Es el Elemento #14), apenas más pesado que el aluminio. Admite un fino pulimentado, utilizando las técnicas lapidarias corrientes, y da lugar a joyas muy bellas.

Sus atributos planetarios son Saturno y Marte, y es una piedra de Fuego y Aire. El silicio tiene tendencia a rebajar la frecuencia de onda cerebral hacia el estado Alfa (7,8 Hz.), relentizando el metabolismo, minimizando la percepción de los impactos sensoriales, y afectando al chakra del Entrecejo. El silicio parece ser una excelente piedra para la meditación. Utilizado con Azurita, el silicio es también bastante estimulante (Yang), y utilizado con Opalo, calmante (Yin). Con Dioptasa, puede ser utilizado para controlar a distancia los campos de energía. Como material Yang, el Silicio debería montarse sobre Hierro, Acero u Oro Bajo, y como material Yin, en Plata o Platino. Yo he utilizado cristales de Silicio tanto en Varas como en Ankhs, con excelentes resultados.

Esmeralda, Rubí y Zafiro, forman el segundo grupo de compuestos, producidos con gran éxito por Chatham, Regency y otros para usar como gemas, y por otras firmas de la industria electrónica para utilizar en aparatos láser. Ambos de estos usos requieren una extrema pureza, y producen un material que es tan bueno o mejor que las más finas gemas, ¡y sólo a una décima parte de su coste! A estos precios, la persona media puede permitirse el lujo de tener un conjunto bastante barato de piedras preciosas (en más de un modo). Su pureza aumentada hace que sus propiedades sean más previsibles, y los bellos racimos de cristales en que se forman son soberbios. Tanto la Esmeralda como el Rubí suelen encontrarse con una cantidad de matriz tan grande incluida en ellos, que la mayoría de especímenes son inútiles excepto como abrasivos. Los mejores cristales con cualidad de gemas, son pues extremadamente caros.

En tercer lugar, está la Zirconia Cúbica (CZ), que se originó como substituto teórico del diamante, en la esperanza de que el Zirconio en esta forma inusual tuviera la gran dispersión de la luz que se necesita para rivalizar con el Diamante, más caro. Como sabemos, superó con creces sus expectativas, y produce más color que el Diamante. De precio muy razonable, la Zirconia Cúbica se puede conseguir en algunos colores muy apetitosos: amarillo, rosa, púrpura, lavanda, violeta, naranja y rojo. Dado que es un cristal cúbico, imita también al Diamante como amplificador de energía, y es muy efectivo si se lleva en la garganta o el entrecejo. De paso, si se lleva en un anillo, y esto es aplicable también a otras piedras, se producirán diferentes efectos según la piedra sea llevada en diversos dedos, debido a la disposición de los meridianos de energía (consideradlos como cables) de la mano. (Ver Figura 10, Meridianos* de la Mano Izquierda.)

La mayoría de las otras piedras hechas por el hombre son o corindones (zafiros) o espinelas, y sus propiedades son muy parecidas a las de las piedras que imitan, pero generalmente menos intensas.

Los colores de muchas piedras hechas por el hombre (y algunas

Figura 10. Meridianos de la mano izquierda.

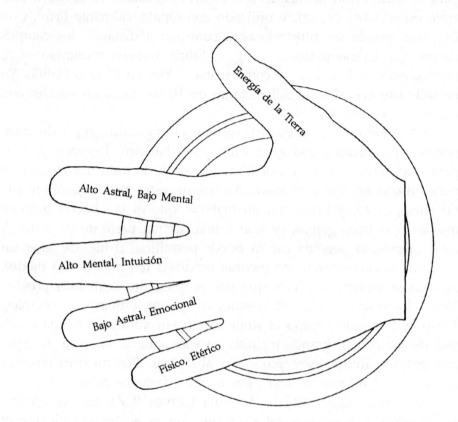

* *La localización general de estos meridianos sugiere que diversas posiciones de la mano serán muy efectivas en el trabajo con energías. El pulgar suele actuar como toma de tierra.*

naturales), típicamente las de las familias del Cuarzo y el Topacio, son producidos o exaltados por los efectos combinados de la radiación Gamma y el tratamiento calórico, duplicando los fenómenos naturales dentro del laboratorio. Nos referimos a: Cuarzo, Amatista, Cuarzo Ahumado (Topacio Ahumado), Diamante, Topacio Azul y Aguamarina. Muchos otros son tratados con regularidad y deberían ser evitados, debido a sus colores fugitivos. Los producidos con intención fraudulenta y los hechos de forma chapucera, pueden ser de efecto muy negativo y muy incómodos de llevar. Otros, vendidos sólo por su belleza, tienen propiedades muy útiles y no deberían ser ignorados por esnobismo. En cuanto que cristales, son tan poderosos como su pariente natural. CUALQUIER material producido en un espíritu de amor, reflejará dicho amor en sus acciones. CUALQUIER MATERIAL.

Expectativas de la tecnología del mañana

En esto, tenemos que tratar de evitar la especulación, en un esfuerzo por hacernos un modelo razonable. Utilizando sólo las líneas de exploración hoy en día en existencia podemos esperar para los próximos cincuenta años, los siguientes avances:

- El desarrollo de pequeños grupos de conciencia que combatan la mente de la masa, y proporcionen energías para uso de la Jerarquía.
- La evolución de una rama espiritual de la psicología.
- Aparatos para comunicarse con seres de otros planos.
- La expansión del campo de la Arqueología Psíquica.
- Búsquedas serias de los antiguos depósitos de conocimiento.
- Avances en los campos de la Relatividad y la Cromodinámica Cuántica*, proporcionando las bases finales para una Gran Teoría Unificada.
- Intentos de construir un mecanismo de propulsión más rápido que la luz.
- Una ilimitada capacidad de almacenamiento de información, por medio del Láser, dentro de un retículo de cristal.
- Desarrollo de una rama de la psicología que utilice la música y/o los mantras para efectuar la curación.
- Transmisión mundial de la energía eléctrica.
- Red global de ordenadores que elimine la necesidad de libros (excepto como curiosidades), dinero, correo, etc., y que permita el acceso instantáneo a grandes cantidades de información.
- El desarrollo de nuevas formas de arte en respuesta a lo de arriba.
- Vehículos que se apoyen magnéticamente y funcionen con energía transmitida.
- Conexión electrónica con el cerebro, permitiendo el registro de la personalidad.
- Avances en las técnicas de animación suspendida.
- Producción de materiales superfuertes, superpesados, superligeros, etc.

* *Ciencia de los quarks (partes más diminutas descubiertas en un átomo).*

Así pues, ¿qué hay de nuevo?

Habiendo obtenido numerosas respuestas entusiastas ante los efectos de los pequeños dispositivos que hice, me hallé dispuesto a intentar un proyecto más grande: un báculo. Al principio, la idea me intimidaba: competir con tantos artículos de importancia histórica. Acicates contínuos de un subconsciente obstinado crearon finalmente el estado de ánimo adecuado, y los componentes correctos fueron haciéndose accesibles por sí mismos. ¡Hay cosas que no se pueden ignorar!

El Báculo es un tubo hueco de acero inoxidable, lleno de una mezcla de Ambar en polvo, arena de las Pirámides de Zoser en Sacca-Ra y de Khufú en Gizé, junto con un espectro de doce cristales diferentes en cierto orden, separados por el polvo entremezclado, y conteniendo cantidades variables de los siete metales planetarios, también en forma de polvo. En la parte superior hay un ankh, exactamente de un codo sagrado de largo, con un gran y perfecto Cristal Láser de Rubí. El Báculo en sí mide exactamente 2,5 codos de largo. Cuando se sostiene El Báculo de manera que toca en el suelo, se encuentra "apagado"; alzadlo, y el campo de energía se "enciende". Sintonizado por el simple procedimiento de mover la mano arriba o abajo de la barra, cerca de uno de los cristales internos, el báculo puede ser usado por una o por varias personas, cada una sosteniéndolo con la mano derecha para absorber energía, o con la mano izquierda para transmitir.

No hay mucho más que decir en este punto, habiendo tenido poco tiempo para experimentar; pero mi intención, al daros esta corta descripción, ha sido la de hacer surgir en vuestra mente una serie de preguntas, agudizar vuestra curiosidad, haceros pensar "¿Podría yo hacer eso?" Yo os digo, "Sí, podéis, y Sí debéis, ¡y bienvenidos al grupo!"

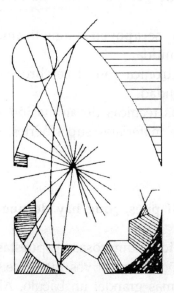

APLICACIONES PRÁCTICAS Y EJERCICIOS

¿Cuántos de vosotros sois capaces de percibir la energía que irradia de los cristales? Estad tranquilos: más del noventa por ciento puede fácilmente sentir las energías, pero la práctica fortalece nuestras capacidades, de modo que incluso ese diez por ciento puede fácilmente aprender a percibirlas. Empezaremos por algunos ejercicios que os ayuden justamente a eso.

1. Comenzad por una serie de rotaciones del cuello, que soltarán la presión del chakra Alta Major y os ayudarán a relajaros. Estos movimientos aliviarán también la tensión acumulada en los músculos del cuello.

2. La respiración rítmica es importante, pues el mejor modo de ingerir el Prana es a través del aire que respiráis. ¡*No* es necesario hiperventilarse! El ritmo ayuda a la concentración. Inhalad durante dos segundos, contened durante dos segundos, y exhalad durante dos segundos, todo lo más uniformemente posible. Contar resulta útil. Aseguraros de exhalar lo más completamente que podáis, para expeler la mayor cantidad posible de desechos tóxicos.

Acumulación de Prana El Prana es energía procedente del 7º Plano Cósmico, constantemente disponible por todas partes. Buenas fuentes son los alimentos, el agua, el aire, la luz solar y los campos de energía visualizados. Preparaos en una posición cómoda, relajaos, utilizad la rotación del cuello, respirad varios ciclos. Ahora, visualizad una nube blanca o verde justo enfrente de vosotros, y conforme inhaláis, atraed también la nube de Prana adentro vuestro. Sentid cómo toda la fatiga os deja, y cómo el confort, el poder y la capacidad ocupan su lugar. Este es un ejercicio rápido y puede ser hecho en cualquier parte y tan a menudo como lo deseéis. ¡No es posible una sobredosis de Prana! Es una buena idea comenzar cualquier tipo de meditación con *Acumulación de Prana* (A.P.).

Centrado Este ejercicio es para facilitar la apertura del Chakra del Corazón (4º). Llevad a cabo los pasos 1 y 2 y la A.P.. Recread un fuerte sentimiento de *Amor Incondicional*. Este sentimiento abre de par en par el chakra del corazón. Luego, simplemente dirigid la energía hacia fuera a través del chakra del corazón hasta donde se la requiera. La energía así dirigida será remplazada por Prana a medida que sea utilizada; no es necesario que uséis vuestra energía o que forcéis el proceso. Sucede automáticamente. Todos los otros chakras tenderán a alinearse y equilibrarse durante este ejercicio.

Equilibramiento La Meditación de Color se utiliza para equilibrar el Aura, sensibilizando los chakras y estimulando las glándulas endocrinas para normalizar los sistemas endocrino y hormonal, estableciendo así óptimas condiciones para la curación. Ved la meditación al final de esta sección de ejercicios.

Escudo La capacidad de producir un escudo protector puede ser extremadamente útil. Esto se consigue dirigiendo luz blanca o Prana hacia el estrato más externo de vuestro Aura, intensificando ésta hasta hacerla impermeable. Al ser blanca, reflejará completamente todas las energías incidentes. Conectad esta acción con una palabra clave, y el decir la palabra clave, sea vocal o mentalmente, erigirá instantáneamente el escudo. Este escudo tenderá a marcharse cuando dejemos de concentrarnos sobre él. Escudos más permanentes se describirán más adelante, pero lleva tiempo levantarlos. Algunos minerales tienen propiedades que permiten que, mientras los llevemos encima, el escudo permanezca en su lugar. El ámbar desviará las energías indeseables por medio de su elevado campo electrostático; la Turmalina las transmutará a tipos no peligrosos, y el Opalo simplemente las absorberá. (El Opalo debería por tanto llevarse en el lado derecho).

Aumentar Vuestra Sensibilidad Ejecutad los pasos 1 y 2, y la Acumulación de Prana. Frotad las palmas de las manos entre sí hasta sentirlas calientes, y colocadlas frente a vosotros, separadas entre sí unas seis pulgadas. Visualizad entre ellas una bola de energía. Tratad de apretar ligeramente la bola para determinar su textura. Ahora advertid su color: relacionad ese color con la sensación que os da la bola. Haced esto de nuevo con una bola de otro color, producido esta vez a voluntad, y determinad la sensación. Haced esto con todos los colores y recordad la sensación que os da cada uno. Las sensaciones que podéis encontrar son: caliente, frío, áspero, suave, puntiagudo, liso, duro, húmedo, pulsante, vibrante, espinoso, etc. Deberían ser consistentes para cada color. Practicad esto a menudo para fortalecer vuestra percepción. Según os vais haciendo expertos, la necesidad de frotaros las manos desaparece. Sentid ahora un cristal, a ver si podéis decir el "color" de la energía que emana, que *no* siempre coincidirá con su color óptico. Tratad asimismo de descubrir los límites del campo de energía, y su forma. Intentad también el ejercicio sobre las personas.

Fortalecer Vuestra Imaginación Ahora vamos a crear un escondite perfecto; secreto, inaccesible, totalmente autocontenido e inexpugnable. Hay un ordenador guardian que no permitirá el acceso sin la PALABRA DE PASO. Determinadla ahora, y mantenedla siempre secreta. Es sólo para vuestro uso personal. Podéis traer amigos a través de una puerta especial operable sólo por vosotros desde el interior. Nadie puede pasar más allá del ordenador. Cread el interior con riqueza de detalles, y tened una habitación entera llena de cristales: ¡conoced las propiedades de cada uno, y usadlos a menudo! Con cada vista, añadid más detalles; sed tan derrochadores como queráis. El ordenador producirá cualquier cosa que queráis imaginar.

Fortaleciendo Vuestra Voluntad Con los ojos cerrados, y sobre un fondo de rico terciopelo negro, producid tantos de esta forma como os sea posible. Atraedlos con una vara mágica especial que escribe con luz blanca. Mantenedlos tan brillantes como sea posible, y no permitáis que floten y se vayan. Cuando os hagáis expertos en esto, producid sólo cuatro, uno enfrente, otro a la espalda, y uno a cada lado, brillantes, perfectamente formados y sin vacilar. Sostener un cristal en vuestra mano izquierda os ayudará en esto.

Para Mejorar la Proyección Astral Llevad a cabo los pasos 1 y 2, y la Acumulación de Prana. Manteniendo cerrados los ojos mentales, escuchad cuidadosamente la respiración. Filtrad cualquier otro ruido, excepto el vuestro propio. Extended entonces la percepción para incluir la habitación en la que os encontráis. Escuchad cuidadosamente los sonidos que hace la habitación, y filtrad *vuestros* sonidos. Luego extendéos nuevamente hacia afuera, a otro nivel, filtrando cada vez todo lo demás. Cuando hayáis alcanzado un límite, volved, nivel a nivel, hasta haber alcanzado la percepción de vuestro cuerpo. Ahora, abrid los ojos mentales y haced de nuevo el ejercicio, viendo todo lo que oís, dejando que los sonidos sean vuestra guía. Prestad atención a todos los detalles de vuestro alrededor mientras os movéis. Id lentamente, saboreando todo lo que veis. Aseguraos de llevar vuestro cristal con vosotros, y sed conscientes de él en todo momento. Cuando retornéis, hacedlo lentamente y con determinación, y no os consintáis la posibilidad de partir de nuevo.

Tres Usos de las Manos Para manteneros despiertos, sostened un cristal en vuestra mano izquierda, mientras colocáis la mano derecha sobre el lóbulo occipital (base del cráneo). Para el insomnio... sostened el cristal en la mano izquierda, colocad la mano derecha palma hacia arriba sobre el puente de la nariz. Para el shock emocional ... (el shock emocional puede causar un cierre traumático de los chakras), colocad las palmas abiertas directamente sobre la cabeza, separadas como una pulgada, pero sin tocar la cabeza, llevando energía del punto Transpersonal (el chakra superior, el halo) directamente a los chakras del Plexo Solar y el Corazón; esto permitirá disipar el estrés de inmediato. Debería tardarse unos 15 segundos.

Barrido a Mano Esta es la utilización de las manos (u otras áreas sensitivas) para determinar la forma y cualidad del campo de energía que irradia de una persona, cristal, máquina, etc. No uséis vuestra voluntad, sino simplemente *permitios* percibir la energía. Lo primero que advertiréis es la neta diferencia de sensación que producen substancias diversas. Advertid luego que la fuerza del campo decae rápidamente con la distancia. En algunos casos, el campo puede ser dirigido, debido a la configuración de la estructura del cristal.

En las personas, bajo condiciones normales, hay un campo bastante fuerte que emana de cada chakra. Cuando existe una perturbación o anormalidad, puede detectarse un "punto caliente" o una ausencia de sensación. La sensación en las manos tenderá a ser la misma tanto si la energía "entra" como si "'sale" del chakra. Si se necesita energía en un punto particular, y determináis proporcionarla, la sentiréis abandonando vuestras manos hasta satisfacerse la necesidad, y entonces el flujo se detendrá automáticamente. Al hacer el barrido, el movimiento debería ser bastante lento, dando tiempo al retraso en experimentar la percepción. Un pie cada dos segundos, aproximadamente, está bien. El barrido se hace a distancia del objeto, y puede ser útil para sintonizaros con vuestro objeto tocándolo realmente (escuchando el pulso, por ejemplo, en una persona); luego, barred a distancias variables del objeto. Cuanto más utilicéis esta técnica, más fácil se os hará.

Ejercicio de Equilibrio Emocional Este ejercicio saca provecho de un circuito de energía establecido cuando se adopta la Padmasana, o Posición del Loto. Tocar el chakra raíz con el talón izquierdo evita el contacto de toma de Tierra, y el circuito resultante que va de la Raíz al Pie izquierdo, al Bazo, al Entrecejo (Pituitaria), al Plexo Solar, a la Raíz, permite que se equilibren las energías Esplénica y Pituitaria, dando por resutado el Centrado en el Chakra del Corazón. Este puede advertirse por el cambio de color del Naranja del Esplénico y el Indigo de la Pituitaria, al Verde del Corazón, o de la Energía centrada. Un cristal claro (Cuarzo) o verde (Esmeralda, Fluorita, Crisoprasa, Dioptasa) ayudará a enfocar las energías.

Micro-Psi Proyección y Macro-Psi Proyección Estas son técnicas meditativas con las que expandir nuestra conciencia hacia arriba o hacia abajo para llevar o enfocar nuestra atención sobre un objeto de un orden de magnitud diferente al nuestro. Tras la preparación acostumbrada, producid en el ojo de vuestra mente un fondo de terciopelo negro, que simule el espacio "'exterior" o "interior". Vais a percibir como a través de una lente de zoom, para llevaros a un orden de magnitud como el del objeto percibido. El punto de luz que veis inicialmente se expandirá o contraerá conforme operáis con la lente de zoom. Una serie de investigadores independientes han anotado sus resultados, así que podréis comparar y catalogar lo que observéis. Es efectivo colocar un objeto sostenido con la mano en el Chakra del Entrecejo; objetos más grandes pueden ser tocados o barridos. Cosas de las que particularmente tomar nota son los colores, las formas y las relaciones espaciales (tamaños relativos, ángulos y movimientos). Como ocurre con cualquier meditación, hacedla tan larga como sea necesario. No os precipitéis, y si se rompe vuestra concentración, no intentéis continuar, sino intentadlo en otro momento.

Limpieza Con vosotros en el punto central, producid un anillo de energía irresistible, y expandidlo hasta los límites mismos del universo, arrastrando ante él todas las energías no deseadas. La fuerza de arrastre es el Prana, que fluye hacia dentro según se lo necesita. La técnica es simple, rápida y directa, y puede ser repetida a voluntad. Sostener un cristal de "fuego" junto al Chakra del Entrecejo os ayudará a visualizar y dirigir el anillo de energía. Algunos buenos cristales para usar en esto son: Cuarzo, Cuarzo Ahumado, Amatista, Cuarzo Rosa, Cornalina, Fluorita, Topacio, Turmalina, Damburita y Rodocrosita. Este no es un efecto permanente, sino a corto término.

El Pentagrama Este símbolo viene de la tradición Hermética, y es un simbolo que representa al hombre, por oposición al Hexagrama, que representa a Dios. Muchos miles de años de uso han fortalecido este símbolo como una "forma de pensamiento" existente en el Plano Astral como Arquetipo. Su uso como medio de protección es ampliamente conocido. Sus conexiones con otras filosofías son bastante recientes, y han adquirido muy poco poder como Arquetipos, pudiendo desconsiderarse.

Utilizando un cristal de Cuarzo (o cualquiera de los cristales de "fuego"), dibujad en el aire un pentagrama frente a vosotros, visualizando el diseño como si se formase con la energía que emerge del cristal. Haced esto dando la cara al Este, o lo que sintáis que es el Este. Dejando vuestro brazo extendido, continuad emanando energía mientras os giráis hacia el Sur, y dibujad el segundo Pentagrama. Giraos hacia el Oeste y dibujad un tercero, y giraos hacia el Norte y dibujad un cuarto. Volved hacia el Este de nuevo para completar el círculo, a través del cual podéis estar seguros de que no penetrarán energías no deseadas. Este círculo durará tanto tiempo como permanezcáis dentro de la influencia del círculo. Podéis invocar una protección más fuerte diciendo los nombres de los cuatro Arcángeles correspondientes mientras dibujáis cada Pentagrama: Este, Rafael; Sur, Mikael; Oeste, Gabriel; y Norte, Auriel. Este ritual puede ser llevado a cabo enteramente de modo mental, con un cristal mental que dibuje, si lo queréis, pero sostened un cristal real en vuestra mano DERECHA mientras lo hacéis, para actuar como canal de energía. Dibujad el Pentagrama igual que en el ejercicio anterior, y aseguraos de que el círculo sea continuo, haciéndolo lo más brillante posible. Podéis darle brillo incluso después de acabado.

El Péndulo El péndulo hace uso de un código arbitrario para permitiros comunicar con la *Conciencia Colectiva* y extraer de ella información. Asímismo, un péndulo debería ser portátil pero no endeble. Hecho de casi cualquier material, la experiencia ha demostrado que algunos cristales son mejores para unos fines que otros. Los péndulos pueden ser huecos, permitiendo que diversos "testigos" puedan ser colocados en su interior con fines radiestésicos, o pueden hacerse de alguno de los materiales siguientes:

Cuarzo	Bueno para cualquier uso, conocimiento general
Rubí	Cuestiones del plano Físico, salud
Amatista	Cuestiones del plano Espiritual, creatividad
Turmalina	Cuestiones del plano Astral, emoción
Fluorita	Cuestiones del plano Etérico, alma

El material de un péndulo puede realmente ser cualquiera del que obtengáis una fuerte respuesta, y puede utilizarse en conjunción con otro cristal sostenido en la mano, o unido al otro extremo del péndulo. Su cadena debería ser de 2 a 4 pulgadas de largo, y, en algunos casos, el hilo proporcionará mejores resultados. Utilizado en cualquiera de ambas manos, vuestro péndulo debería recibir un nombre (pedidle que os lo diga), lo que os permitirá obtener rápidas respuestas positivas, y las respuestas mismas deberían ser predeterminadas y por acuerdo mutuo entre vosotros y vuestro subconsciente. Todas las preguntas deberían ser no ambiguas, y si sospecháis de una respuesta, reformad la pregunta y hacedla de nuevo, varias veces incluso, promediando las respuestas. Algunas de las respuestas dadas por un péndulo caerán en el dominio de la probabilidad. Advertid que el péndulo no es un artificio de adivinación, sino que suministrará una respuesta basada sobre los hechos y la experiencia —esto es, lo que entra por el subconsciente y los seis sentidos.

Ensayo Kinesiológico Este es un modo de permitir al subconsciente que nos "diga", por medio de una simple prueba muscular, lo que puede haber de bien o de mal en nosotros. La técnica determina la capacidad de un músculo para resistirse a una fuerza aplicada tanto *antes* como *durante* el contacto con la substancia de ensayo. Una substancia potencialmente dañina debilitará el músculo, y una benéfica no tendrá efecto o lo fortalecerá. Los dos ensayos más utilizados son la separación de pulgar e índice, y el descenso del brazo derecho estirado, con el material a ensayar sostenido en la mano izquierda.

Puede saberse si el ensayo muestra los resultados deseados, fraudulentamente, utilizando este truco: si el que hace el ensayo mantiene su brazo recto en vez de doblado por el codo, sólo puede aplicar la mitad de la fuerza requerida, puesto que sólo está utilizando los músculos del hombro, en vez de los músculos del hombro y del brazo, para hacer la prueba. Los que ensayan descubrirán que sus músculos se debilitan con el tiempo, y deberíamos tener un cuidado extremo en mantener "puras" nuestras motivaciones. Lo mejor es promediar los resultados de este método a partir de varios ensayos.

Talismanes Podemos sacar provecho de una cualidad positiva de los cristales, la de almacenar energía, imprimiéndoles conscientemente el tipo adecuado de energía requerido para conseguir un propósito deseado. Los ejercicios anteriores para expandir nuestra imaginación y voluntad, habrán ayudado a hacer esto posible. Debemos primero tener un cristal totalmente limpio y de un tipo compatible con las energías que nos proponemos imprimir. Debemos entonces delinear nuestro propósito en términos absolutamente claros, no ambiguos, preferiblemente por escrito. Ahora bien, en el Ejercicio de *Aumentar Nuestra Sensibilidad*, aprendimos a producir energías con la forma de una esfera, a predeterminar su color y, esperemos, a manipularlas. Disponed el cristal, u objeto cristalino, sobre un tapete aislante (de seda u otra fibra natural), y llevad a cabo los pasos 1 y 2, y la Acumulación de Prana. Producid una esfera de energía adecuadamente coloreada inmediatamente encima del cristal, y haced que fluya directamente a su interior, como un globo que se vacía. Haced esto una serie de veces, hasta que podáis sentir con vuestras manos una fuerte emanación de energía procedente del cristal. Esto sirve para darle poder al talisman. Agarrad inmediatamente el cristal en vuestra mano DERECHA, y leed o recitad su ley: vuestro propósito. Esto sirve para darle dirección al talismán. Volvedlo a colocar sobre su tapete aislante e imprimid sobre él otra esfera de energía, igual que antes. Eso sellará el talismán frente a cualquier posterior directriz o interferencia, hasta el momento en que sea desactivado del modo en que antes se dijo. El talismán debería envolverse en la seda o fibra aislantes, y puesto aparte para que siga adelante con su propósito. No debería ser tocado de nuevo, ni habría que preocuparse por él hasta que su vida se haya cumplido.

Círculos de Resonancia. "Cuando dos o tres se reúnan en mi nombre, garantizaré sus peticiones ..." Cuando un número de personas se reúne en meditación, y sus chakras del corazón están todos abiertos, sus energías se vuelven coherentes. En vez de añadirse, se multiplican, las energías de diez se convierten en las de cien, etc., y su supraconsciente colectivo llega a ser poderoso como un deva. Es hacia este fin que el círculo de resonancia debería intentar llegar: a que sus energías permanezcan coherentes el suficiente tiempo para que se cumplan sus fines. En un círculo, el contacto de las manos debe ser mantenido, y una persona debería actuar como directora y canal potencial. Una vez más, el uso de los cristales por parte de los participantes puede ser una gran ayuda para mantener nuestro foco sobre el chakra del corazón. Estos cristales deben ser llevados SOBRE el chakra del corazón —Dioptasa, Esmeralda y Cuarzo son las elecciones más obvias. Llevad a cabo los pasos 1 y 2, la Acumulación de Prana, y el *Ejercicio de Centrado*. Cuando todos los participantes abren simultáneamente sus chakras del corazón, la energía se aúna y puede ser dirigida. Si un chakra se cierra, la acción se detiene. El buen autocontrol, pues, es absolutamente importante para el éxito de un Círculo de Resonancia.

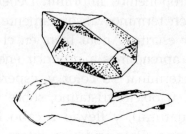

Meditación de color (para utilizar con un cristal)
Compuesta por David Maerz

1. Cerrad vuestros ojos. Daos cuenta del campo universal de energía que todo lo permea, y del que podemos extraer energía de cualquier tipo en cantidades ilimitadas. Permea nuestros cuerpos y nuestras mentes. Siempre está disponible, aguardando, un poder sin fin...

2. Haced respiraciones largas y profundas, quizá cinco o seis respiraciones largas y profundas, y después relajaos; dejaos ir; ignorad todo impacto sensorial excepto el sonido de mi voz; y relajaos...

3. Visualizad un estanque tranquilo, en un lugar adorable, con ondulaciones que se deslizan a través de su superficie. El estanque representa vuestra mente; las ondulaciones, vuestro pensamiento. Lentamente, las ondulaciones se aquietan, vuestros pensamientos retroceden. Dejadlos ir. Que el estanque se quede muy tranquilo y calmo. Relajaos...

4. Ahora notáis de nuevo el campo universal de energía. Está a vuestro alrededor; no necesitáis mirar, lo sentís por todas partes. Está accesible, dispuesto para vosotros, dispuesto para vuestras necesidades, o para vuestro placer. Alegraos de percibirlo...

5. Ahora, podéis extraer del campo universal de energía. Podéis hacerlo en cualquier momento... Traed un color violeta adorable, puro, vibrante, por encima de vuestra cabeza; hacedlo tan brillante como sea posible. ¡Mirad, podéis darle la forma que deseéis! Hacedlo más grande; hacedlo más pequeño. Ahora, haced que brille tanto como deseéis. Dadle la forma de una bola justo por encima de vuestra cabeza. Que llene vuestra conciencia, hasta que sólo quede la bella luz violeta. Sentid una tremenda sensación de paz a todo vuestro alrededor, una paz calma y descansada. Todas las telarañas se han ido de vuestra mente. Todo es claro y agudo, pero extremadamente pacífico. No hay prisa; gozad de vuestra paz y de vuestra sensación de sabiduría...

6. Vuestra sensación de paz y sabiduría permanecerá con vosotros cuando continuemos... Traed al campo de energía una luz plateada centelleante justo delante de vuestra cara, como una fuente de diamantes, lanzando destellos y brillando. Hacedlos brillar; hacedlos más brillantes. Dejad que entren directamente por vuestros ojos y en vuestro entrecejo. Que sus ecos inunden vuestra conciencia. Advertid que vuestro oído se fortalece, y sentid que podéis ver y escuchar cosas lejanas, muy lejanas, dondequiera que lo deseéis. Gozad de esta nueva sensación, alegraos con ella. Vuestra nueva sensación permanecerá con vosotros, cuando continuemos ahora...

7. Volved a tomar del campo universal de energía una luz azul brillante, pura como el cielo, o como la más fina turquesa. Aumentad su brillo, concentradlo, e inhaladlo directamente, a vuestra garganta, como agua fría, tan satisfactoria, tan refrescante... y advertid que vuestra respiración se ha hecho más fácil y dinámica. De hecho, cada respiración que tomáis ahora aumenta la luz, derramándose sobre vosotros, lavando vuestras emociones, hasta que haya sólo una gozosa percepción, confort y sentido de agradecimiento... Estos colores son ahora vuestros. Podéis fortalecerlos en cualquier momento extrayendo energía del campo universal. Lo que sobre, volverá a él. Tomad tanto como queráis, pues es infinito.

(*Este es el punto medio, y puede concluirse aquí como ejercicio espiritual, o puede continuarse. Esta segunda mitad nunca debería utilizarse sola, por la posibilidad de perder el control*).

8. Percibid ahora un sutil calor por abajo, en la base de vuestra columna, formando una incandescencia rojo oscuro; y dejad que vuestra sangre lleve el calor a todas partes de vuestro cuerpo. Percibid una sensación de expectación, y una sensación de ser capaces de crear cualquier cosa que imaginéis. Dejad que vuestra imaginación juegue con este concepto por un rato, mientras os volvéis deliciosamente cálidos...

9. Cread ahora una bola de luz naranja brillante, fuera de vuestro cuerpo, y justo por debajo de vuestro ombligo. Extraed energía del campo universal para fortalecerla... ahora, ¡simplemente impulsadla adentro de vuestro cuerpo! Llenará vuestro bazo, hígado y riñones, purificándolos y corrigiendo todas las enfermedades, y equilibrando todos vuestros sistemas químicos. Todas vuestras hormonas se encuentran ahora en equilibrio. Ahora, fortaleced de nuevo el violeta, el plata y el azul, y gozad de la creciente perfección de vuestro cuerpo.

10. Tomad del campo universal de energía una luz verde pura, justo en vuestro plexo solar, y concentradla y hacedla tan brillante como os sea posible. Desead poderosamente que entre... y a medida que lo hace, sentid cómo vuestra fuerza y poder crecen. Y mientras entra en vuestras glándulas adrenales, vuestra fuerza se multiplica de nuevo. Parece no tener límites. Gozad de vuestro nuevo poder y sed agradecidos...

11. Ahora traed por fin del campo un bello fuego amarillo, al nivel del pecho. Vedlo crecer en tamaño y brillantez hasta que os engulle por completo, y a medida que entra en vuestro corazón, os sentís totalmente en equilibrio. Todos los colores de dentro y de fuera, se combinan y forman un intenso campo blanco puro con vosotros en el centro. Se expande en el universo, creciendo a la velocidad de la luz. Y con cada respiración, extraéis más energía y descubrís que podéis dirigirla adonde queráis. Usadla para crear, para curar, y para amar. Multiplicadla ampliamente, y enviadla de vuelta al universo, y sed agradecidos...

12. Cuando dejáis finalmente que la luz se desvanezca, mantened la luz plateada en vuestro entrecejo. Mantenedla con vosotros como consuelo y guía, y nunca olvidéis que el campo universal de energía está siempre ahí, siempre disponible, siempre dispuesto a suministraros luz...

13. Dejad que vuestros sentidos retornen, uno por uno, y ved lo sensibles que son. Cuando volvéis a la plena conciencia, advertiréis que estáis completamente reanimados y relajados, rejuvenecidos y agradecidos.

Esta meditación puede ser utilizada tan a menudo como deseéis, y puede ser utilizada como introducción a pasos posteriores que deberían ir tras el párrafo once, en cuyo punto vuestra imaginación y vuestra voluntad deberían hallarse en su apogeo.

Una cinta de esta meditación, hecha en vuestra voz, será de inmensa ayuda, pues es a vuestra voz que vuestro subconsciente es más sensible y responde mejor.

REFERENCIAS

1. *Dana's Handbook of Mineralogy*, 4ª Ed., W.E. Ford, Wiley & Sons, 1932.
2. *Structural Inorganic Chemistry*, 3ª Edición, A.F. Wells, Oxford, 1962.
3. *A Guide to Man-Made Gemstones*, M. O'Donoghue, Van Nostrand Reinhold, 1983.
4. *The Nature of the Chemical Bond*, 3ª Ed., Linus Pauling, Cornell University Press, 1960.
5. *The Theory of Celestial Influence*, Rodney Collin, Shambhala, 1984.
6. *Kabbalah*, Charles Ponce, Theosophical Publishing House, 1973.
7. *The Kyballion, Three Initiates*, The Yogi Publication Society, 1940.
8. *The Tao of Physics*, Fritjof Capra, Bantam, 1980.
9. *The Cosmic Code*, Heinz R. Pagels, Bantam, 1983.
10. *Initiation into Hermetics*, Franz Bardon, Ruggeberg, 1976.
11. *The Golden Dawn*, R.G. Torrens, Weiser, 1969.
12. *Magical Ritual Methods*, W.G. Gray, Weiser, 1969.
13. *A Treatise on White Magic*, Alice Bailey, Lucis Publishing Co., 1934.
14. *Life Force in the Great Pyramids*, Nelson and Coville, DeVorss, 1977.
15. *Astrology, Psychology, and the Four Elements*, S. Arroyo, CRCS Publications, 1975.
16. *The Talking Tree*, William Gray, Samuel Weiser, Inc., 1977.
17. *A Treatise on Cosmic Fire*, Alice Bailey, Lucis Publishing Company, 1934.
18. *Life's Extension*, Pearson and Shaw, Warner Books, 1983.
19. *Joy's Way*, W. Brugh Joy, J.P. Tarcher, Inc., 1979.
20. *Extra-Sensory Perception of Quarks*, S.M. Phillips, Theosophical Publishing House, 1980.
21. *The Magician: His Training and Work*, W. E. Butler, Wilshire Book Company, 1959.
22. *The Yoga of Tibet*, Tsong-ka-pa, George Allen and Unwin, Londres, 1981.
23. Joy, op. cit.

Dave y Diane Maerz

Dave Maerz tiene largos y extensos antecedentes en las ciencias, la Física Experimental, la Cristalografía, la Mineralogía, la Electroformación, el diseño de máquinas, y el diseño y manufactura de joyas. Muy recientemente, ha estado trabajando con equipo de crecimiento de cristales para la industria electrónica. Tanto Diane como Dave han estado relacionados con el campo de los cristales como coleccionistas y como desarrolladores de herramientas para expandir la conciencia, desde antes de 1977. Han producido diferentes líneas de joyería (*Nature's Bounty* y la Joyería Natural de Doré). Además, ambos tienen certificados Reiki de 2º grado y son ministros ordenados.

Los planes de investigación proyectados incluyen: la manufactura de dispositivos especializados hechos con cristales; el crecimiento de cristales a gusto del consumidor, para fines específicos así como para convenir a personalidades particulares; el uso del sonido, la luz y otras radiaciones electromagnéticas en la dinámica de los cristales; y métodos para medir la energía etérica.

Dave y Diane están ocupados en su negocio, en recoger datos para la investigación, en enseñar, pasar consulta, escribir y tratar las necesidades del cliente especializado. Su interés primario sigue estando en crear nuevas herramientas para el desarrollo y la evolución equilibrados del organismo humano. Pueden ser contactados en la dirección siguiente.

Maerz Enterprises
3008 W. Cactus Wren Drive
Phoenix, Arizona 85021

EPÍLOGO

por Virginia Harford

El modo en que se reúnen diferentes elementos de la vida es siempre místico e iluminador para mí. *Sucesos* que parecen tan casuales, se juntan para formar un cuadro mayor cuando se les mira a lo largo de unos pocos años. Lo que parecían ser *"acontecimientos"*, o coincidencias respecto a este libro, comenzaron en 1983. Fui a Santa Fe, Nuevo Méjico, de vacaciones, desde mi hogar en Sedona, Arizona. Una tarde, asistí a una conferencia y me encontré con John Milewski y su esposa. Cuando ví la tarjeta que John me dio, exclamé: "¡Oh, quieres decir que hay una naturaleza de Buda en un individuo que trabaja en el Laboratorio Nacional de Los Alamos!"

Olvidé todo lo relativo a este encuentro casual. Pero varios meses más tarde, recibí una carta de que John y su hijo iban a viajar a través de Sedona. Tendríamos una buena oportunidad de volver a hablar.

En Sedona, *sucedió* que recibí la introducción a los cristales cuando uno de mis primeros arrendatarios me hizo un "equilibramiento de aura" con cristales. También, varios años antes, oí hablar a Marcel Vogel y tenía su cinta de caset, "Prendiendo Fuego al Cristal". Envié la caset a John junto con los nombres y dirección de Carol y Warren Klausner, que habían estudiado con Marcel Vogel. Los Klausners daban seminarios sobre cristales. John visitó a Marcel Vogel y los Klausners, y se interesó aún más en los cristales de cuarzo para la curación.

Al cartearme con John, me sugirió que co-editásemos un libro guía sobre cristales. Esto sucedía a finales de 1984, y nos pusimos a escribir cartas a autores y personalidades bien conocidos dentro del campo de los cristales.

Mirando la secuencia de *acontecimientos*, es curioso que un individuo interesado en metafísica y un científico se hayan reunido para co-editar este libro. Pero quizá sea una adecuada manifestación de síntesis de la "Nueva Era" presente, que se hayan utilizado ambas energías, femenina y masculina, yin y yang, para el equilibrio y la inspiración.

Mi vida ha pasado por una serie de cambios. ¿Podrían estos cambios ser manifestaciones del hecho de usar cristales y estar alrededor de ellos? ¿O es que mi creencia ha precipitado estos cambios?

En el pasado, muchos han aceptado diversos modos de curación basándose en la fe, y nuestros científicos están ahora demostrando de hecho muchas modalidades de curación. La física está probando que los principios espirituales son pragmáticos, y que ciertamente tienen una imagen refleja en el mundo físico. Hay ahora muchos libros disponibles sobre tales temas. En un número del East West Journal, Junio 1986, hay un artículo, "El Cuerpo Eléctrico, El Misterio y Poder de Curar con Electricidad". En *Discovery Magazine*, Abril 1986, había un artículo titulado "El Cuerpo Eléctrico".

El repentino interés por los cristales es de alcance mundial, con seminarios y conferencias en muchas áreas. Este volumen es simplemente una muestra de la amplia y arrolladora marea de interés suscitado.

Cuando empecé a escribir este Epílogo, tuve la sensación de ser ayudada por otra presencia de energía. Esta misma sensación ocurrió también durante los tres años pasados de edición. Esta energía es definida como Dios, Inteligencia Divina, El Radiante, Buda, Confucio, Energía Divina, Gran Padre, Madre Divina, etc. ¿De dónde viene esta energía? ¿Cómo *LA* utilizamos o *LA* incluimos en nuestras experiencias diarias? ¿Es posible magnificar*LA* con el uso de cristales? ¿Estamos sondeando técnicas de otro tiempo, hace mucho olvidadas, que nos conectan con el conocimiento oculto (entendiendo por oculto que está escondido)? ¿Estamos buscando el conocimiento interno cuando investigamos y utilizamos el cristal?

El interés por los cristales se está expandiendo a una velocidad tremenda. Una buena muestra de libros sobre cristales y sus títulos resulta fascinante, y puede hacernos estremecer. ¿Estamos siendo atraídos hacia un conocimiento procedente del pasado, y es el momento ahora de que volvamos a aprender este conocimiento sobre los cristales? ¿Es apropiado? Creo que estamos viviendo en un extraordinario periodo de cuenta atrás, un tiempo de paréntesis, cuando una Era está acabando y otra aún no ha empezado.

Estamos ciertamente en el "borde cortante" del cambio, lo que no siempre es confortable, pero sí excitante y estimulante. En el crecimiento emocional o espiritual, igual que en el crecimiento físico, el dolor suele acompañar a la ganancia. Sólo la *pequeña y tranquila voz* interior es nuestra guía veraz y fiel. Propongo que el uso de los cristales es un puente entre la ciencia y el espíritu, una conexión con la *pequeña y tranquila voz*, un área donde el científico y el místico están sintonizados.

Llegué, finalmente, a comprender que ir al interior en busca de guía es necesario. Igual que cada uno de nosotros es como el radio de una rueda, todos los cuales van hacia el centro, *DIOS*, cada una de nuestras vidas es única y correcta para nosotros. Como en religión, una vez una doctrina es formulada, queda anticuada y ya no es apropiada. Así nosotros, a nuestra vez, no dejamos de cambiar nuestro modo de "estar" en el mundo.

Muchos de nosotros estamos sintiendo la necesidad de poner en práctica todo lo que hemos aprendido. Un dicho indio es "Camina lo que hablas". Parece como si todo se moviese muy deprisa en nuestras vidas. El tiempo ha asumido una nueva dimensión. ¡Las cosas y los acontecimientos se están manifestando más rápido! Personalmente creo que la información sobre las extraordinarias posibilidades curativas por la utilización de los cristales será importante en los tiempos venideros sobre nuestra tierra. Sabemos ya que es posible utilizar el cristal como herramienta. En el futuro, puede llegar un momento en que no necesitemos ya el uso de los cristales, porque descubramos una posterior relación cósmica o espiritual.

Es necesario plantear muchas preguntas sobre el uso los cristales. ¿Puede un cristal favorito ser programado para algún fin específico? ¿Puede ayudar a equilibrar los hemisferios izquierdo y derecho del cerebro? ¿Puede ayudarnos a amar más? ¿Puede ayudarnos a perder el ego personal y permitir al *Ser Superior* manifestarse?

¿Hasta qué punto es exacto el material de este libro? Es correcto para cada uno de los colaboradores que lo escribió. Es la realidad de él o de ella. Valorad con vuestra propia guía, vuestra intuición, si es correcto para vosotros. Como algunos de los colaboradores han aconsejado: ¡no os veáis limitados por lo que leéis! Vosotros sois el Cristal Ultimo — el alma humana. Todos necesitamos seguir nuestra guía interior. Podemos finalmente ir del uso del cristal, llamado a veces "La Esfera Cristalina Inferior", al perfeccionamiento de nosotros mismos, las "Grandes Esferas Cristalinas". ¡Dios sea Bendito!

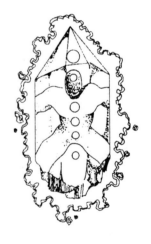

Los cuidadosamente seleccionados capítulos de este libro, procedentes de un amplio campo de científicos y practicantes cualificados, son una historia compuesta nunca antes contada. Lo menos que se puede decir es que *estira la mente*.

Que podáis preguntar y encontrar, buscar y descubrir, comenzar o continuar vuestra aventura aprendiendo sobre los cristales.

Recientes avances en el mundo de los cristales

• ¡En Octubre de 1986, Francia emitió cuatro sellos de una serie mineral con ilustraciones de Marcasita, Fluorita, Calcita y Cuarzo! Son en color, con bellas ilustraciones, y encima de cada una hay un dibujo de la estructura geométrica.

• En Diciembre de 1986, los especialistas en física planetaria se encontraron en la conferencia anual de la Unión Geofísica Americana, con la presentación de los descubrimientos de los pasados uno o dos años. Un descubrimiento sugiere que el núcleo interno de la tierra, que ocupa las mil millas centrales, **se comporta como un solo cristal** de hierro puro alrededor del cual rota nuestro planeta una vez al día. Este informe fue dado por un Grupo de la Universidad de Harvard. La presentación indicaba que aunque no se tratase de un solo cristal, un gran número de cristales menores podrían estar alineados en la misma dirección o eje. La investigación parece implicar que los extremadamente poderosos campos magnéticos alinean el conjunto de cristales de hierro con el núcleo sólido de abajo.

• La revista Time entrevistó a la colaboradora Brett Bravo durante tres horas, lo que dio por resultado una historia de una página, en el número de 19 de Enero de 1987, titulada "El Poder de las Rocas para la Salud y la Curación" (Creyentes y Coleccionistas Encuentran Nuevos Usos para los Cristales). Una fotografía en color de Brett la muestra tratando la bronquitis con un cristal de amatista. El artículo explora asimismo a un hombre de negocios poniendo un cristal en su bolsillo para aumentar la concentración; programando un cristal; seguidores de los cristales en la Costa Este recomendando beber agua de gemas; y la noticia de que especímenes de cristales de alto grado están siendo usados por los decoradores de interior en el hogar.

• El mundialmente famoso cráneo de cristal de Anna Mitchell-Hedges fue expuesto en Sedona, Arizona, en Enero de 1987, en una habitación atiborrada mientras otras permanecían vacías.

• En el número de 27 de Enero de 1987 de USA Today viene un artículo titulado "El Sendero hacia el Poder es Claro como el Cristal". Aquí se hace referencia a las "piedras de poder", grandes racimos de 200 a 4.000 libras, muy solicitados. Algunos de los precios han saltado de 4.000 dólares hace cuatro años a $20.000 en este momento. Los diseñadores de interior están colocando los racimos en oficinas de negocios.

• En Febrero de 1987, la conferencia Exposición de la Vida Total (Explorando Nuevas Fronteras de la Salud y el Ser), tuvo lugar en Pasadena, California. Bajo la sección de Curación y Bienestar, hubo seminarios de Marcel Vogel, Dr. en Filosofía, sobre Cristales; de Dael

Walker sobre Curación con los Cristales; del Dr. en Medicina Laurence E. Badgley, sobre la Curación del SIDA de modo Natural; y de Nick Nocerino sobre los Misterios y Poderes de los Cráneos de Cristal ... (colaboradores todos de este libro guía).

• La Muestra de Tucson de Minerales y Gemas del mes de Marzo tuvo al Cuarzo como Tema Mineral de 1987.

• El Centro de Seminarios de Joy Lake Mountain ofrece un Programa de Master en Curación con el Cristal, de Junio a Septiembre, un currículum de multi-disciplinas para un conocimiento concienzudo y exhaustivo sobre los cristales. Colaboradores de esta obra (Leonard Laskow y Frank Alper) son instructores de este programa para 1987.

• A lo largo de los Estados Unidos, hay muchas tiendas e individuos que venden cristales para la meditación, la paz mundial, péndulos, cristales de coches, piedras curativas, piedras de amor, piedras psíquicas, piedras del valor, piedras de prosperidad, así como corazones de cuarzo rosa, corazones de amatista, etc. La joyería hecha con cristales está experimentando también un estallido de popularidad.

• Además, los libros publicados sobre diversos aspectos de los cristales están descollando. Se está publicando en Canadá un directorio de trabajo en red con cristales. Posters y calendarios están ahora disponibles. Un bello poster es sobre los cristales de poder, mientras que otros son un tratamiento fotográfico de los cristales. Incluso hay un vídeo sobre arte abstracto utilizando cristales y la luz del sol con fenomenales colores, música y movimiento. Estas son sólo unas indicaciones del creciente interés en lo cristales y la respuesta a ellos.

• Finalmente, el regalo de cristales ha sido ofrecido como símbolo de paz durante 1986 en China, Japón, Rusia, la India, y a todo lo largo de Estados Unidos*. La nota clave subyacente de estos "cristales de paz" son el foco y la visión continuos de paz sobre una tierra para todos.

Se puede obtener más información sobre el Paquete de Cristales para la Paz™ a través de Foundation for the Advancement of World Peace, Box 799, Great Barrington, MA 01230.

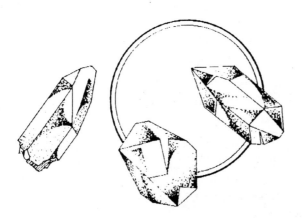

Virginia L. Harford

Nacida en Los Angeles, Virginia Harford reside ahora en Sedona, Arizona. La experiencia en el liderazgo recreacional, las ventas, y la enseñanza a muchos niveles, desde el jardín de infancia hasta el nivel del colegio universitario, la han conducido muy recientemente a enseñar ejercicios suaves, ejercicios respiratorios y visualización en un colegio de retiro.

Virginia ha viajado a muchos países, subrayando Méjico y Japón, con los que experimenta una especial afinidad. Sus intereses especiales recaen en el paseo aeróbico, la fotografía (en la que es reconocida a nivel nacional) y muy recientemente, coleccionar una "familia de cristales".

La salud holística ha tenido para ella un interés especial, lo que la ha llevado a un certificado en Jin Shin Jyutsu, Reflexología y Renacimiento, así como a asistir a numerosas conferencias sobre la salud. También ha completado un programa Certificado de la Universidad de California, San Diego, en Puesta a Punto Física y Gestión de la Salud. Ha desarrollado un Perfil de Salud para las consultas individuales que utiliza en su trabajo. Sus más recientes exploraciones la han conducido al uso de los colores con los cristales para la curación y la salud.

ESPÍRITUS AMISTOSOS

Espíritus que nos encontramos hoy
Guiadnos en nuestro sendero y vía

Enseñadnos lo que hemos de conocer
Mostradnos adónde hemos de ir

Ayudadnos en cada tarea diaria
Responded rápidamente cuando os llamamos

El mundo no es consciente de vuestra vida
Está trastornado, preocupado, lleno de violencia

Necesitamos vuestra ayuda rápidamente
Por favor, venid a ayudar mientras corremos

Les diremos a todos que existís
Y daremos la bienvenida a todas las peticiones de ayuda

Dios os bendiga a todos de todas las maneras
Trabajemos juntos mientras oramos

Que todas las criaturas de Dios en cuerpo y espíritu
Sepan que somos uno —estad en calma y oídlo.

JOHN VINCENT MILEWSKI

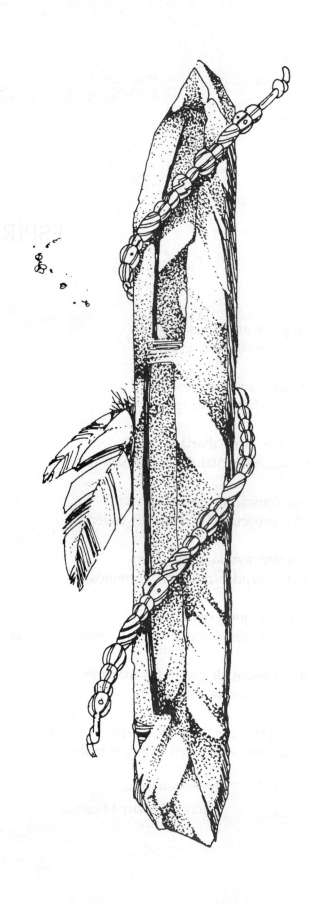

INDICE

Prefacio 7
Introducción 9
Perspectiva histórica 13

CHAMANISMO Y CRISTALES
- Cristales y arcoiris 18
- Equilibrio interior y exterior de los cristales 38
- La medicina sagrada del cristal blanco de los
  nativos americanos 48
- Cristales y espacios sagrados 62

ENERGÍA Y CRISTALES
- El viaje del cristal 84
- Investigación y medida de la energía de los cristales 102
- Los cristales y la energía humana 108
- Equilibramiento de la energía 117
- Energía transformadora 123

UTILIZACIÓN MÉDICA DE LOS CRISTALES
- Medicina transformacional 146
- Tinturas de gemas 158
- Diagnóstico y terapia con los cristales 166
- Medicina energética 177
- Curar animales con los cristales 184

APLICACIONES ESPECIALES DE LOS CRISTALES
- Secretos ocultos de las joyas 190
- El cráneo de cristal 218
- Los cristales y las claves de Enoch 237

CRECIMIENTO Y MINERÍA DE LOS CRISTALES
- Diamantes Herkimer 256
- Minería y comercialización de diamantes Herkimer 268

SACERDOCIO CON CRISTALES
- Curación espiritual 280
- La ceremonia de otorgamiento de nombre en la
  era de los cristales 296
- El consultorio de los cristales 303

LA COSMOLOGÍA DE LOS CRISTALES
- El espectro de los cristales 318

Epílogo 373
Espíritus amistosos 379